国家科技基础性工作专项项目
国家"十二五"重点出版物出版规划项目

中国农业气候资源图集

作物水分资源卷

总主编　梅旭荣

主编　严昌荣　杨晓光　刘　勤

浙江出版联合集团　浙江科学技术出版社

图书在版编目(CIP)数据

中国农业气候资源图集. 作物水分资源卷 / 梅旭荣总主编;严昌荣,杨晓光,刘勤主编. —杭州:浙江科学技术出版社,2015.10

ISBN 978-7-5341-6873-4

Ⅰ.①中… Ⅱ.①梅…②严… ③杨… ④刘… Ⅲ.①农业气象—气候资源—中国—图集 Ⅳ.①S162.3-64

中国版本图书馆 CIP 数据核字(2015)第 185370 号

本图集中国国界线系按照中国地图出版社 1989 年出版的 1 : 400 万《中华人民共和国地形图》绘制

书　　名	中国农业气候资源图集·作物水分资源卷
总 主 编	梅旭荣
主　　编	严昌荣　杨晓光　刘　勤
出版发行	浙江科学技术出版社 杭州市体育场路 347 号　邮政编码:310006 办公室电话:0571-85176593 销售部电话:0571-85176040 网　址:www.zkpress.com E-mail:zkpress@zkpress.com
排　　版	杭州大漠照排印刷有限公司
印　　刷	浙江海虹彩色印务有限公司
经　　销	全国各地新华书店

开　　本	787×1092　1/8	印　　张	27.5
字　　数	729 000		
版　　次	2015 年 10 月第 1 版	印　　次	2015 年 10 月第 1 次印刷
书　　号	ISBN 978-7-5341-6873-4	定　　价	450.00 元
审 图 号	GS(2015)2512 号		

策划组稿　章建林　**责任编辑**　朱　园　李亚学

责任校对　赵　艳　**责任美编**　金　晖　**责任印务**　徐忠雷

《中国农业气候资源图集》编委会

总 主 编 梅旭荣

副总主编 王道龙 严昌荣 冯利平 刘布春 霍治国 杨晓光 游松财 姚艳敏 白文波

总 编 委 （按姓氏笔画排序）

万运帆 王景雷 王道龙 毛 飞 毛丽丽 白文波 冯利平 刘 园 刘 勤 刘布春 江才伦 许 娟 严昌荣 李 壮 李 敏 李玉娥 李昊儒 杨晓光 肖俊夫 何英彬 张立祯 陈仲新 郑大玮 姚艳敏 梅旭荣 淳长品 彭良志 程存刚 游松财 霍治国

审 图 崔读昌 金之庆 郑大玮 成升魁 汪永钦 安顺清 毛留喜 钱 拴

《中国农业气候资源图集·作物水分资源卷》编写人员

主 编 严昌荣 杨晓光 刘 勤

副 主 编 肖俊夫 程存刚 彭良志

编写人员 （按姓氏笔画排序）

王景雷 厉恩茂 白文波 刘 勤 江才伦 许 娟 严昌荣 李 壮 李 敏 杨晓光 肖俊夫 宋 妮 张立祯 徐 锴 梅旭荣 淳长品 彭良志 程存刚

贡献作者 杨建莹 徐建文 胡 玮 李翔翔 孙 爽 王文峰 郑冬晓 马有绚 耿金剑 张春阳 吴 霞 高继卿 王晓煜 李 蒙 王春雷 陈福生 顾生浩

审 图 安顺清 汪永钦

中国地理底图绘制 浙江省第一测绘院

数字制图 王利军 吴宏海 袁辉林

序言

农作物生长发育离不开光、温、水、气等气候要素。农业气候要素的数量、质量及其时空组合为农作物生长发育提供了必不可少的能量和物质来源，并决定了农作物生长发育进程、生产布局、种植结构和种植制度。与此同时，人类在农作物遗传特性的改良利用、培肥施肥、节水灌溉、防灾减灾等领域的科学技术进步和规模应用，也促使农作物生长发育对气候资源的利用由被动适应转为主动利用，形成了具有明显区域特点的农业生产格局。

20世纪80年代初，崔读昌等编制出版了《中国主要农作物气候资源图集》，比较全面地反映了1951—1980年30年间气候资源与作物生长发育的关系。20世纪80年代以来，全球气候变暖呈现加快的趋势，气候变化已成为不争的事实，光、温、水、气等气候要素及其时空匹配状况发生了明显的变化，对作物的生长发育和产量形成产生了深刻影响，并显著改变了主要农业生态区的种植制度与种植模式。研究和掌握最近30年主要作物种植分区、种植制度和生育期状况，揭示不同时期农业气候资源区域分布及其变化特点，是合理利用农业气候资源，优化种植结构和种植制度布局，科学应对气候变化，提高农业生产力及防灾减灾和趋利避害能力，保障国家粮食安全的农业科技基础性工作。

2007年，国家科技基础性工作专项“中国农业气候资源数字化图集编制”(项目编号:2007FY120100)获科技部立项资助。本项目在1984年编制出版的《中国主要农作物气候资源图集》基础上，选择水稻、小麦、玉米、棉花、大豆、柑橘、苹果和天然牧草为对象，以全国740个气象台站1981—2010年30年的气象数据为基础，整合农业气象试验站资料、灾情调研数据、主要作物生育期调研数据，整编形成了中国农业气候资源数据库(1981—2010年)；建立了包括农业气候资源派生指标的生成方法、数据分级规范、数据空间化处理和图示化规范、制图质量控制规范、图集编制规范等在内的制图标准规范，采用1∶400万国家基础地理信息底图，以ArcGIS为系统开发平台，构建了中国农业气候资源数字化制图系统；按主要农作物生育期、农业气候资源、作物光温资源、作物水分资源和农业气象灾害五大类专题内容，分别绘制了数字化样图，经样图校验和专家审阅，编制形成了中国农业气候资源数字化图集(1981—2010年电子图库)。

中国农业气候资源数字化图集的编制，为我国的农业气候资源科学研究、农业生产布局决策和全社会知识普及提供了一个数据可更新、图幅可查阅的共享平台，也为今后针对不同的应用对象和目的编制专门的图集提供了数据、技术和平台支持。为了更好地普及有关知识，及时传播最新科研成果，指导我国现代农业发展，我们从中国农业气候资源数字化图集电子图库中精选了960余幅图，编制成1981—2010年30年“中国农业气候资源图集”系列图书，包括《中国农业气候资源图集·综合卷》《中国农业气候资源图集·作物光温资源卷》《中国农业气候资源图集·作物水分资源卷》《中国农业气候资源图集·农业气象灾害卷》，以及《中国主要农作物生育期图集》。

“中国农业气候资源图集”系列图书是在国家科技基础性工作专项、国家出版基金的资助下，以及中国农业科学院创新工程的支持下编制出版的，包含了几代农业气象科技工作者的心血，凝聚了国内有关单位科学家的智慧，是中国农业科学院农业环境与可持续发展研究所、农业资源与农业区划研究所、农田灌溉研究所、果树研究所、柑橘研究所，以及中国气象科学研究院、中国农业大学、中国科学院地理科学与资源研究所等项目参加单位精诚合作和协同创新的结晶。作物高效用水与抗灾减损国家工程实验室、农业部农业环境重点实验室和农业部旱作节水农业重点实验室对本书的出版提供了智力支持。国内有关院所和大学在作物生育期调查和图集校验过程中提供了无私的帮助。值此系列图集出版之际，谨向所有参加本项目的合作单位和个人表示衷心的感谢！特别感谢项目专家咨询组孙九林、马宗晋、李泽椿、周明煜、郑大玮、张维理等院士和专家对项目实施和系列图集编撰工作的指导。

本系列图集适用于从事农业气候资源利用及相关领域科研和教学人员查阅、共享和二次研发，也可供基层技术人员参考使用，为管理部门制定政策和指导生产提供依据。

由于中国农业气候资源数字化图集编制方面的研究目前还不够系统，我们虽然在图集编制过程中倾尽所能开展工作，但图集中出现各种遗漏和片面之处在所难免，殷切希望广大同仁和读者不吝赐教，给予批评指正，以便今后修订、完善，更好地促进农业气候资源的科学研究和成果共享。

2015年4月

QIAN YAN 前言

水分是农作物生长发育和产量形成的物质基础。在微观尺度上，水分直接参与了农作物光合作用全过程，既是作物光合作用的重要成分，也是作物光合作用过程必需的外部环境条件。此外，水分还是作物生长所需养分和矿物质转化和运输的介质，以及作物体内各种生化反应的参与者和环境条件，直接影响着农作物的产量和品质。在宏观尺度上，水资源数量和时空分布直接影响到农作物分布、种植模式和栽培耕作措施等。

近30年来，气候变化和生产活动已经使水资源在时空分布上都发生了深刻变化，并对农业生产产生了很大影响。明确我国主要作物水分需求特点以及与降水的匹配程度，是充分利用降水、缓解农业水资源短缺和进行适水种植的重要依据。

《中国农业气候资源图集·作物水分资源卷》选择作物生长季及不同生育阶段的降水量、作物需水量、降水盈亏量、降水满足率等主要指标，编制了水稻(北方粳稻、双季早稻、双季晚稻)、小麦(冬小麦、春小麦)、玉米(春玉米、夏玉米)、棉花、大豆(春大豆、夏大豆)、苹果、柑橘(宽皮柑橘和甜橙)以及牧草等作物水分资源图近200幅，以期反映主要作物水分供需关系、水分亏缺特征，为农业生产决策和节水技术应用提供科学依据。

本图集的编制工作由中国农业科学院农业环境与可持续发展研究所组织，并与中国农业大学、中国农业科学院农田灌溉研究所、果树研究所、柑橘研究所共同承担，由梅旭荣、杨晓光、刘勤、严昌荣、肖俊夫、张立祯、程存刚、彭良志、淳长品、李壮、胡玮、杨建莹、徐建文、孙爽等编制完成，中国气象科学研究院安顺清研究员、河南省气象科学研究所汪永钦研究员对本图集进行了审阅和修订。值此图集出版之际，谨向所有的合作单位以及提供帮助的专家一并致以衷心的感谢。

《中国农业气候资源图集·作物水分资源卷》为首次编制，虽然我们倾尽所能开展工作，但由于存在基础数据不完整、资料不系统等问题，图集中存在不足和遗漏之处在所难免，殷切希望广大同仁和读者不吝赐教，给予批评指正，以便今后修订、完善，更好地为广大读者服务。

编　者

2015年4月

一、编制的目的

全球气候正经历以变暖为主要特征的显著变化，直接影响着农业气候资源分布，尤其是对作物水分资源及其利用产生了重大影响。鉴于此，我们利用1981—2010年气象资料和作物生育期资料，编制了《中国农业气候资源图集·作物水分资源卷》，以期为高效利用降水资源，调整农业结构及适水布局提供依据，为管理部门水分管理和合理安排作物生产提供科学参考，为科研院校、气象和农业部门科技工作者提供作物水分利用研究基础资料。

二、资料和数据来源

《中国农业气候资源图集·作物水分资源卷》编制的气象资料来源于中国气象局中国地面气候资料日值数据集，涵盖全国（除我国香港特区、澳门特区、台湾省和南海诸岛以外）740个气象台站30年（1981—2010年）逐日气象资料，剔除期间缺测数据的站点和东部部分高山站点，最终保留684个气象站点资料。气象要素包括：平均本站气压、日平均气温、日最高气温、日最低气温、降水量、平均水汽压、平均相对湿度、日照时数、平均风速。

本图集中选定水稻、小麦、玉米、棉花、大豆、柑橘、苹果和牧草8种作物。水稻、小麦、玉米、棉花、大豆等作物生育期资料来源于《中国主要农作物生育期图集》；苹果和柑橘生育期资料来源于中国农业科学院果树研究所和柑橘研究所的调研资料；牧草的返青期和枯黄期依据各地温度稳定通过5℃的起始日期和终止日期计算，并结合各地调查资料进行校正。

三、数据整编及绘图

本图集编制的主要指标包括作物生育期及各生育阶段内的降水量、作物需水量、降水盈亏量、降水盈亏率和降水满足率。通过系统收集相关文献资料中各制图指标的计算方法，在对各种方法进行比较分析和选择的基础上，最终确定了各制图指标的计算方法及其所需参数，并建立了各制图指标的标准算法和参数集。按照编制本图集的标准规范，对已有的数据资料进行分析、整理，对缺失的相关数据资料进行了补充，围绕作物水分指标，对纸质资料和图集进行了数字化处理。为了规范和协调项目内各小组的工作，以及项目完成后成果的共享与使用，制定了农业气候资源指标分类标准、作物生育期划分标准、数字图集编制规范及数据图示表达规范四个专题工作标准。

此外，还规定了《中国农业气候资源图集·作物水分资源卷》编制过程中要素目标符号化分类分层次处理的基本原则，建立了要素目标与地图符号之间的指代关系，规定了符号体系表的结构、色彩等，规定了可视化图示表达设计等，主要包括指标计算方法筛选、制图专业规范编制、数据收集整理和指标数据空间化处理等。

四、图集的应用

应用《中国农业气候资源图集·作物水分资源卷》，首先，读者可以直接或间接查找各地主要作物生育期内的降水量、需水量、降水盈亏量、降水满足率等的空间分布特征；其次，品种更新和引进农作物新品种是农业生产的一个重要活动，了解农作物原产地气候条件和作物的生育进程是这项工作的基础，应用本图集可以获得作物需水信息，对照作物生育期的水分条件确定其气候相似区，为农作物品种更新、新品种引进和推广提供技术支撑；最后，根据本图集的作物水分特征，还可以确定作物栽培技术适用的区域性，如灌溉时期、灌溉量和灌溉制度等。

五、制图指标说明

1. 作物生育期划分

作　物			生 育 期					
水稻	双季早稻		播种期	移栽期	拔节期	开花期	成熟期	
	北方粳稻		播种期	移栽期	拔节期	开花期	成熟期	
	双季晚稻		播种期	移栽期	拔节期	开花期	成熟期	
小麦	冬小麦		播种期	越冬期	返青期	拔节期	开花期	成熟期
	春小麦		播种期	拔节期	开花期	成熟期		
玉米	春玉米		播种期	拔节期	抽穗期	成熟期		
	夏玉米		播种期	拔节期	抽穗期	成熟期		
棉花			播种期	现蕾期	开花期	吐絮期		
春大豆　夏大豆			播种期	分枝期	开花期	成熟期		
柑橘	宽皮柑橘	代表性中熟品种	春梢生长期	果实膨大期	可采成熟期			
	甜橙	代表性中熟品种	春梢生长期	果实膨大期	可采成熟期			
苹果	代表性晚熟品种		花芽萌动期	盛花期	果实成熟期	落叶期		
牧草			返青期	枯黄期				

2. 水分卷制图指标

类别	制图指标	农业含义	计算方法
降水量	作物生育期降水量	作物生长季内降水量,反映生长季内主要水分收入项的多寡	$P=\sum_{n_1}^{n_2}P_i$ 式中,P为生育期内降水量,P_i为逐日降水量,n_1、n_2分别为作物播种和收获日期
	作物各生育阶段降水量	作物不同生育阶段内降水量,反映不同生育阶段主要水分收入项的多寡	$P=\sum_{n_1}^{n_2}P_i$ 式中,P为各生育阶段降水量,P_i为逐日降水量,n_1、n_2分别为作物生育阶段起始和终止日期
	75%降水保证率条件下全生育期降水量	四年三遇状况下作物生长季降水量	$P=\frac{m}{n+1}\times 100\%$ 式中,P为保证率(%),m为累计频率(序号),n为样本数。根据求得的保证率,绘制降水量保证率曲线图,由图中查出75%保证率所对应的降水量值(曲曼丽,1990)
需水量	作物生育期及生育阶段需水量	作物生长季内和各生育阶段需水量,反映不同阶段作物最大潜在水分支出	$ET_c=\sum_{n_1}^{n_2}K_c\cdot ET_0$ 式中,ET_c为作物生长季或各生育阶段需水量,ET_0为逐日参考作物蒸散量,K_c为作物系数,n_1、n_2分别为作物生育阶段起始和终止日期。ET_0和K_c依据FAO-56方法(Allen,1998)计算和确定
降水盈亏量	作物生育期和生育阶段降水盈亏量	作物生育期和各生育阶段降水量与需水量的差值,反映降水与最大潜在水分支出的平衡关系	$P-ET_c$ 式中,P为作物生长季或各生育阶段降水量,ET_c为作物生长季或各生育阶段需水量
	75%降水保证率下作物生长季内降水盈亏量	作物生育期四年三遇条件下降水量与需水量的差值	$P-ET_c$ 式中,P为75%降水保证率下作物生长季降水量,ET_c为作物生长季或各生育阶段需水量

续表

类别	制图指标	农业含义	计算方法
降水满足率	作物生育期降水满足率	作物生育期降水量满足作物需水的程度	P/ET_c
降水盈亏率	作物生育期降水盈亏率	全生育期降水对需水的亏缺程度	$1-P/ET_c$

参考文献

[1] Allen R G, Luis S P, Rase D, et al. Crop evapotranspiration guidelines for computing crop water requirements [J]. FAO Irrigation and Drainage Paper, 1998,56: 15-86.

[2] 曲曼丽.农业气候实习指导[M].北京:北京农业大学出版社,1990.

MU LU **目录**

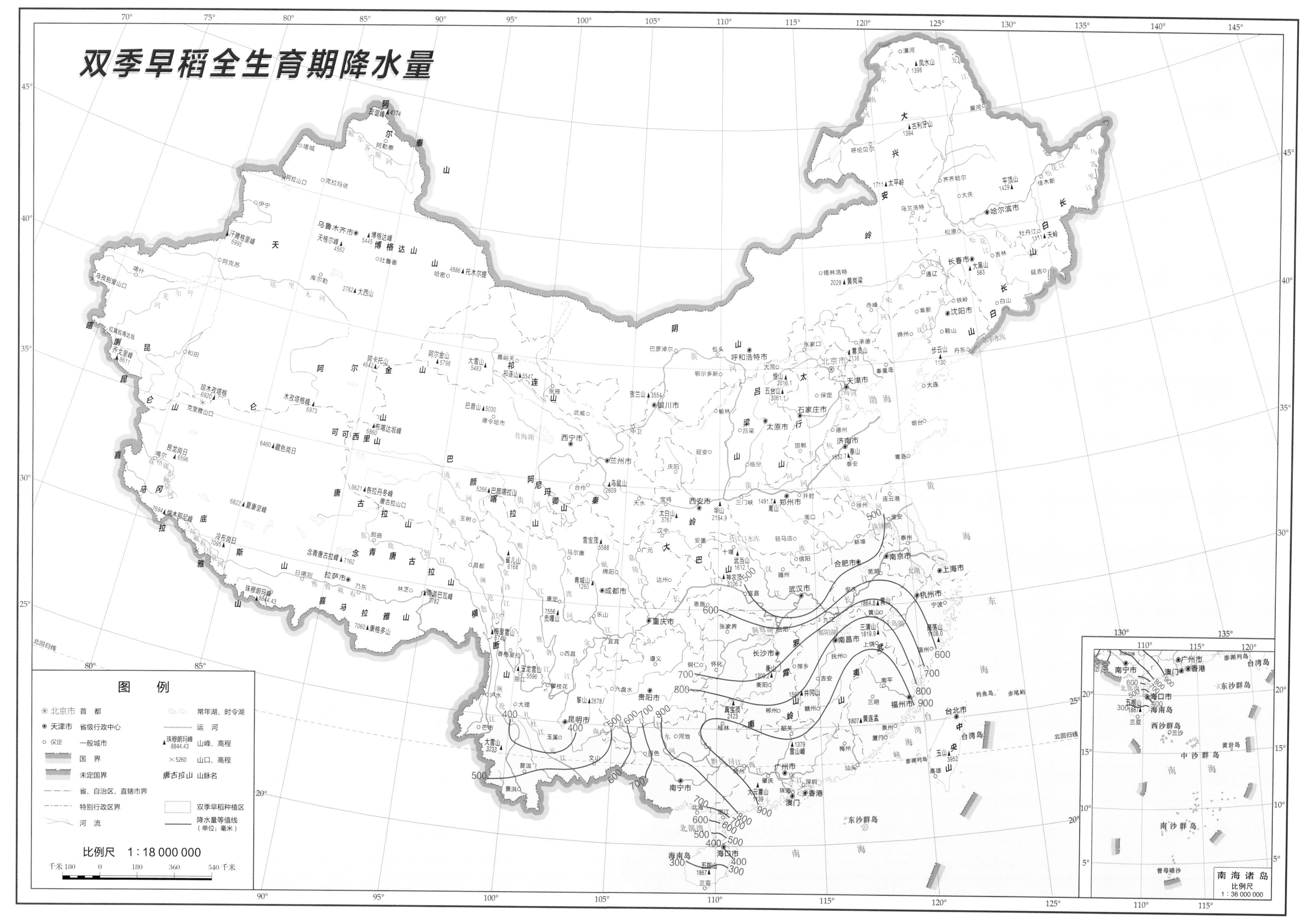
双季早稻全生育期降水量
图 例
北京市 首 都
天津市 省级行政中心
保定 一般城市
国 界
未定国界
省、自治区、直辖市界
特别行政区界
河 流
常年湖、时令湖
运 河
珠穆朗玛峰 8844.43 山峰、高程
5260 山口、高程
唐古拉山 山脉名
双季早稻种植区
降水量等值线（单位：毫米）
比例尺 1：18 000 000
千米 180 0 180 360 540 千米
南海诸岛
比例尺
1：36 000 000
北京市
天津市
上海市
重庆市
南京市
杭州市
合肥市
南昌市
福州市
武汉市
长沙市
广州市
南宁市
海口市
贵阳市
昆明市
成都市
西安市
郑州市
济南市
石家庄市
太原市
呼和浩特市
银川市
兰州市
西宁市
拉萨市
乌鲁木齐市
哈尔滨市
长春市
沈阳市
台北市
香港
澳门
300
400
500
600
700
800
900
北回归线

双季早稻播种—移栽期降水量

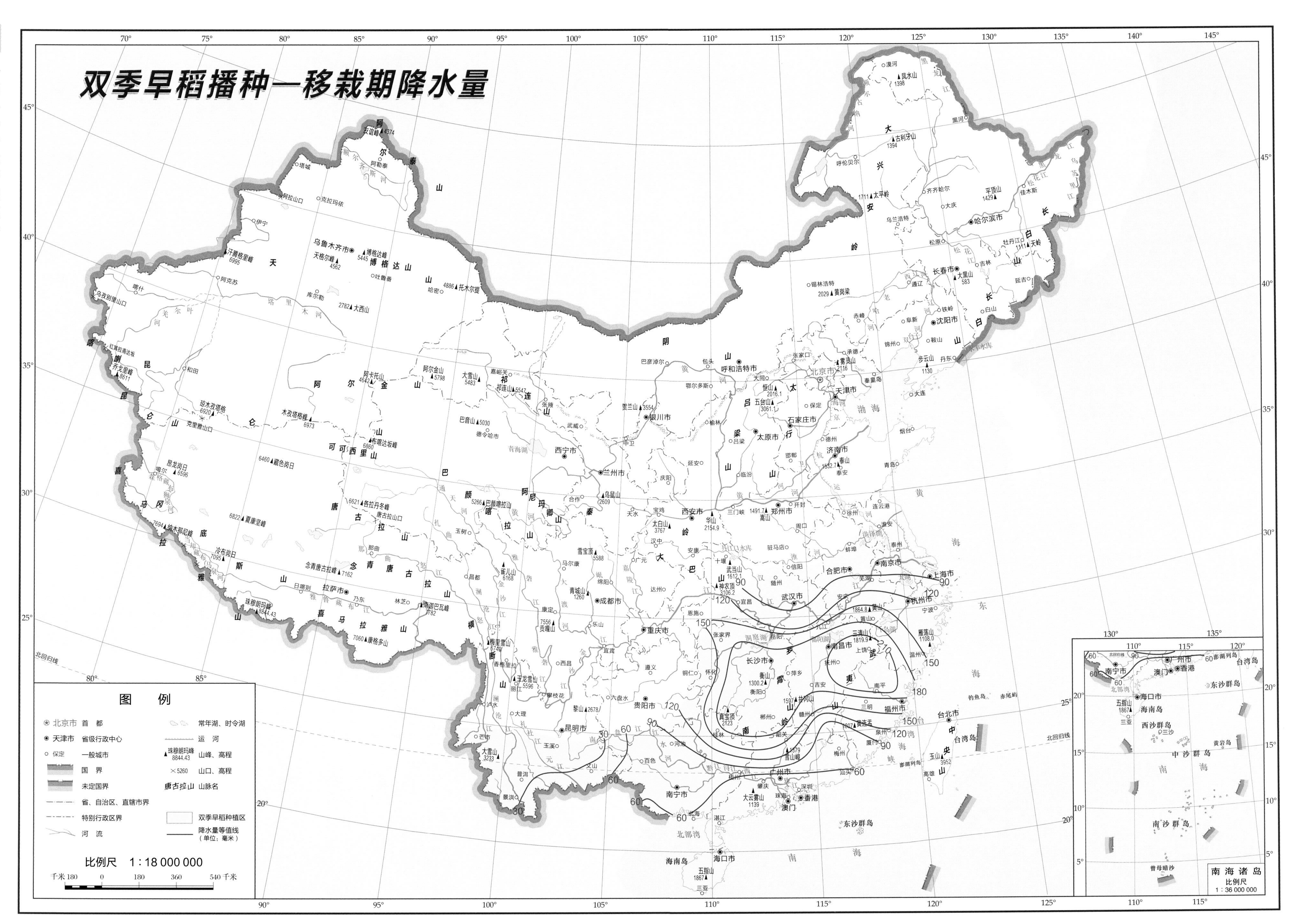

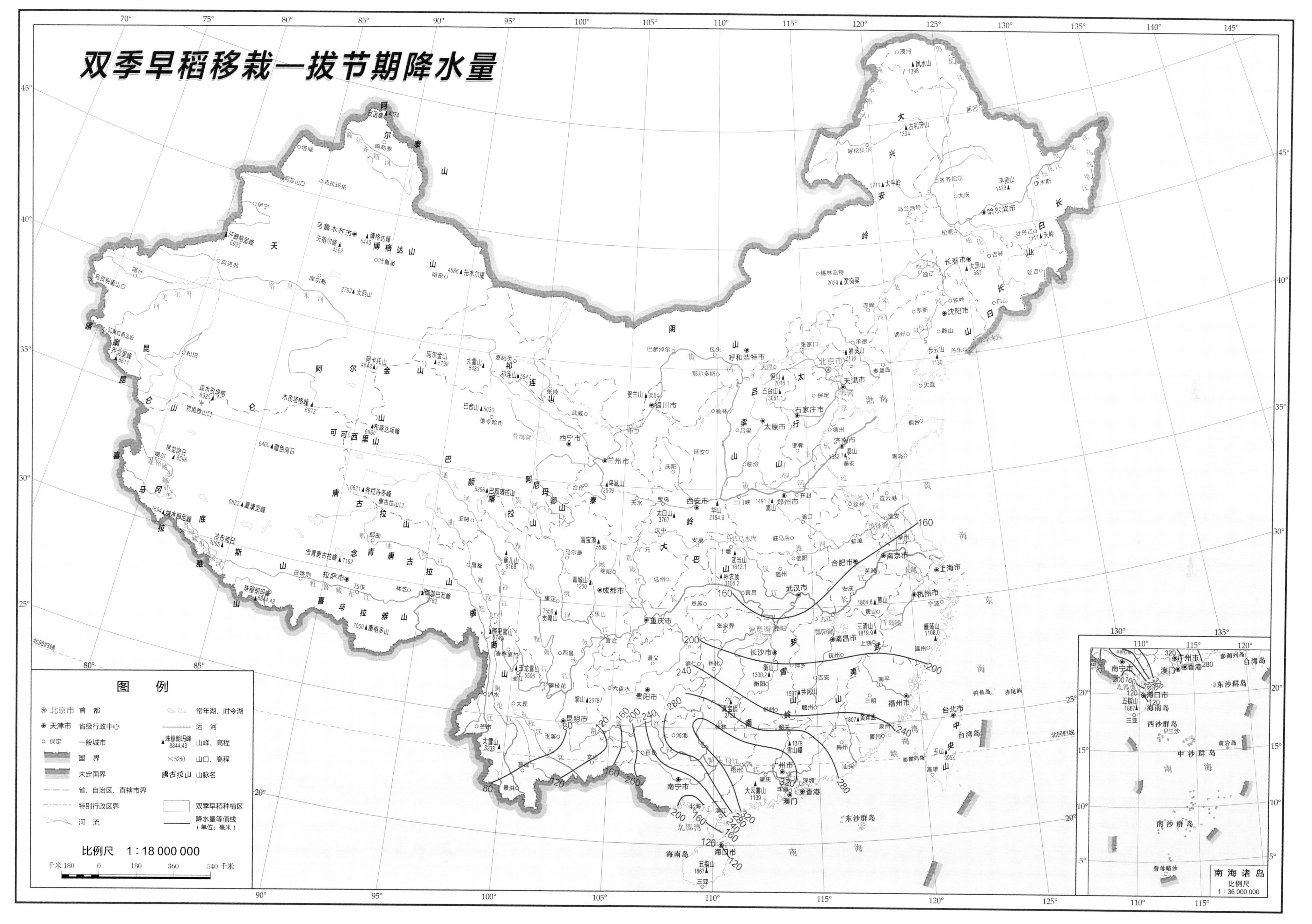

双季早稻移栽—拔节期降水量
图例
北京市 首都
天津市 省级行政中心
保定 一般城市
国界
未定国界
省、自治区、直辖市界
特别行政区界
河流
常年湖、时令湖
运河
珠穆朗玛峰 8844.43 山峰、高程
×5260 山口、高程
唐古拉山 山脉名
双季早稻种植区
降水量等值线（单位：毫米）
比例尺 1:18 000 000
南海诸岛
比例尺 1:36 000 000

双季早稻拔节—开花期降水量

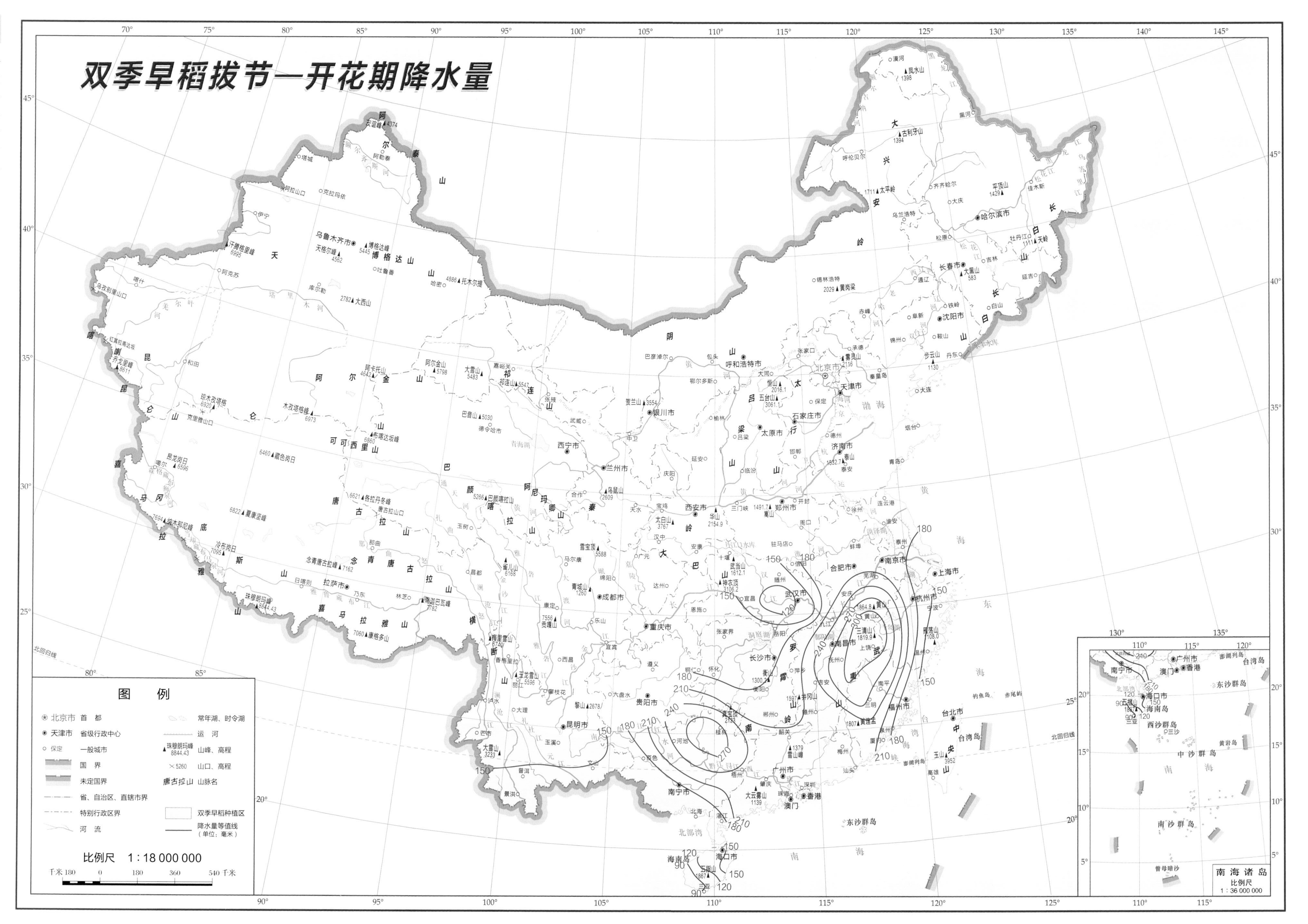

双季早稻开花—成熟期降水量

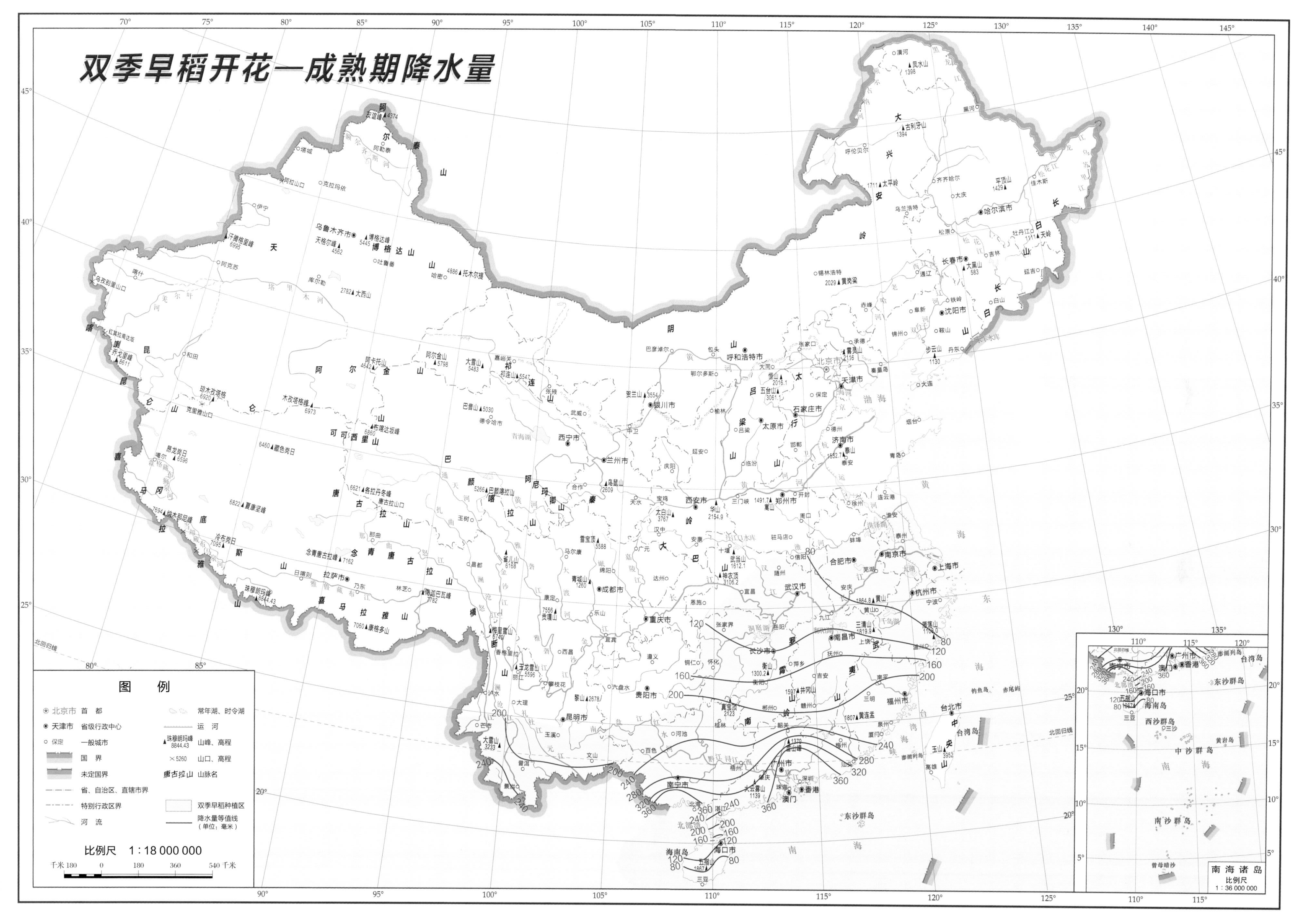

双季早稻全生育期需水量

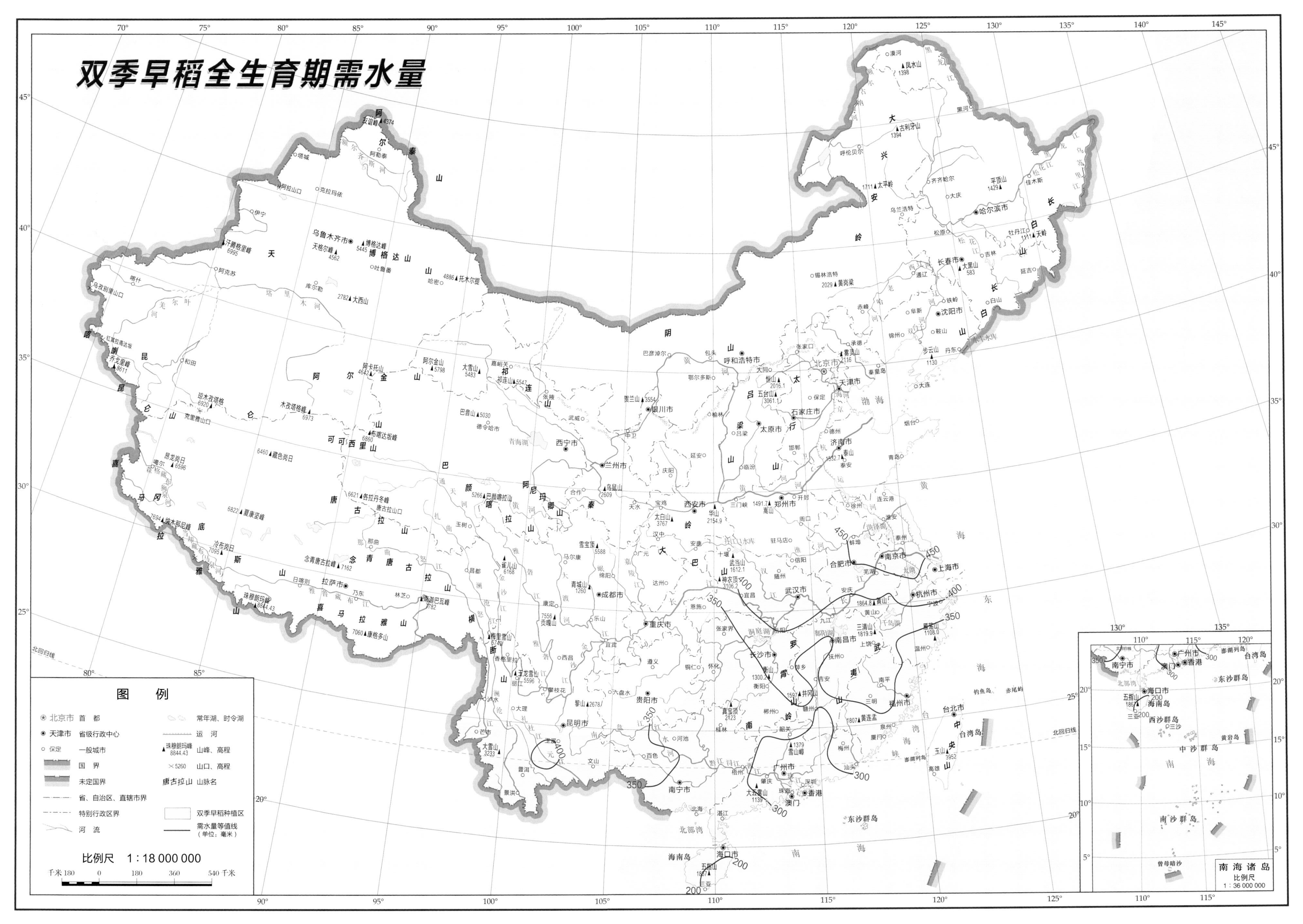

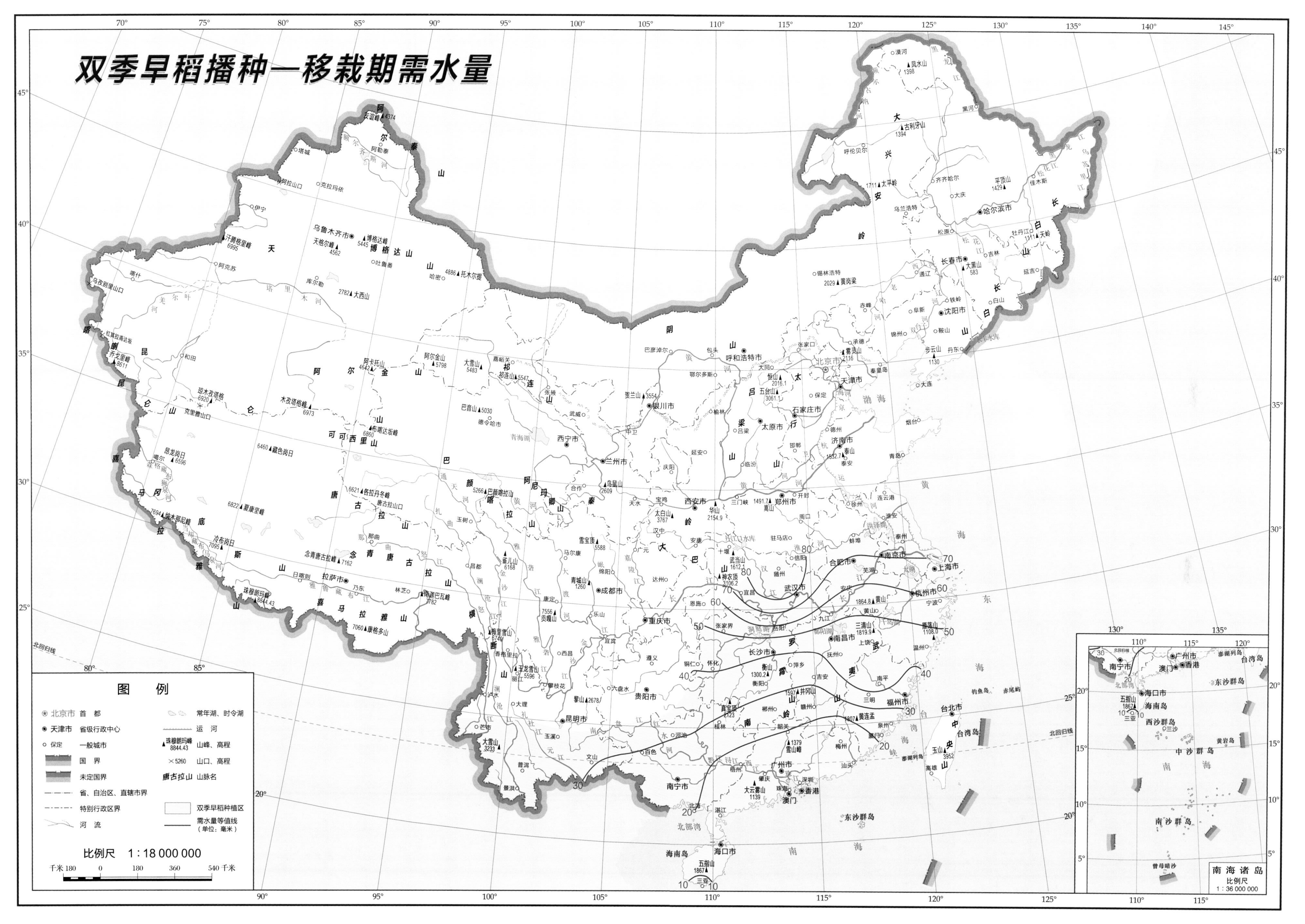
双季早稻播种—移栽期需水量
图例
北京市 首都
天津市 省级行政中心
保定 一般城市
国界
未定国界
省、自治区、直辖市界
特别行政区界
河流
常年湖、时令湖
运河
珠穆朗玛峰 8844.43 山峰、高程
×5260 山口、高程
唐古拉山 山脉名
双季早稻种植区
需水量等值线（单位：毫米）
比例尺 1:18 000 000
南海诸岛
比例尺 1:36 000 000

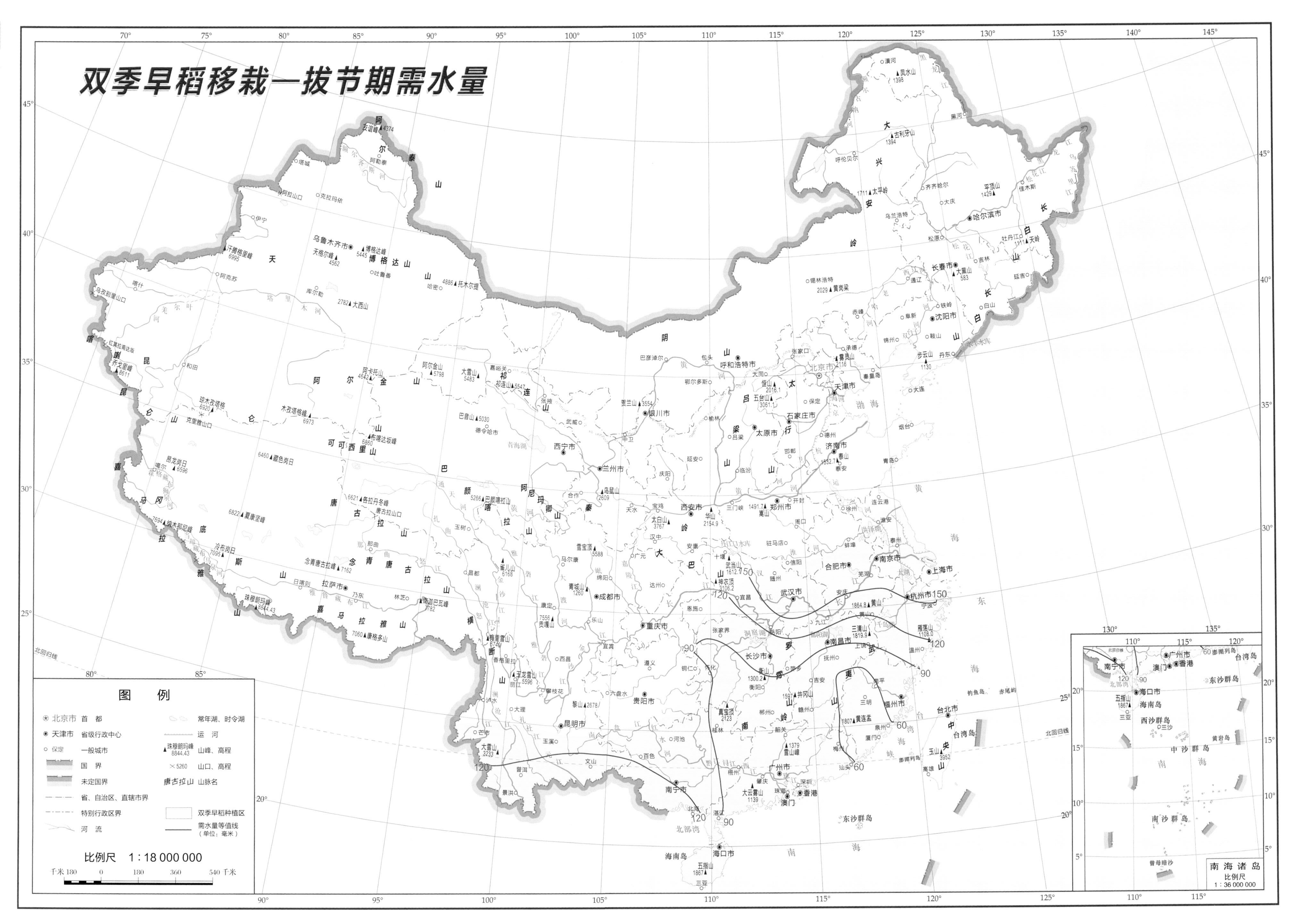
双季早稻移栽—拔节期需水量
图例
北京市 首都
天津市 省级行政中心
保定 一般城市
国界
未定国界
省、自治区、直辖市界
特别行政区界
河流
常年湖、时令湖
运河
珠穆朗玛峰 8844.43 山峰、高程
×5260 山口、高程
唐古拉山 山脉名
双季早稻种植区
需水量等值线（单位：毫米）
比例尺 1:18 000 000
南海诸岛
比例尺 1:36 000 000

双季早稻拔节—开花期需水量

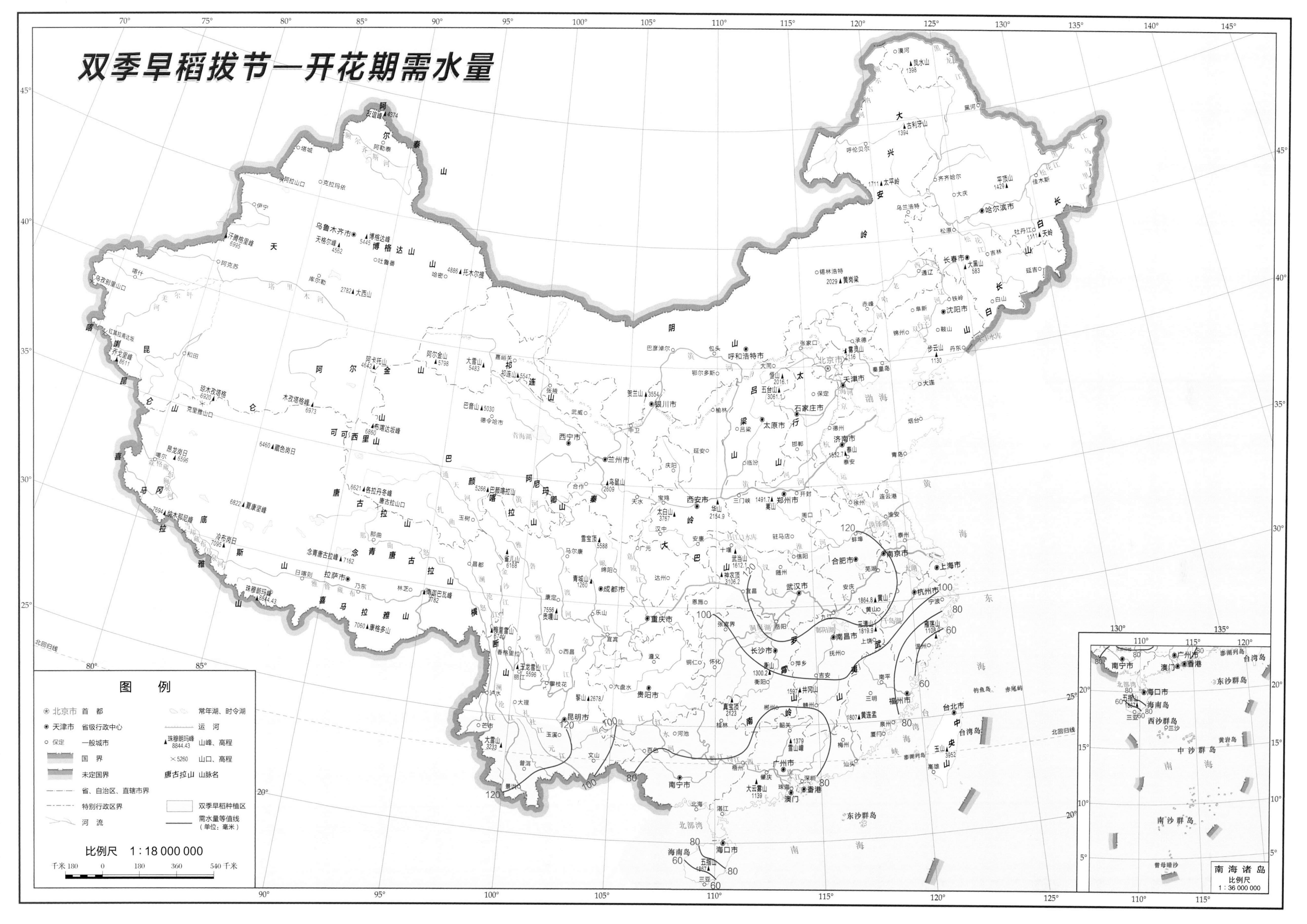

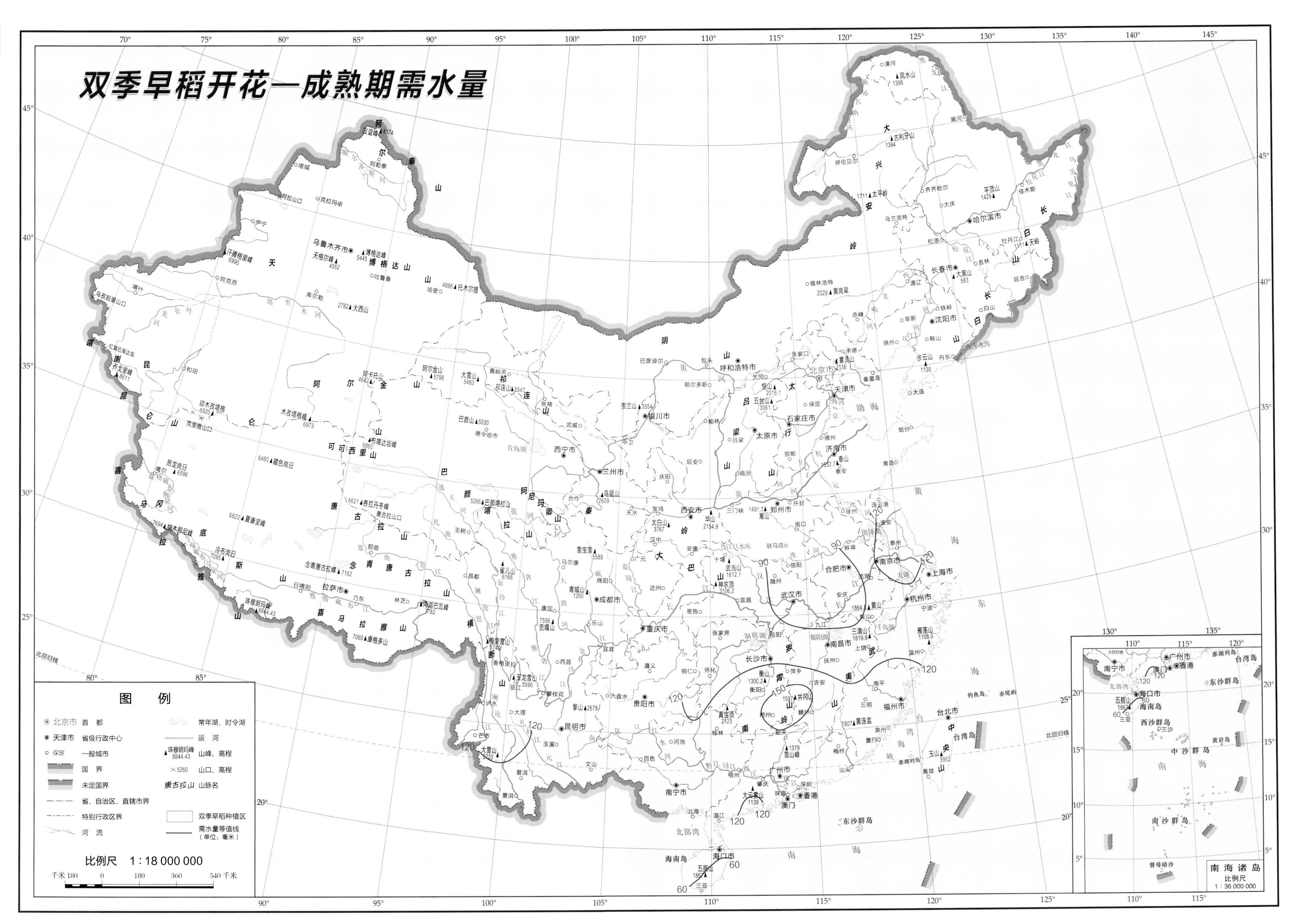
双季早稻开花—成熟期需水量
图例
北京市 首都
天津市 省级行政中心
保定 一般城市
国界
未定国界
省、自治区、直辖市界
特别行政区界
河流
常年湖、时令湖
运河
珠穆朗玛峰 8844.43 山峰、高程
×5260 山口、高程
唐古拉山 山脉名
双季早稻种植区
需水量等值线（单位：毫米）
比例尺 1:18 000 000
千米 180 0 180 360 540 千米
南海诸岛
比例尺 1:36 000 000

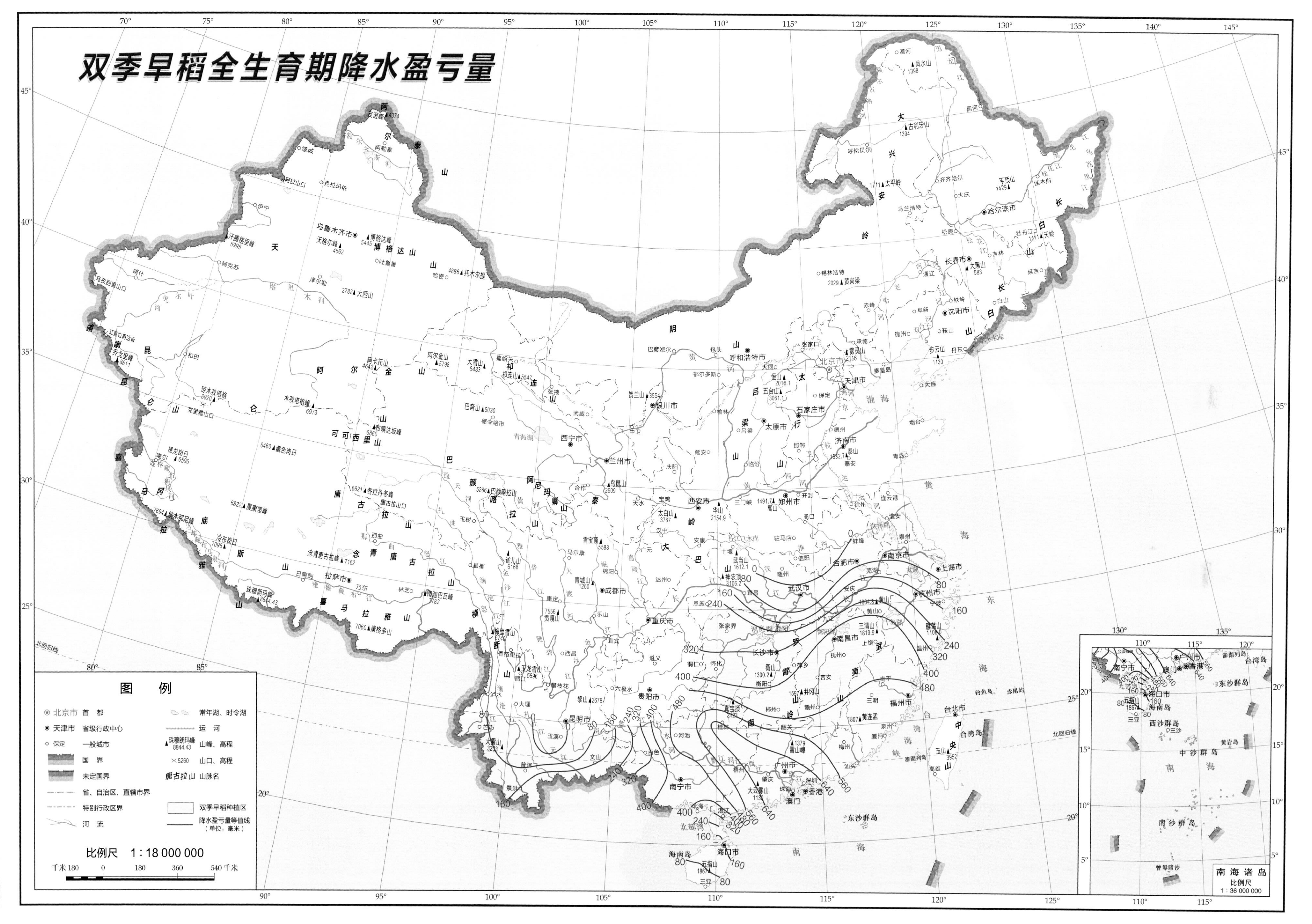
双季早稻全生育期降水盈亏量
图例
北京市 首都
天津市 省级行政中心
保定 一般城市
国界
未定国界
省、自治区、直辖市界
特别行政区界
河流
常年湖、时令湖
运河
珠穆朗玛峰 8844.43 山峰、高程
×5260 山口、高程
唐古拉山 山脉名
双季早稻种植区
降水盈亏量等值线（单位：毫米）
比例尺 1:18 000 000
南海诸岛
比例尺 1:36 000 000

双季早稻播种—移栽期降水盈亏量

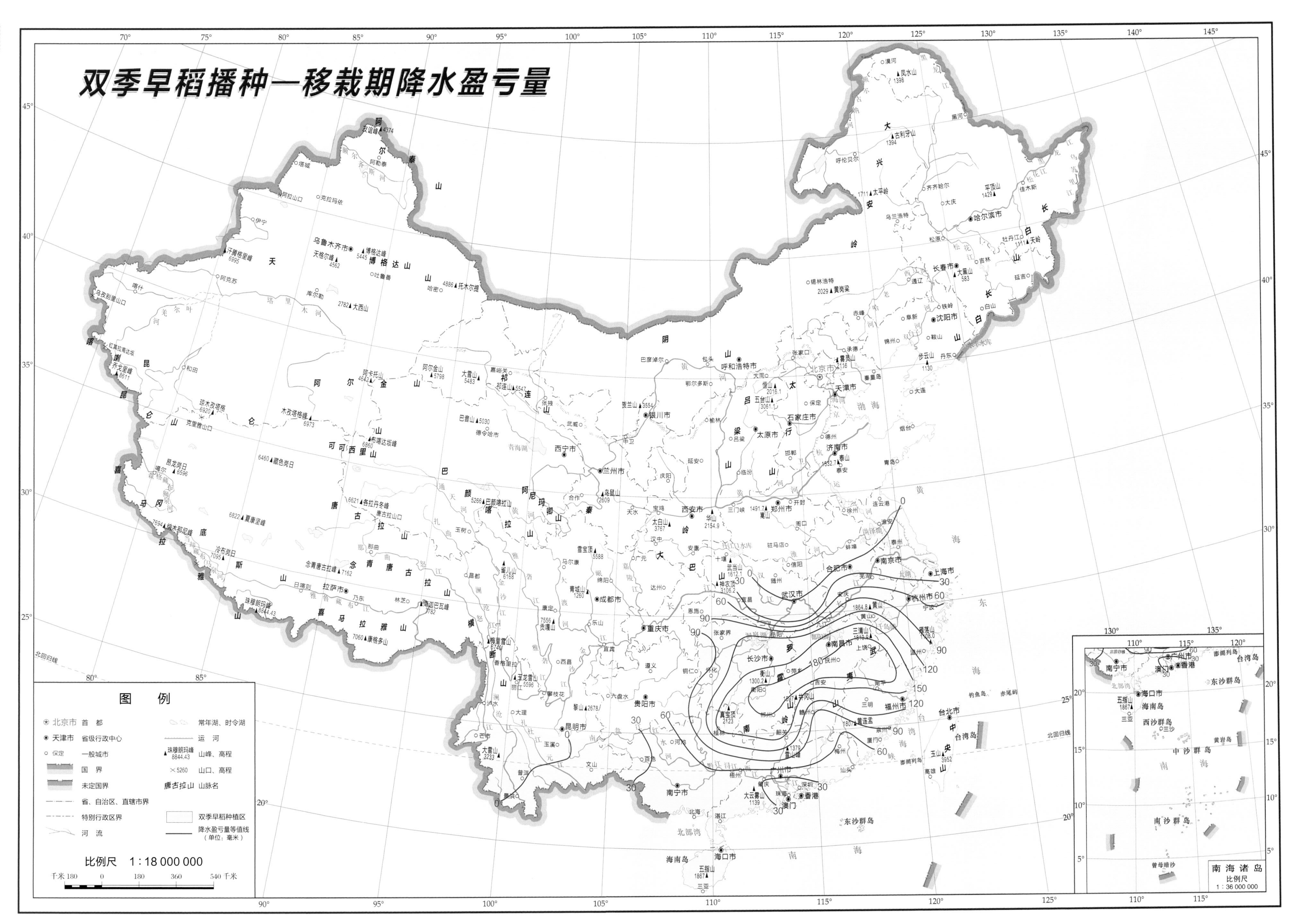

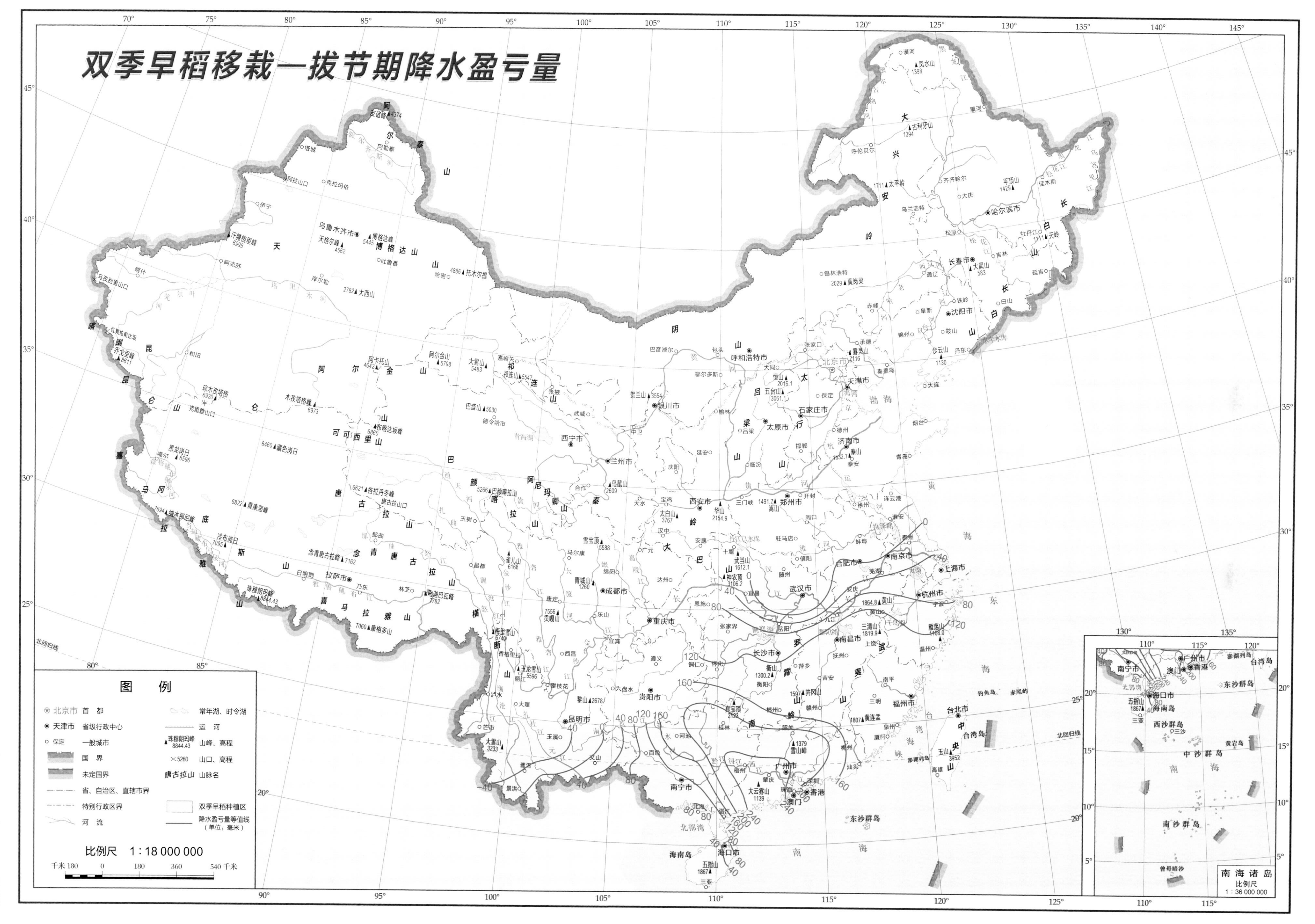
双季早稻移栽—拔节期降水盈亏量
图例
北京市 首都
天津市 省级行政中心
保定 一般城市
国界
未定国界
省、自治区、直辖市界
特别行政区界
河流
常年湖、时令湖
运河
珠穆朗玛峰 8844.43 山峰、高程
×5260 山口、高程
唐古拉山 山脉名
双季早稻种植区
降水盈亏量等值线（单位：毫米）
比例尺 1:18 000 000
南海诸岛
比例尺 1:36 000 000

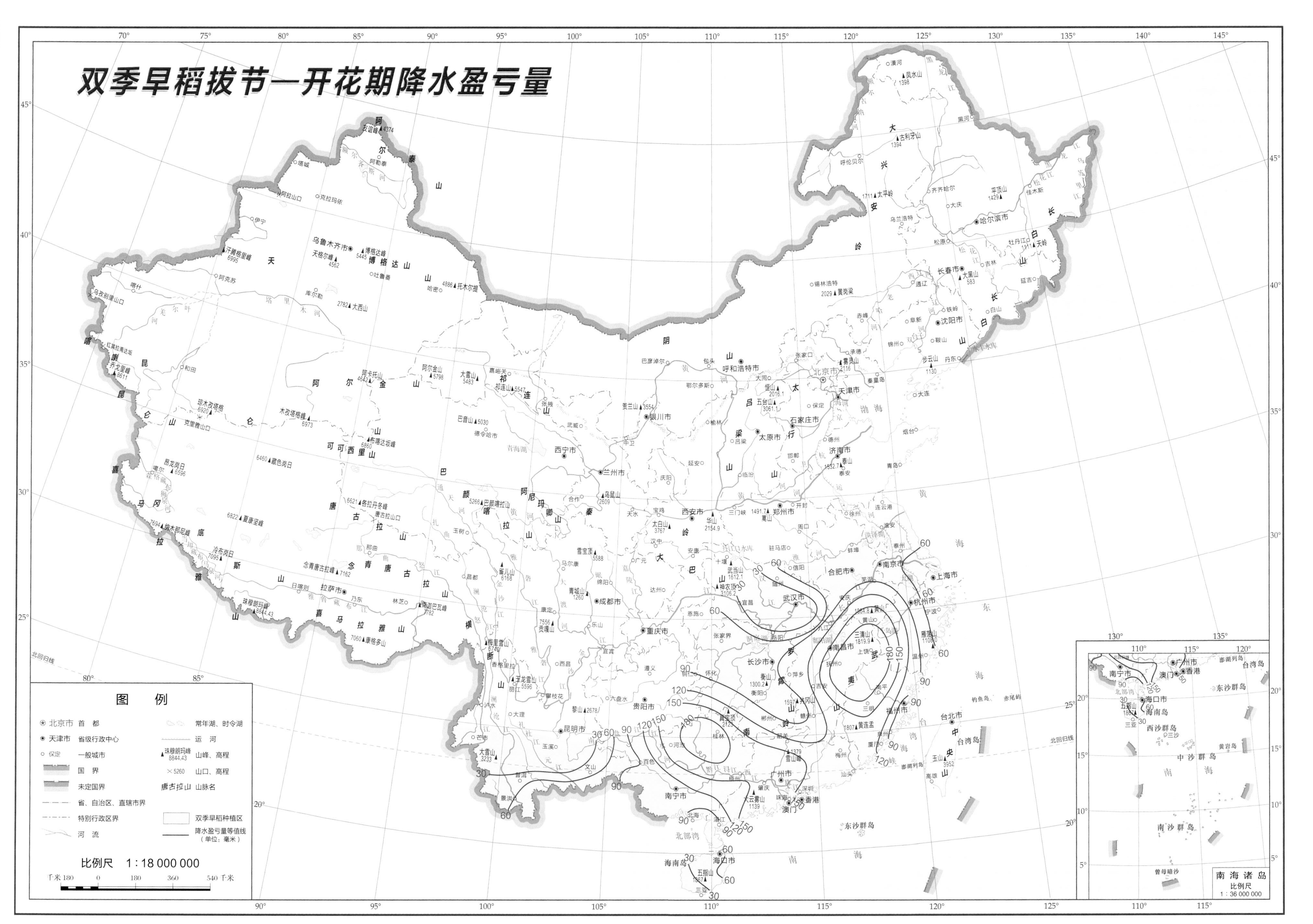
双季早稻拔节—开花期降水盈亏量
图例
北京市 首都
天津市 省级行政中心
保定 一般城市
国界
未定国界
省、自治区、直辖市界
特别行政区界
河流
常年湖、时令湖
运河
珠穆朗玛峰 8844.43 山峰、高程
×5260 山口、高程
唐古拉山 山脉名
双季早稻种植区
降水盈亏量等值线（单位：毫米）
比例尺 1:18 000 000
南海诸岛
比例尺 1:36 000 000

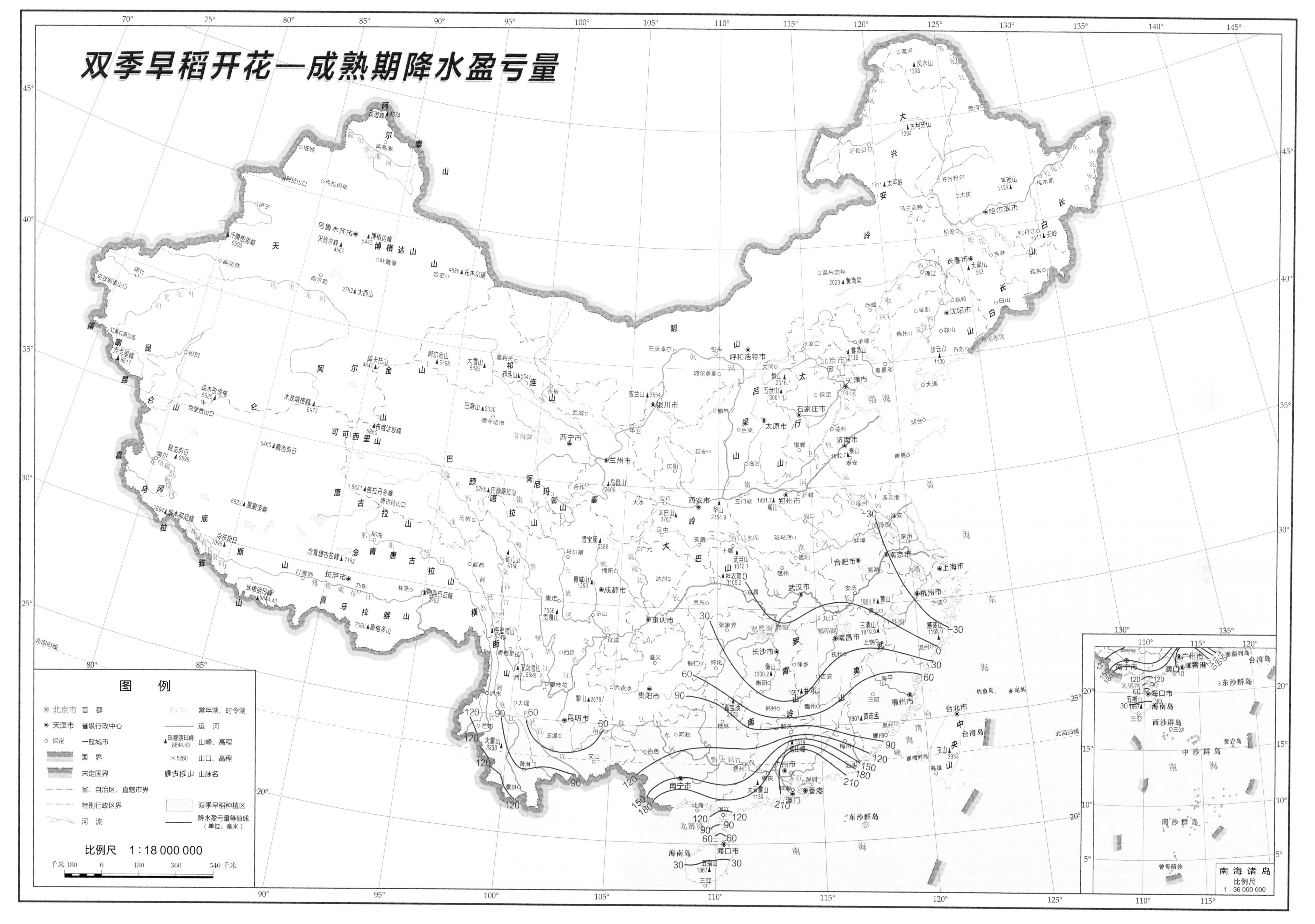
双季早稻开花—成熟期降水盈亏量
图例
北京市 首都
天津市 省级行政中心
保定 一般城市
国界
未定国界
省、自治区、直辖市界
特别行政区界
河流
常年湖、时令湖
运河
珠穆朗玛峰 8844.43 山峰、高程
×5260 山口、高程
唐古拉山 山脉名
双季早稻种植区
降水盈亏量等值线（单位：毫米）
比例尺 1:18 000 000
南海诸岛
比例尺 1:36 000 000

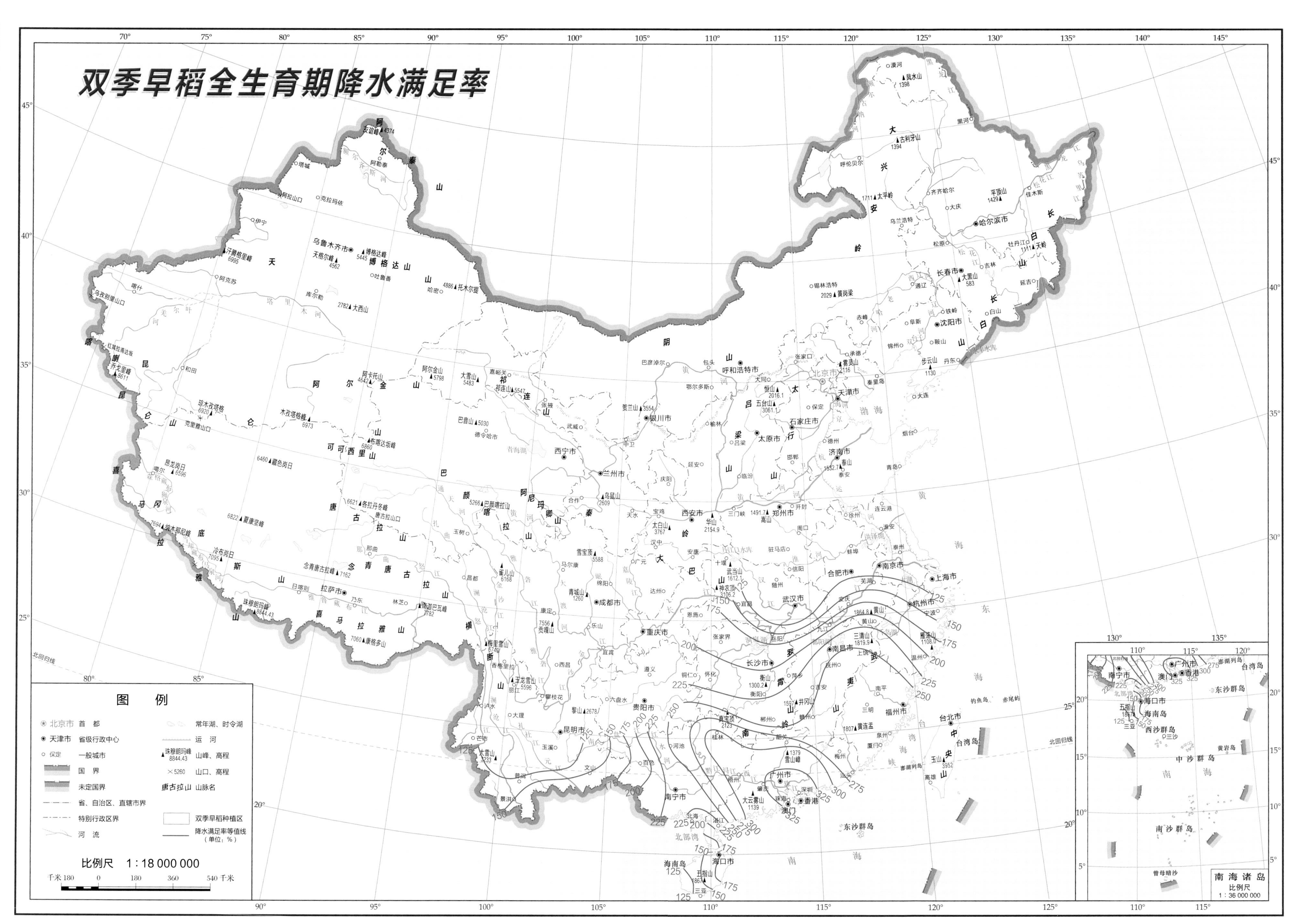
双季早稻全生育期降水满足率
图例
北京市 首都
天津市 省级行政中心
保定 一般城市
国界
未定国界
省、自治区、直辖市界
特别行政区界
河流
常年湖、时令湖
运河
珠穆朗玛峰 8844.43 山峰、高程
×5260 山口、高程
唐古拉山 山脉名
双季早稻种植区
降水满足率等值线（单位：%）
比例尺 1:18 000 000
南海诸岛
比例尺 1:36 000 000

75%降水保证率双季旱稻全生育期降水量

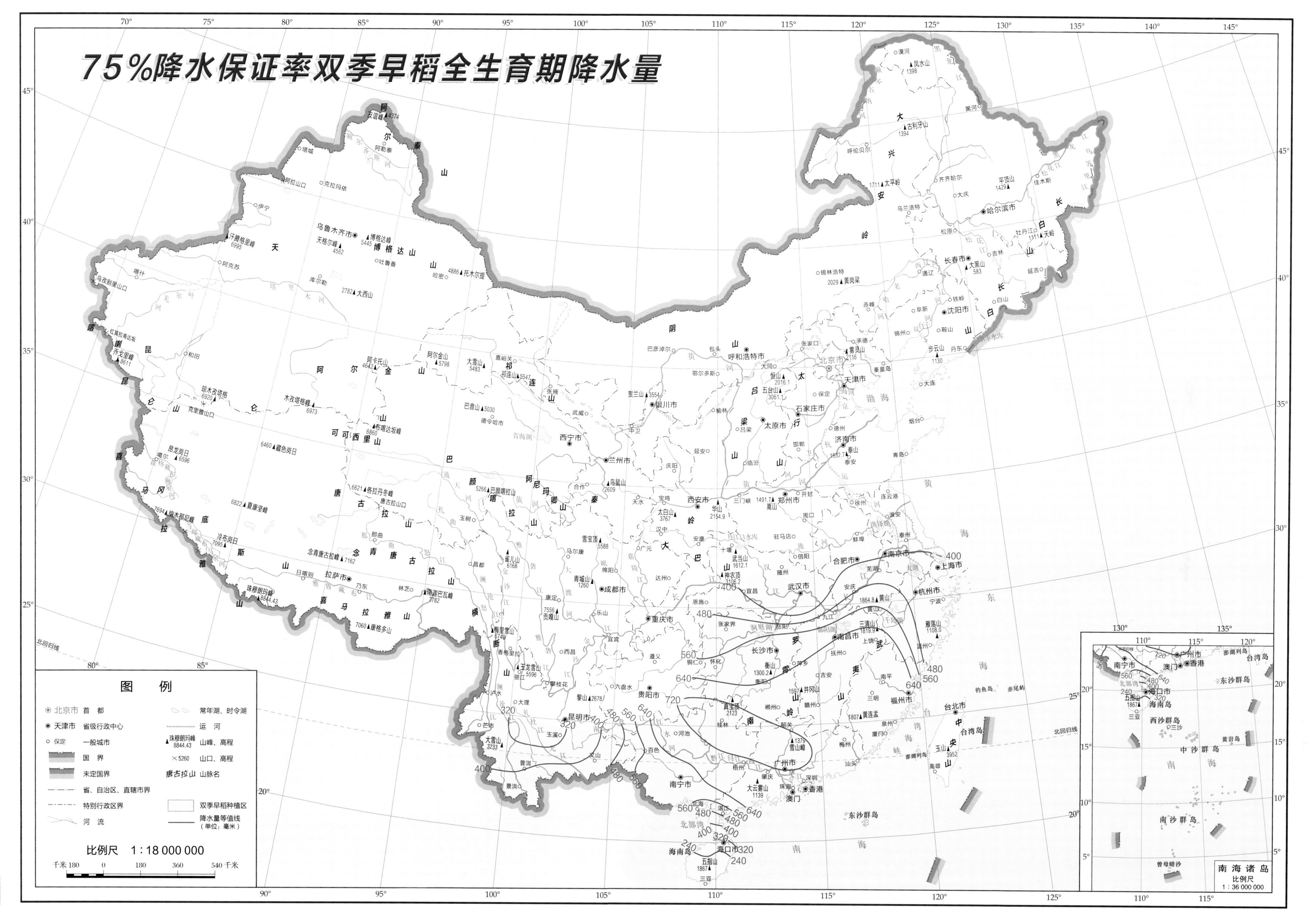

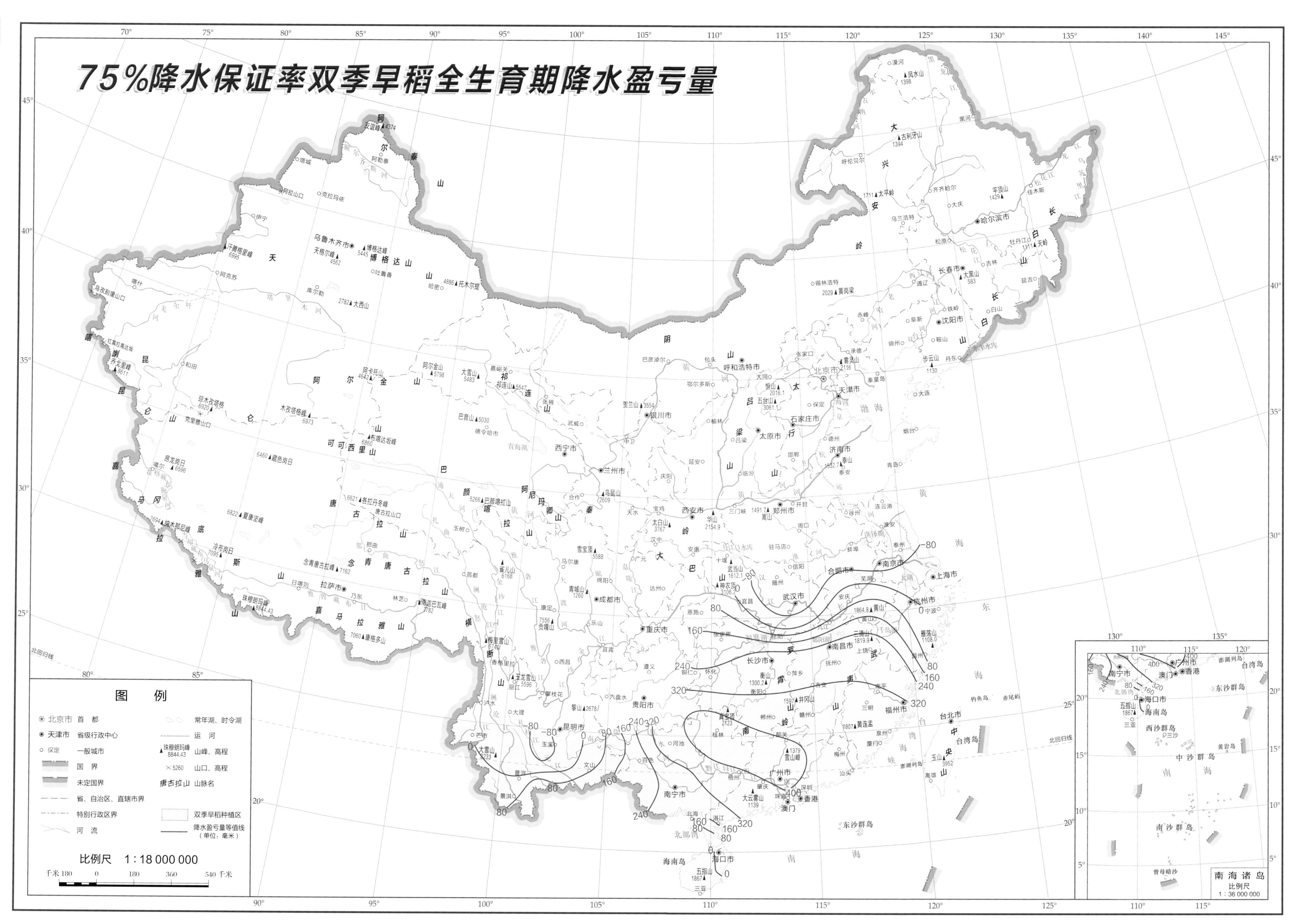
75%降水保证率双季早稻全生育期降水盈亏量
图例
北京市 首都
天津市 省级行政中心
保定 一般城市
国界
未定国界
省、自治区、直辖市界
特别行政区界
河流
常年湖、时令湖
运河
珠穆朗玛峰 8844.43 山峰、高程
5260 山口、高程
唐古拉山 山脉名
双季早稻种植区
降水盈亏量等值线（单位：毫米）
比例尺 1:18 000 000
南海诸岛
比例尺 1:36 000 000

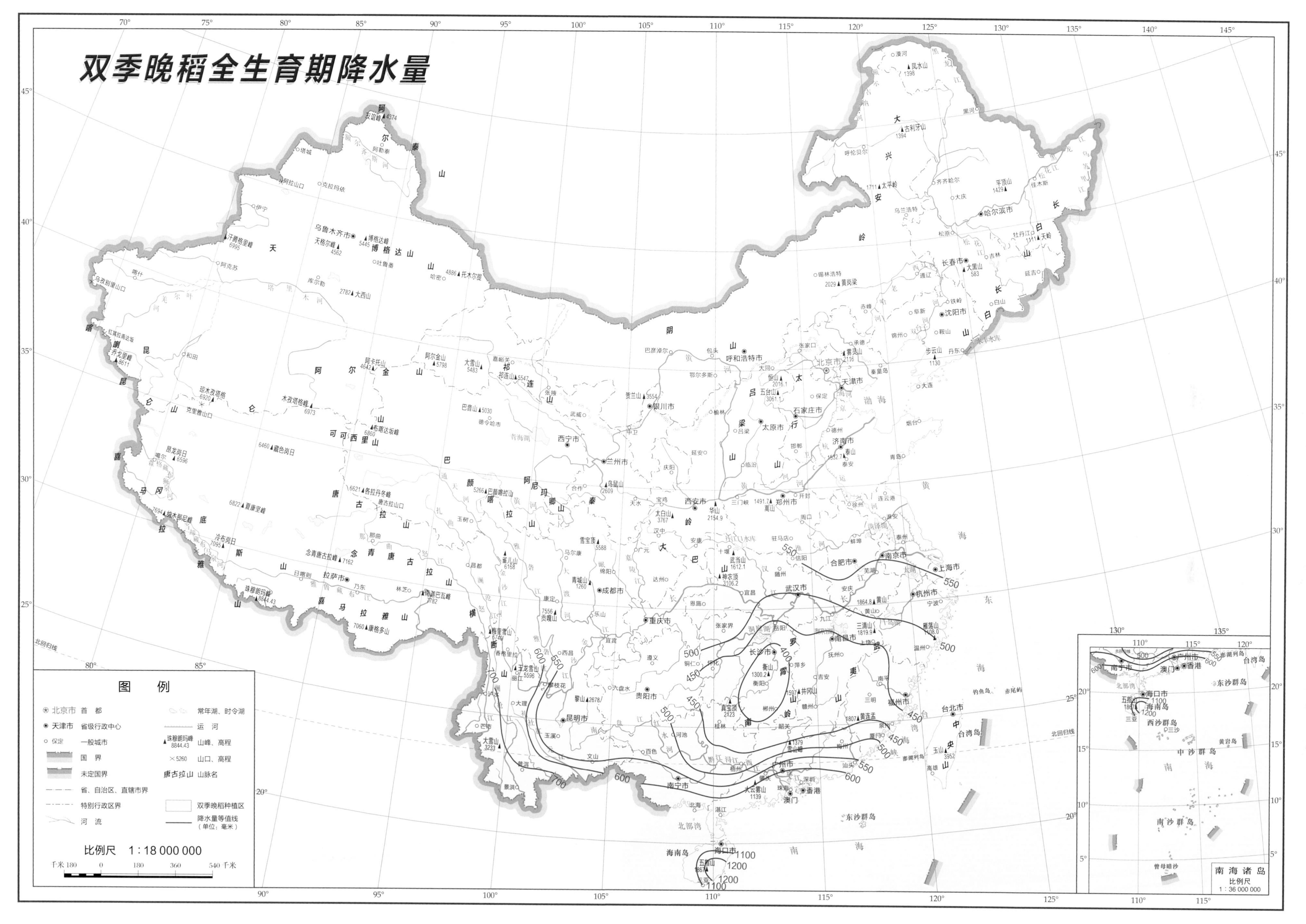
双季晚稻全生育期降水量
图例
北京市 首都
天津市 省级行政中心
保定 一般城市
国界
未定国界
省、自治区、直辖市界
特别行政区界
河流
常年湖、时令湖
运河
珠穆朗玛峰 8844.43 山峰、高程
×5260 山口、高程
唐古拉山 山脉名
双季晚稻种植区
降水量等值线（单位：毫米）
比例尺 1∶18 000 000
南海诸岛
比例尺 1∶36 000 000

双季晚稻播种—移栽期降水量

双季晚稻移栽—拔节期降水量

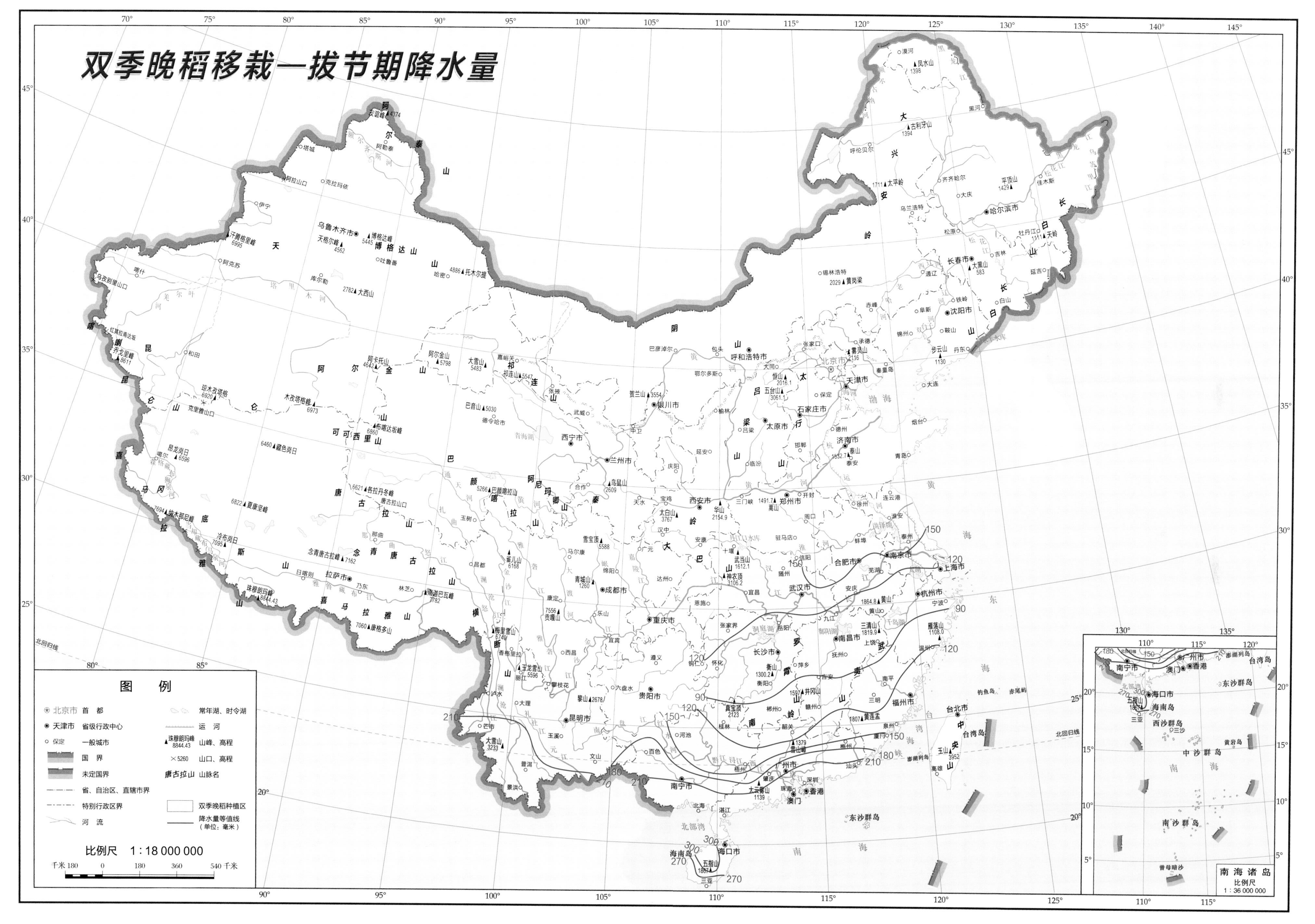

双季晚稻拔节—开花期降水量

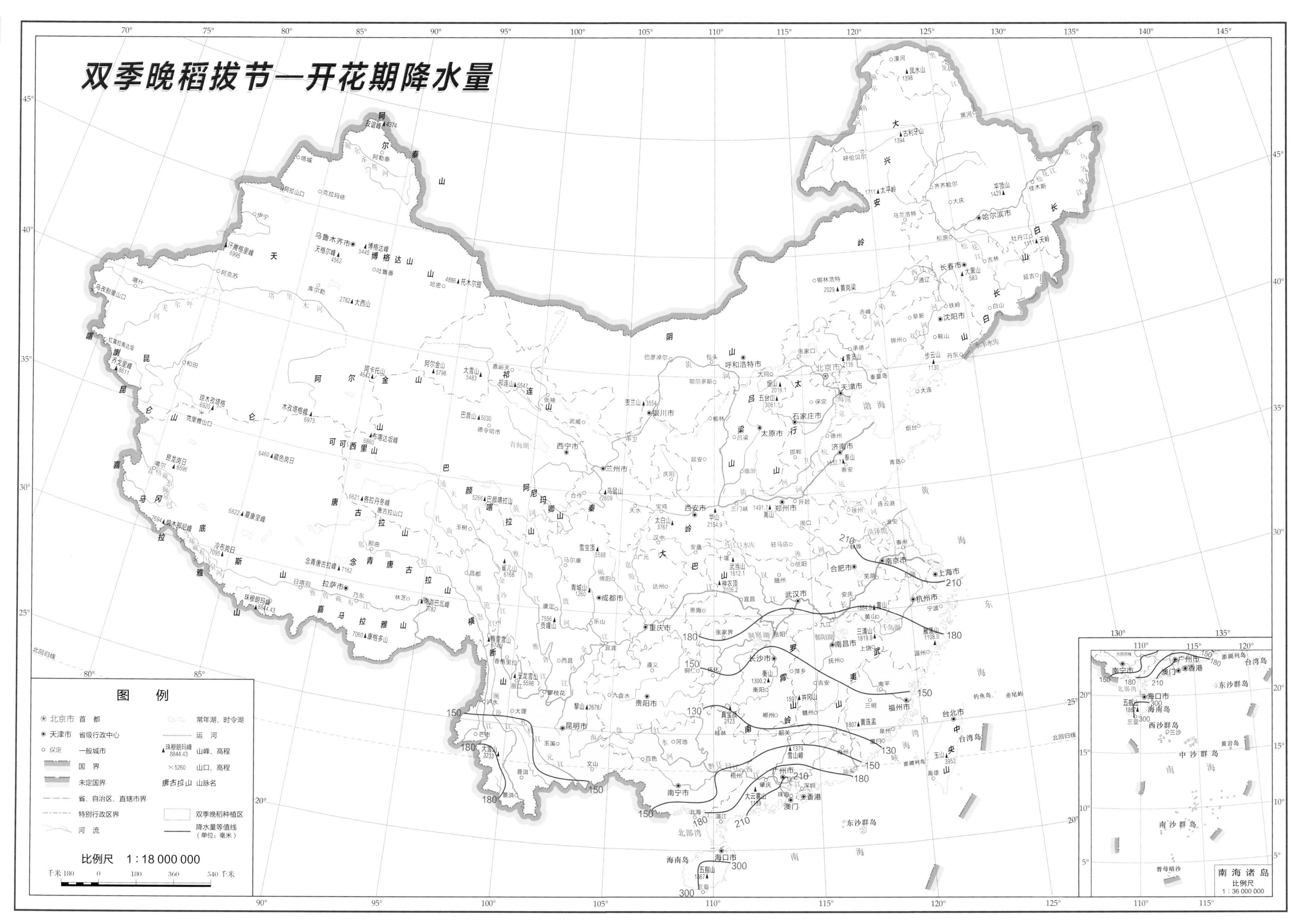

双季晚稻开花—成熟期降水量

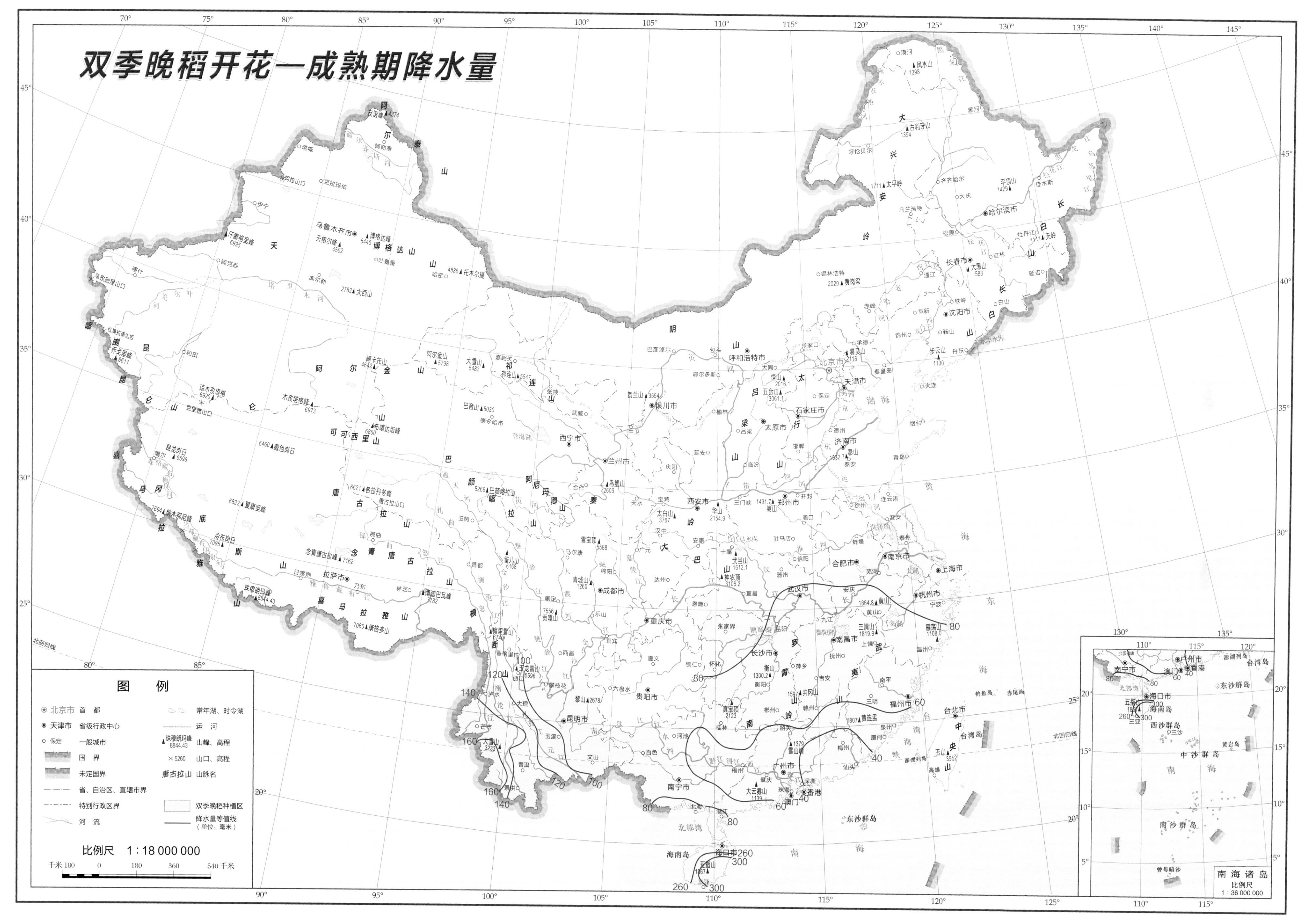

双季晚稻全生育期需水量

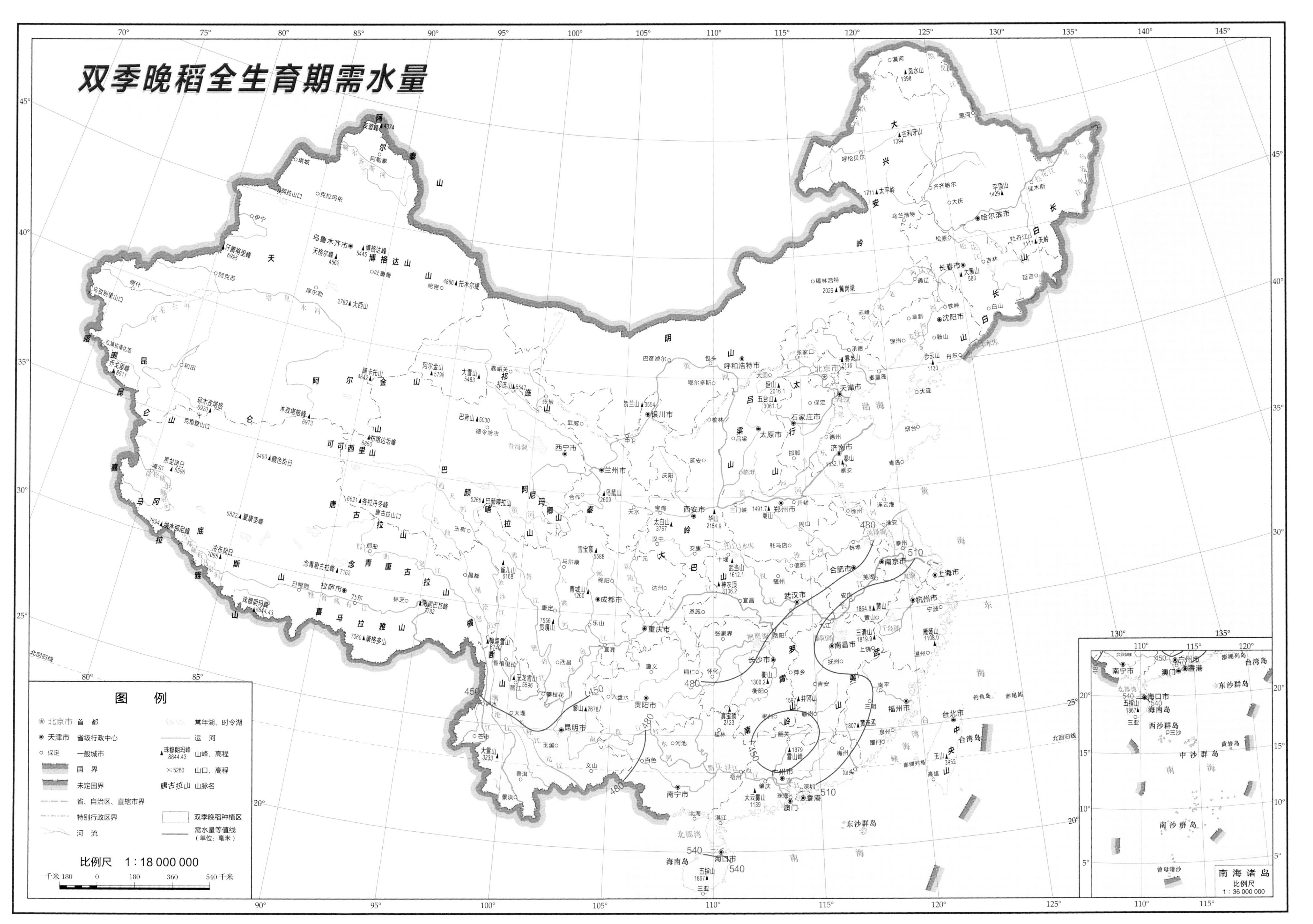

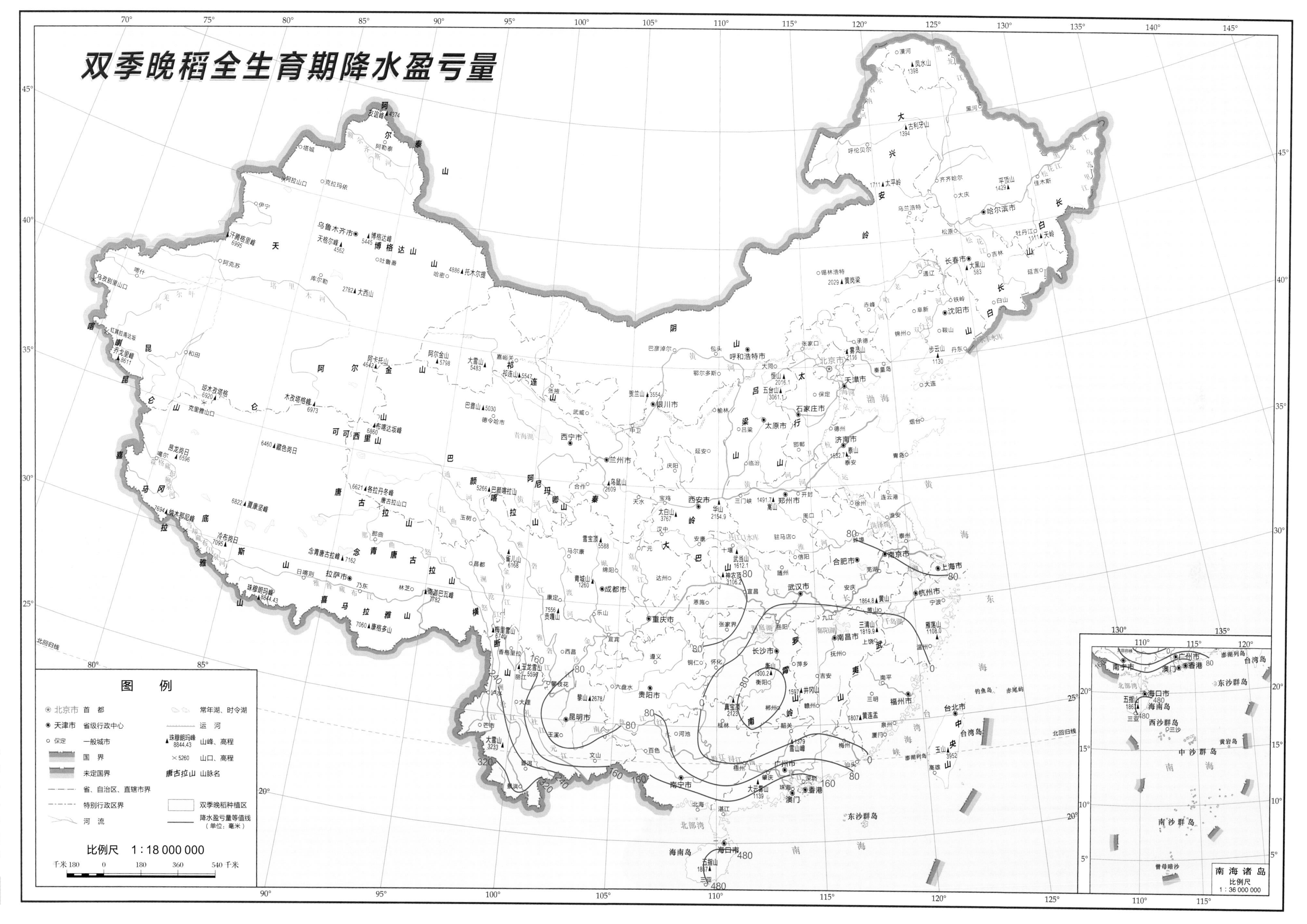
双季晚稻全生育期降水盈亏量
图　例
北京市　首　都
天津市　省级行政中心
保定　一般城市
国　界
未定国界
省、自治区、直辖市界
特别行政区界
河　流
常年湖、时令湖
运　河
珠穆朗玛峰 8844.43　山峰、高程
×5260　山口、高程
唐古拉山　山脉名
双季晚稻种植区
降水盈亏量等值线（单位：毫米）
比例尺　1:18 000 000
南海诸岛
比例尺 1:36 000 000

双季晚稻播种—移栽期降水盈亏量

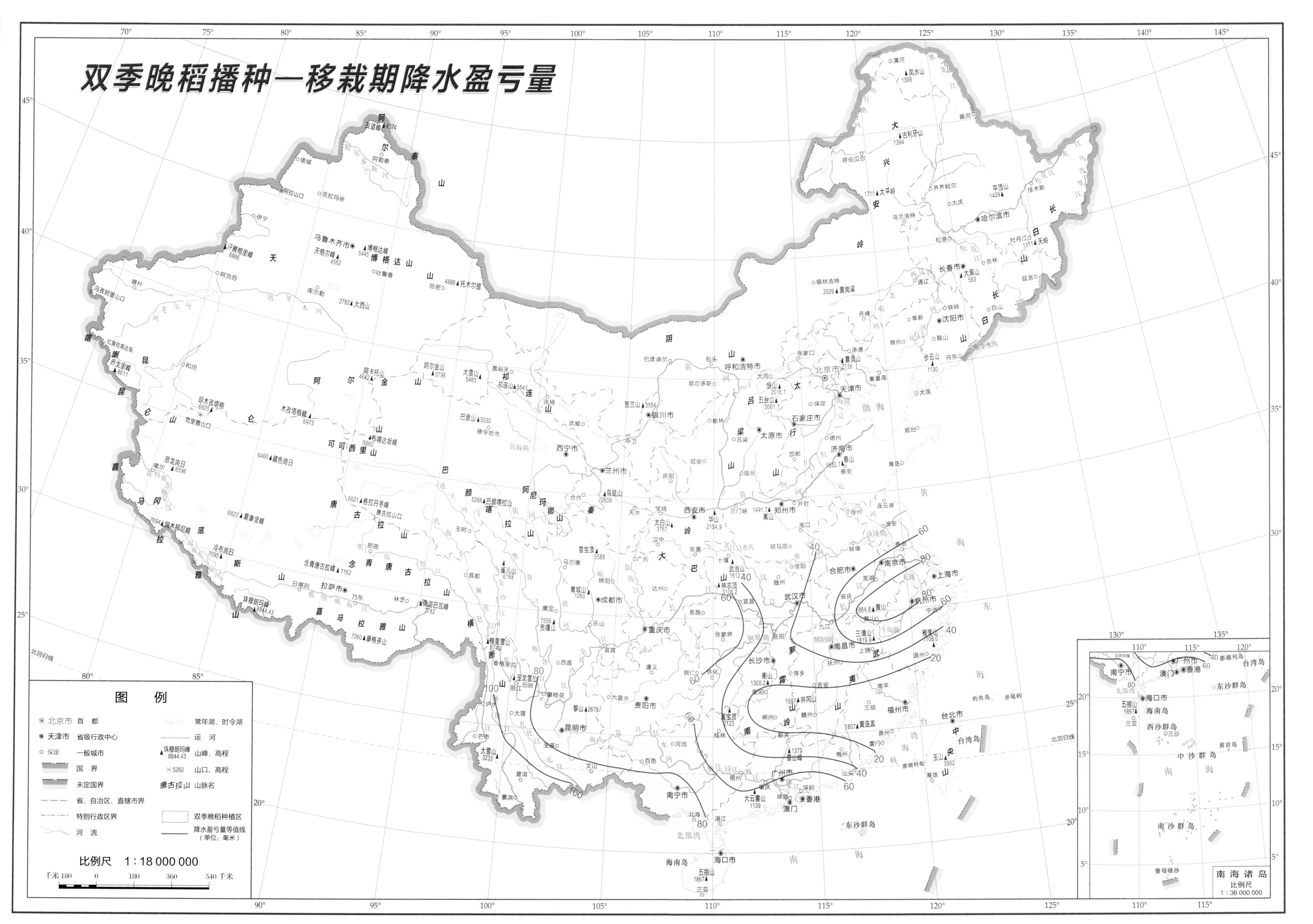

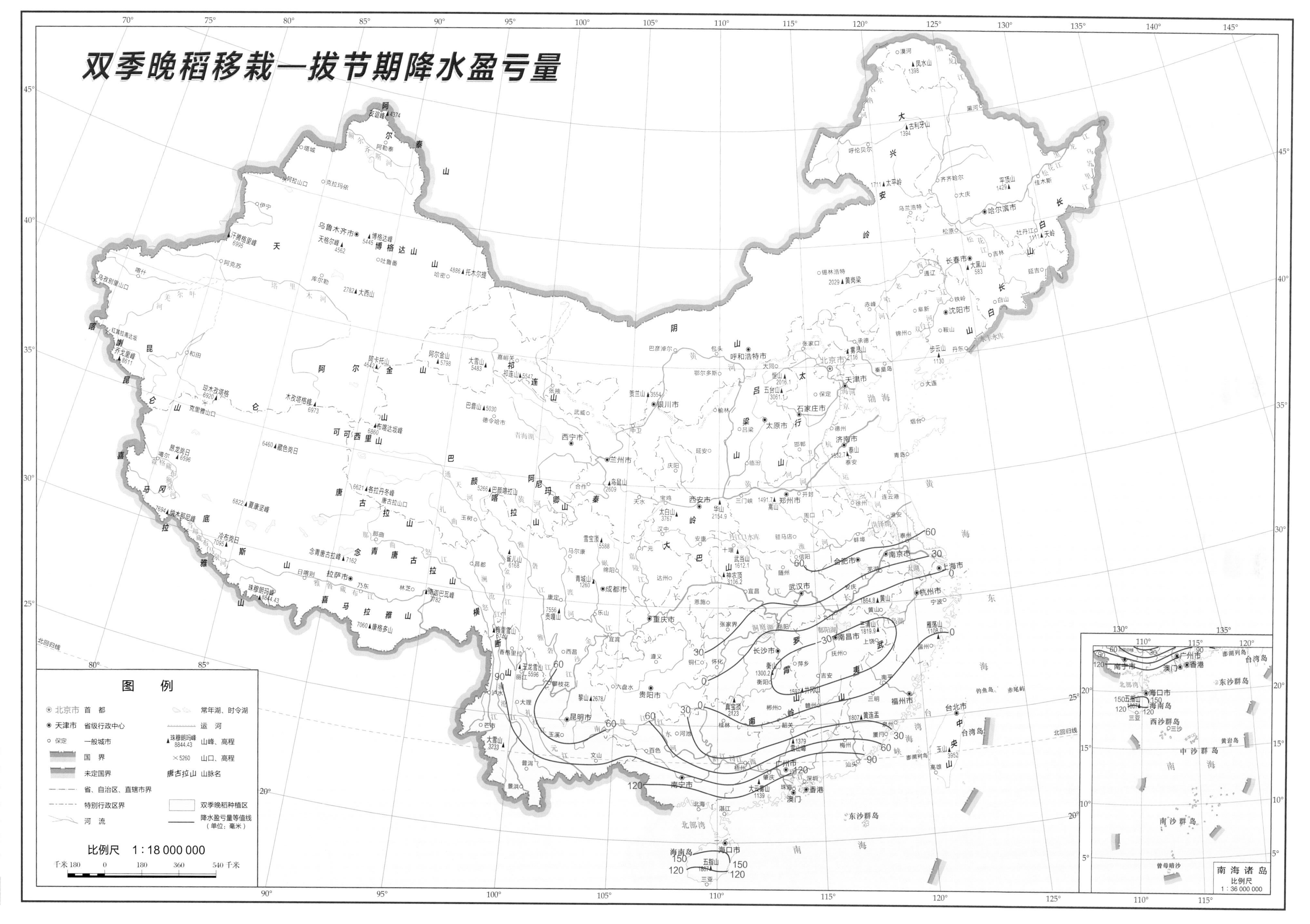
双季晚稻移栽—拔节期降水盈亏量
图 例
北京市 首 都
天津市 省级行政中心
保定 一般城市
国 界
未定国界
省、自治区、直辖市界
特别行政区界
河 流
常年湖、时令湖
运 河
珠穆朗玛峰 8844.43 山峰、高程
5260 山口、高程
唐古拉山 山脉名
双季晚稻种植区
降水盈亏量等值线 （单位：毫米）
比例尺 1:18 000 000
千米 180 0 180 360 540 千米
南海诸岛
比例尺
1:36 000 000

双季晚稻拔节—开花期降水盈亏量

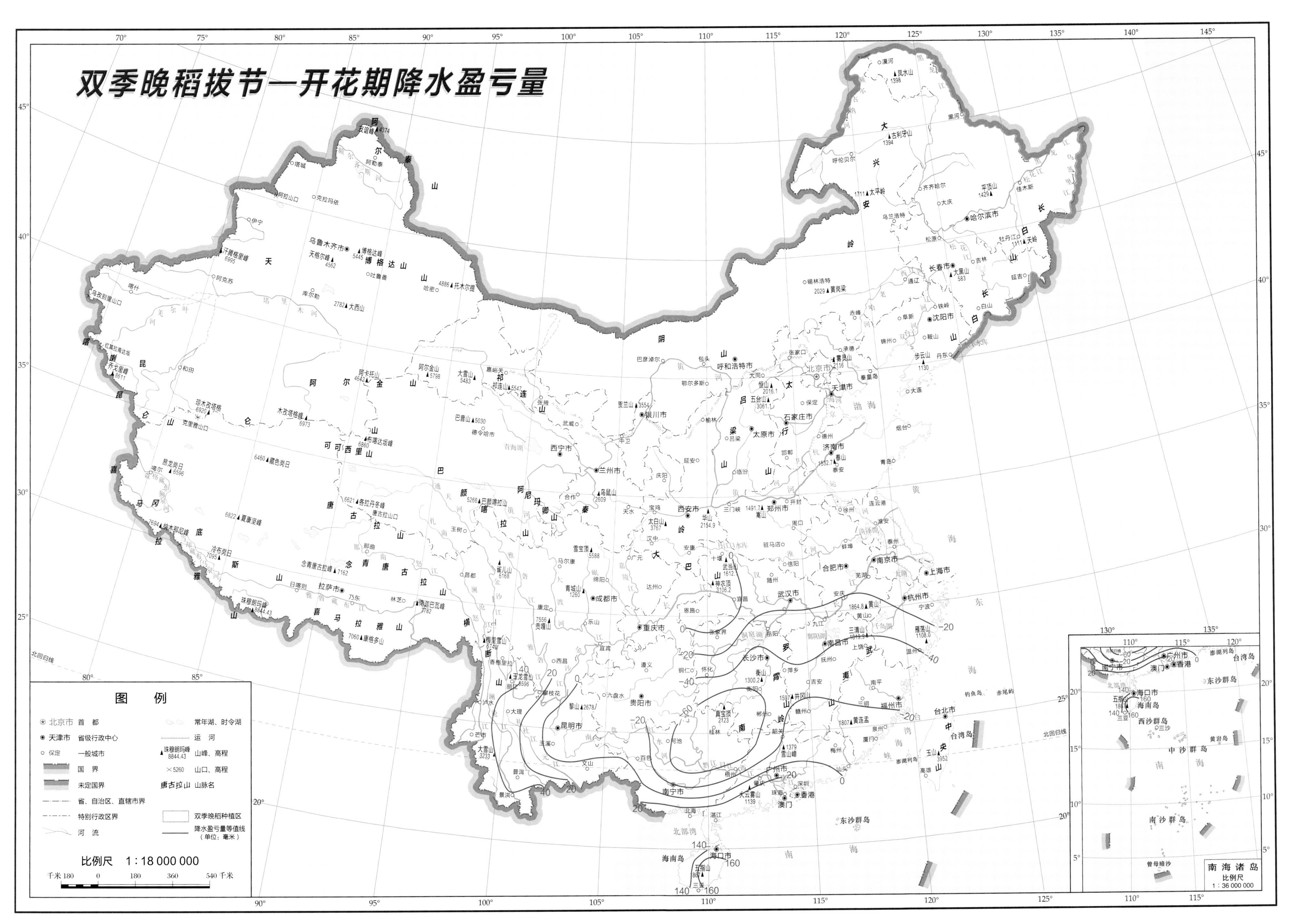

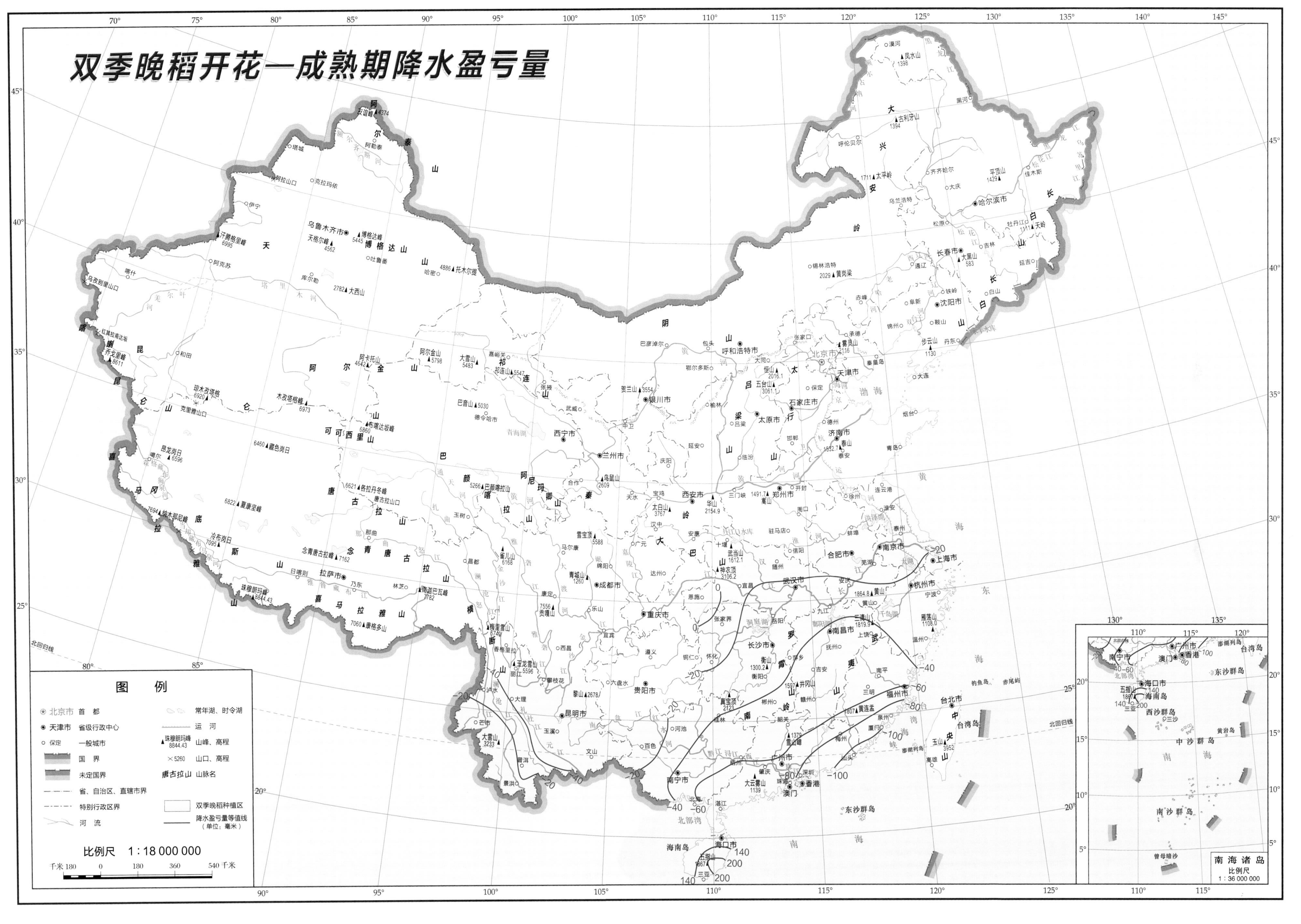
双季晚稻开花—成熟期降水盈亏量
图例
北京市 首都
天津市 省级行政中心
保定 一般城市
国界
未定国界
省、自治区、直辖市界
特别行政区界
河流
常年湖、时令湖
运河
珠穆朗玛峰 8844.43 山峰、高程
×5260 山口、高程
唐古拉山 山脉名
双季晚稻种植区
降水盈亏量等值线（单位：毫米）
比例尺 1:18 000 000
南海诸岛
比例尺 1:36 000 000

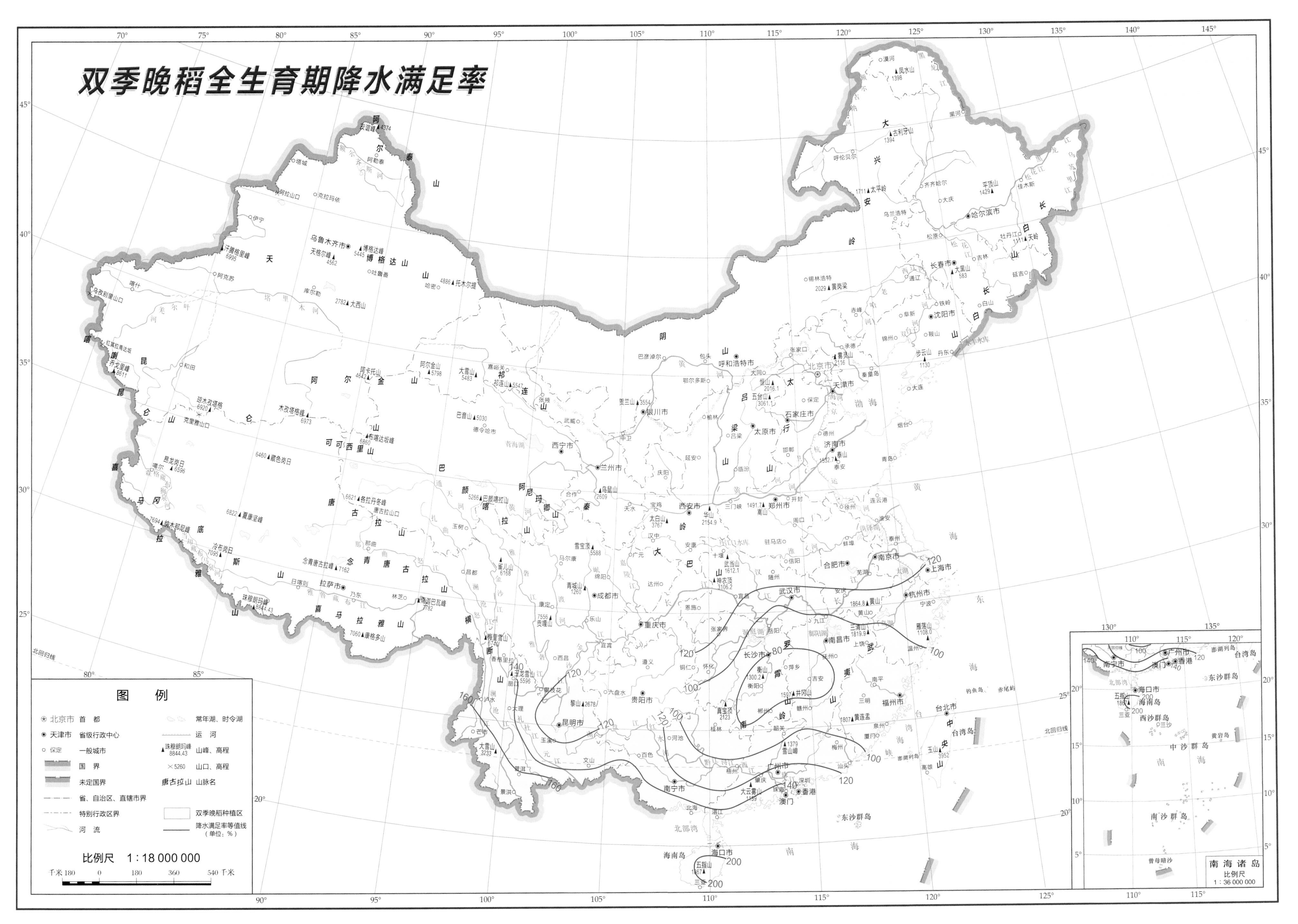
双季晚稻全生育期降水满足率
南海诸岛
比例尺
1:36 000 000
图例
北京市 首都
天津市 省级行政中心
保定 一般城市
国界
未定国界
省、自治区、直辖市界
特别行政区界
河流
常年湖、时令湖
运河
珠穆朗玛峰 8844.43 山峰、高程
5260 山口、高程
唐古拉山 山脉名
双季晚稻种植区
降水满足率等值线（单位：%）
比例尺 1:18 000 000
千米 180 0 180 360 540 千米

双季晚稻全生育期缺水率

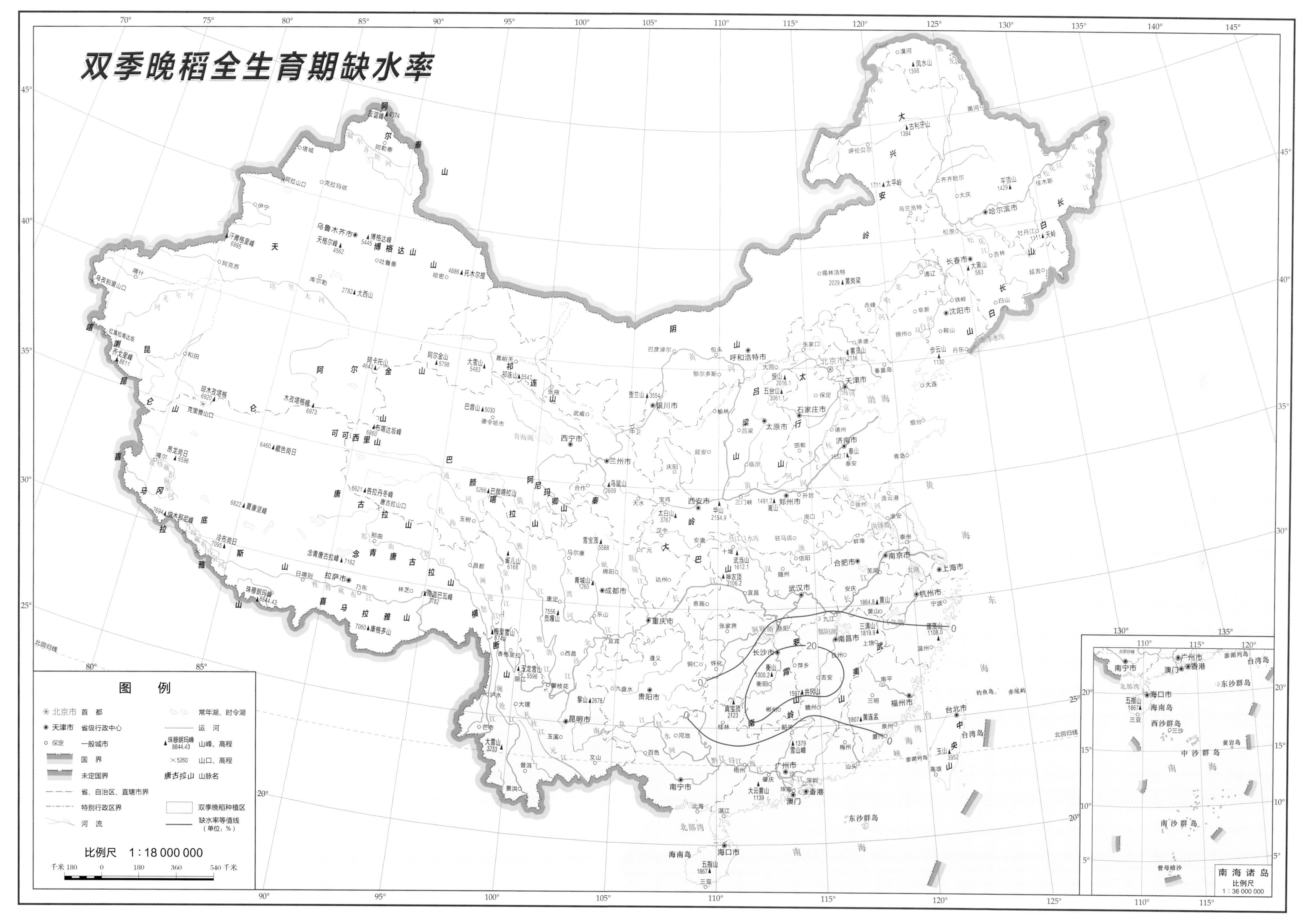

75%降水保证率双季晚稻全生育期降水量

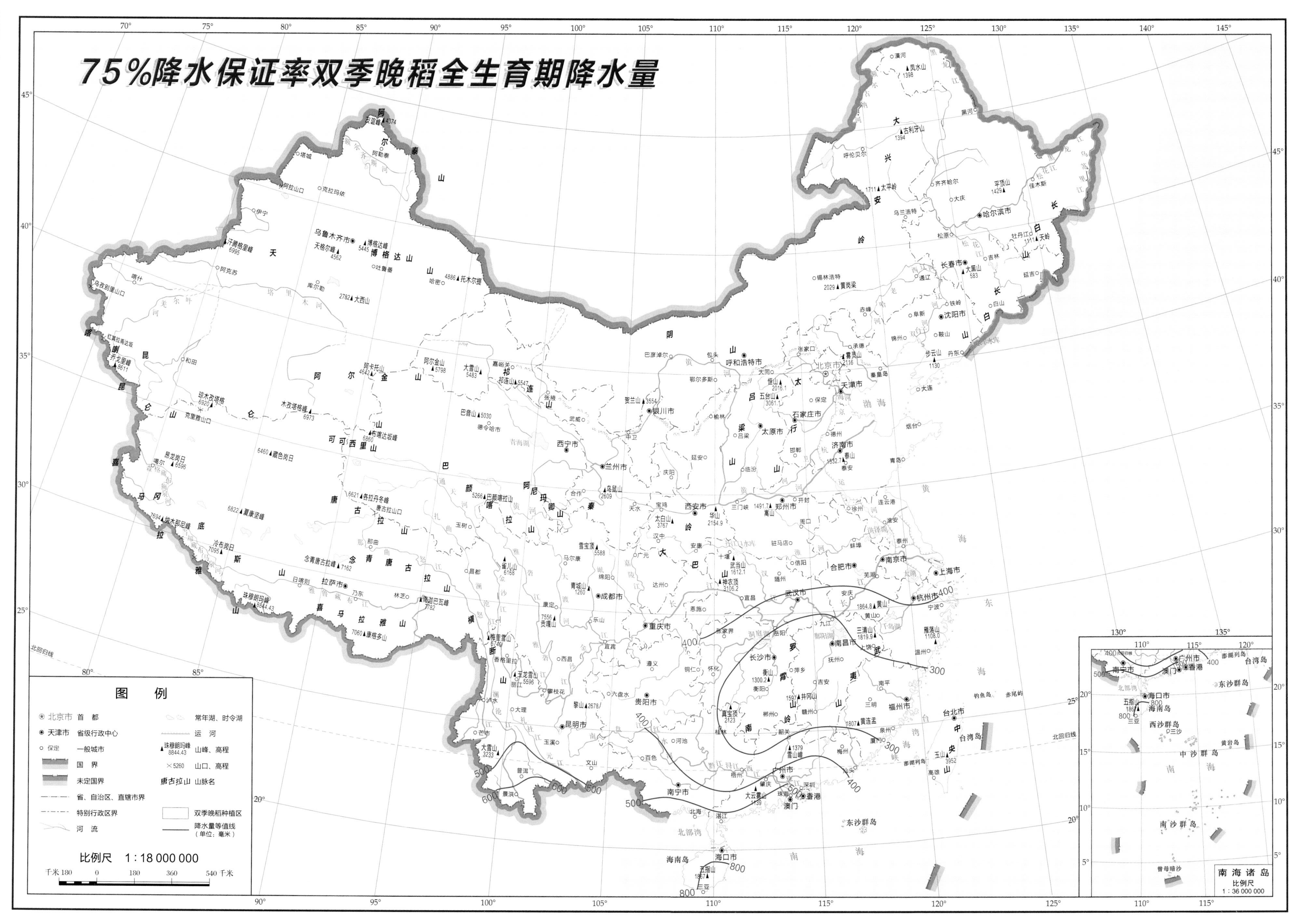

75%降水保证率双季晚稻全生育期降水盈亏量
图例
北京市 首都
天津市 省级行政中心
保定 一般城市
国界
未定国界
省、自治区、直辖市界
特别行政区界
河流
常年湖、时令湖
运河
珠穆朗玛峰 8844.43 山峰、高程
×5260 山口、高程
唐古拉山 山脉名
双季晚稻种植区
降水盈亏等值线（单位：毫米）
比例尺 1:18 000 000
南海诸岛
比例尺 1:36 000 000

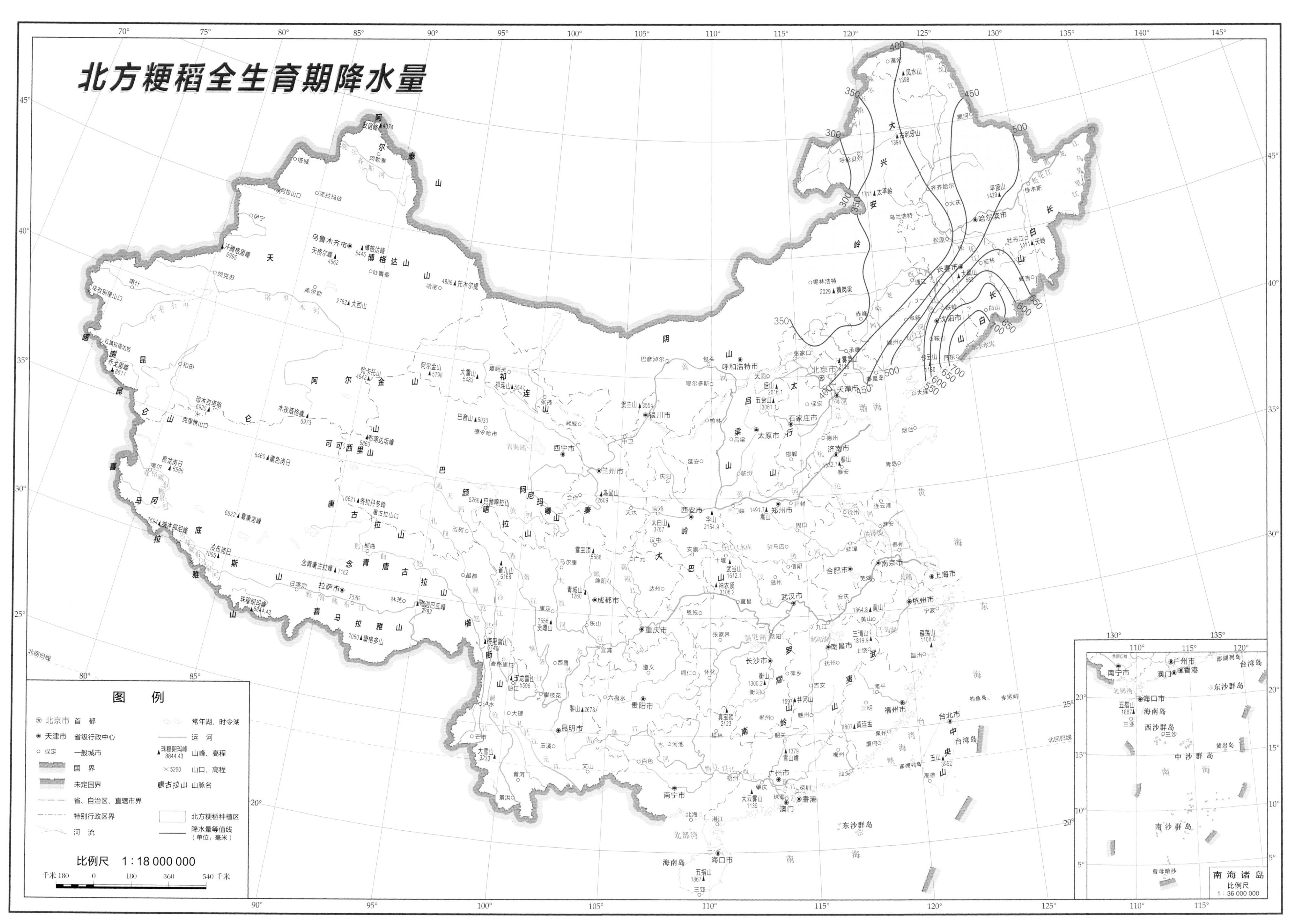
北方粳稻全生育期降水量
图例
北京市 首都
天津市 省级行政中心
保定 一般城市
国界
未定国界
省、自治区、直辖市界
特别行政区界
河流
常年湖、时令湖
运河
珠穆朗玛峰 8844.43 山峰、高程
5260 山口、高程
唐古拉山 山脉名
北方粳稻种植区
降水量等值线（单位：毫米）
比例尺 1:18 000 000
南海诸岛
比例尺 1:36 000 000

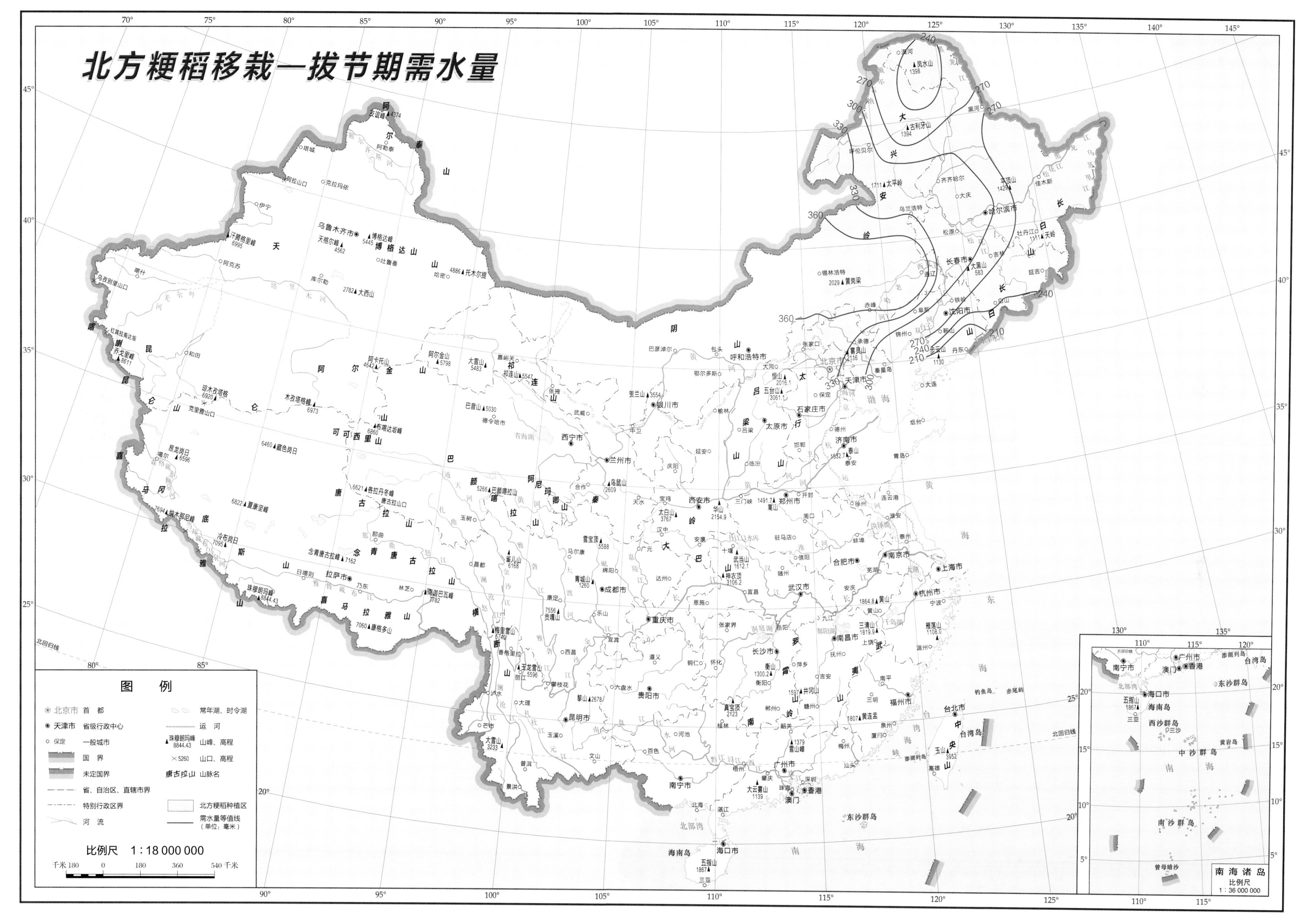
北方粳稻移栽—拔节期需水量
图例
北京市 首都
天津市 省级行政中心
保定 一般城市
国界
未定国界
省、自治区、直辖市界
特别行政区界
河流
常年湖、时令湖
运河
珠穆朗玛峰 8844.43 山峰、高程
5260 山口、高程
唐古拉山 山脉名
北方粳稻种植区
需水量等值线（单位：毫米）
比例尺 1:18 000 000
南海诸岛
比例尺 1:36 000 000

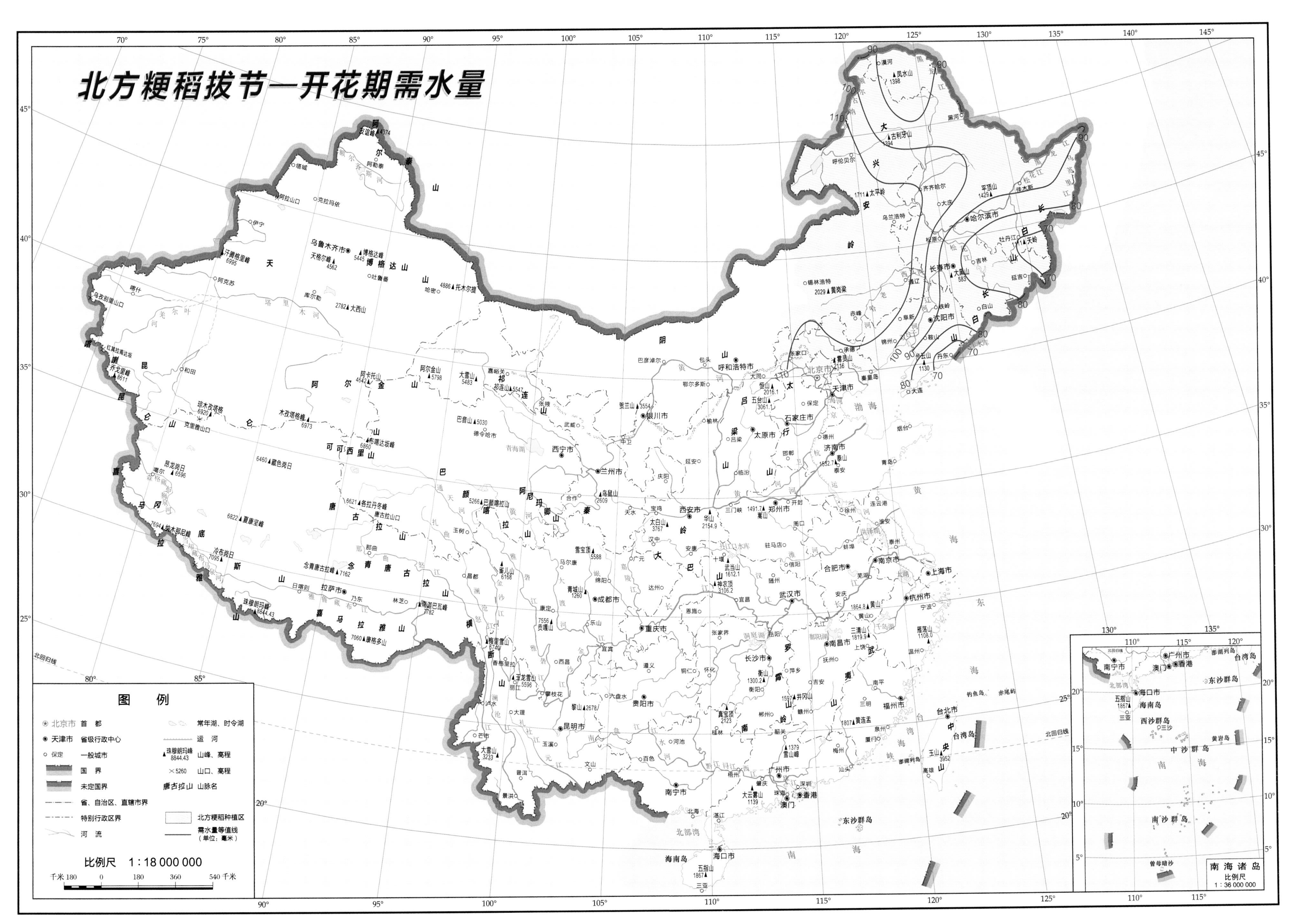
北方粳稻拔节—开花期需水量
图例
北京市 首都
天津市 省级行政中心
保定 一般城市
国界
未定国界
省、自治区、直辖市界
特别行政区界
河流
常年湖、时令湖
运河
珠穆朗玛峰 8844.43 山峰、高程
×5260 山口、高程
唐古拉山 山脉名
北方粳稻种植区
需水量等值线（单位：毫米）
比例尺 1:18 000 000
南海诸岛
比例尺 1:36 000 000

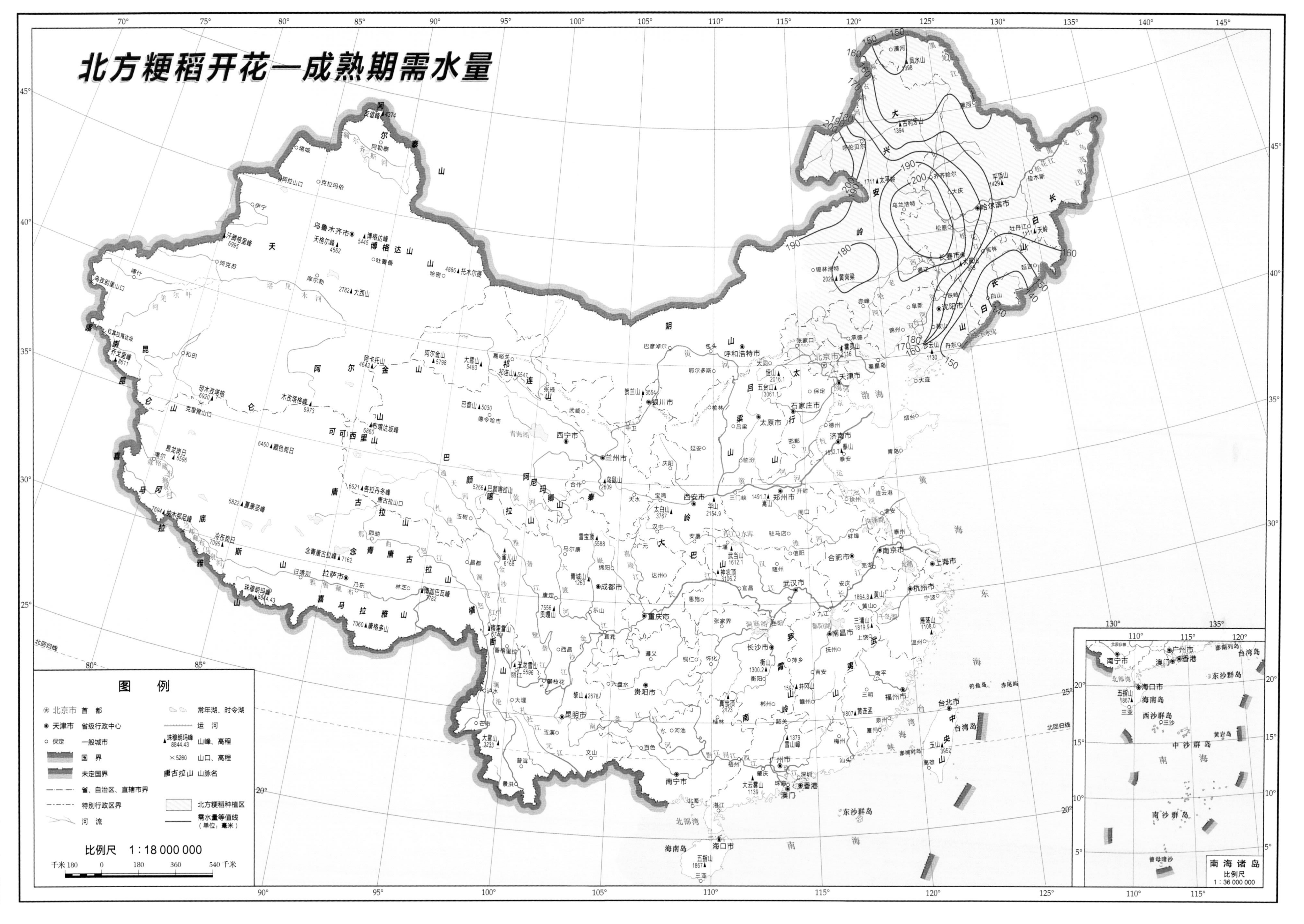
北方粳稻开花—成熟期需水量
图例
北京市 首都
天津市 省级行政中心
保定 一般城市
国界
未定国界
省、自治区、直辖市界
特别行政区界
河流
常年湖、时令湖
运河
珠穆朗玛峰 8844.43 山峰、高程
×5260 山口、高程
唐古拉山 山脉名
北方粳稻种植区
需水量等值线（单位：毫米）
比例尺 1：18 000 000
南海诸岛
比例尺 1：36 000 000

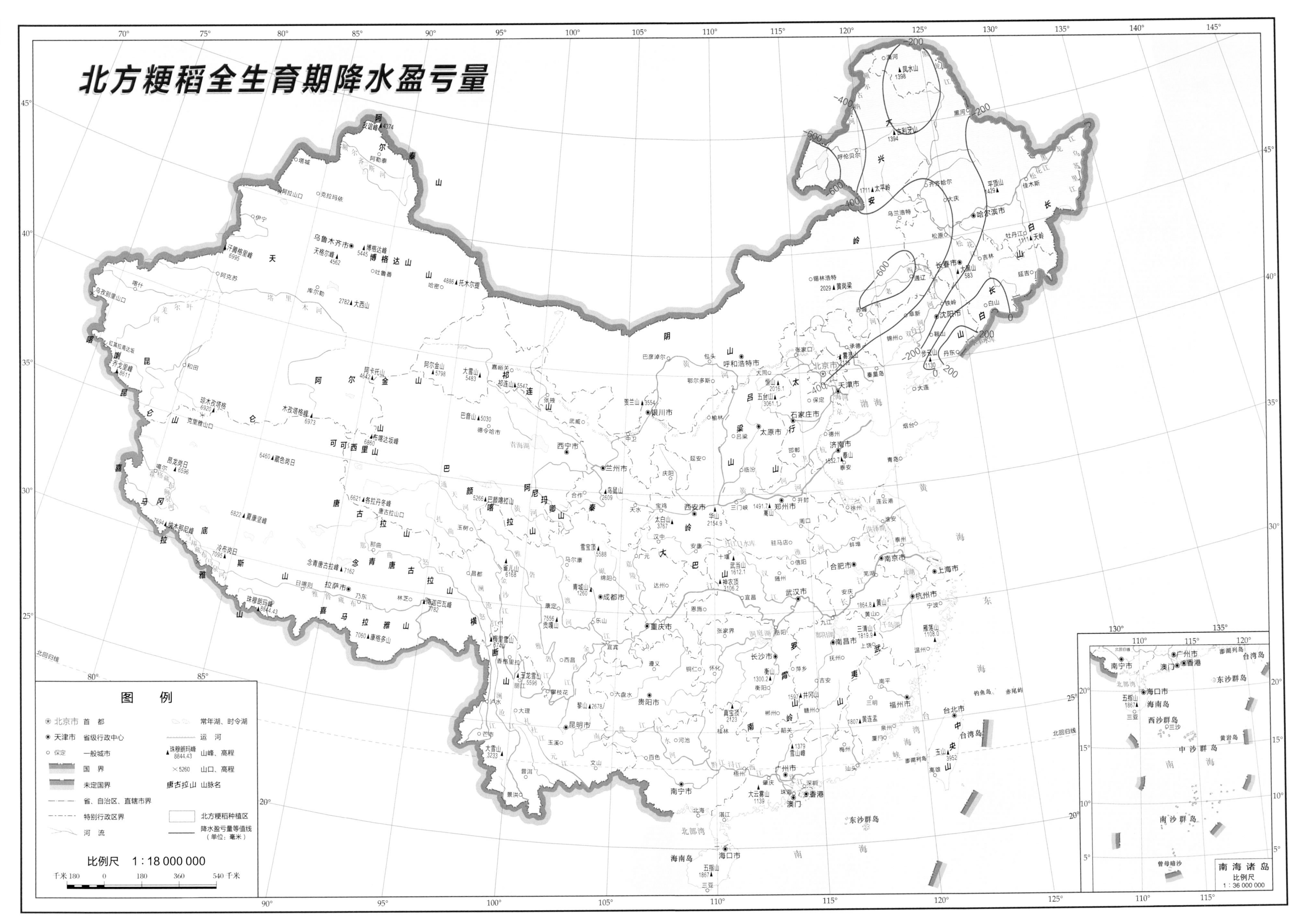
北方粳稻全生育期降水盈亏量
图例
北京市 首都
天津市 省级行政中心
保定 一般城市
国界
未定国界
省、自治区、直辖市界
特别行政区界
河流
常年湖、时令湖
运河
珠穆朗玛峰 8844.43 山峰、高程
×5260 山口、高程
唐古拉山 山脉名
北方粳稻种植区
降水盈亏量等值线（单位：毫米）
比例尺 1:18 000 000
千米 180 0 180 360 540 千米
南海诸岛
比例尺
1:36 000 000

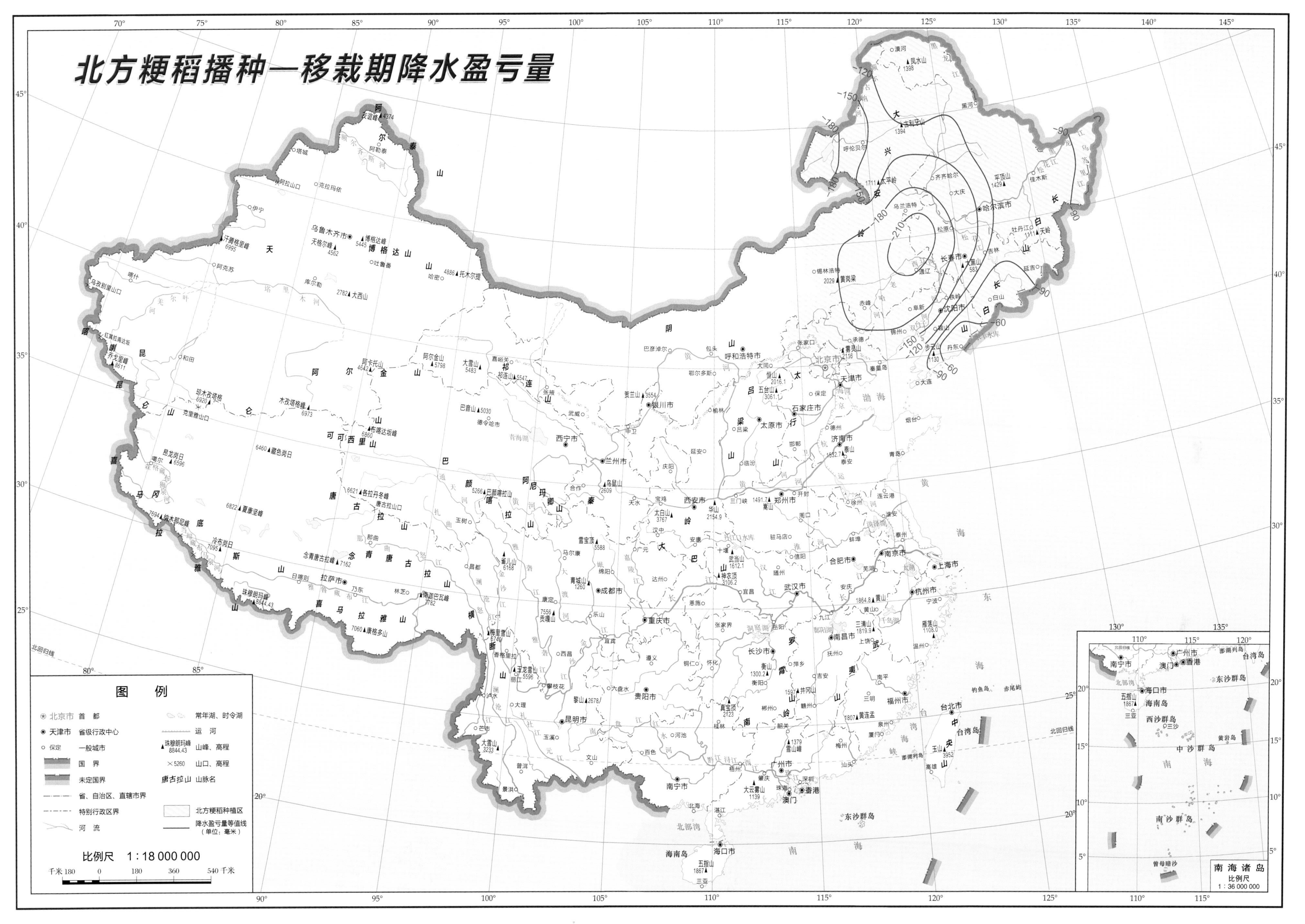
北方粳稻播种—移栽期降水盈亏量
图 例
北京市 首 都
天津市 省级行政中心
保定 一般城市
国 界
未定国界
省、自治区、直辖市界
特别行政区界
河 流
常年湖、时令湖
运 河
珠穆朗玛峰 8844.43 山峰、高程
×5260 山口、高程
唐古拉山 山脉名
北方粳稻种植区
降水盈亏量等值线（单位：毫米）
比例尺 1：18 000 000
千米 180 0 180 360 540 千米
南海诸岛
比例尺 1：36 000 000

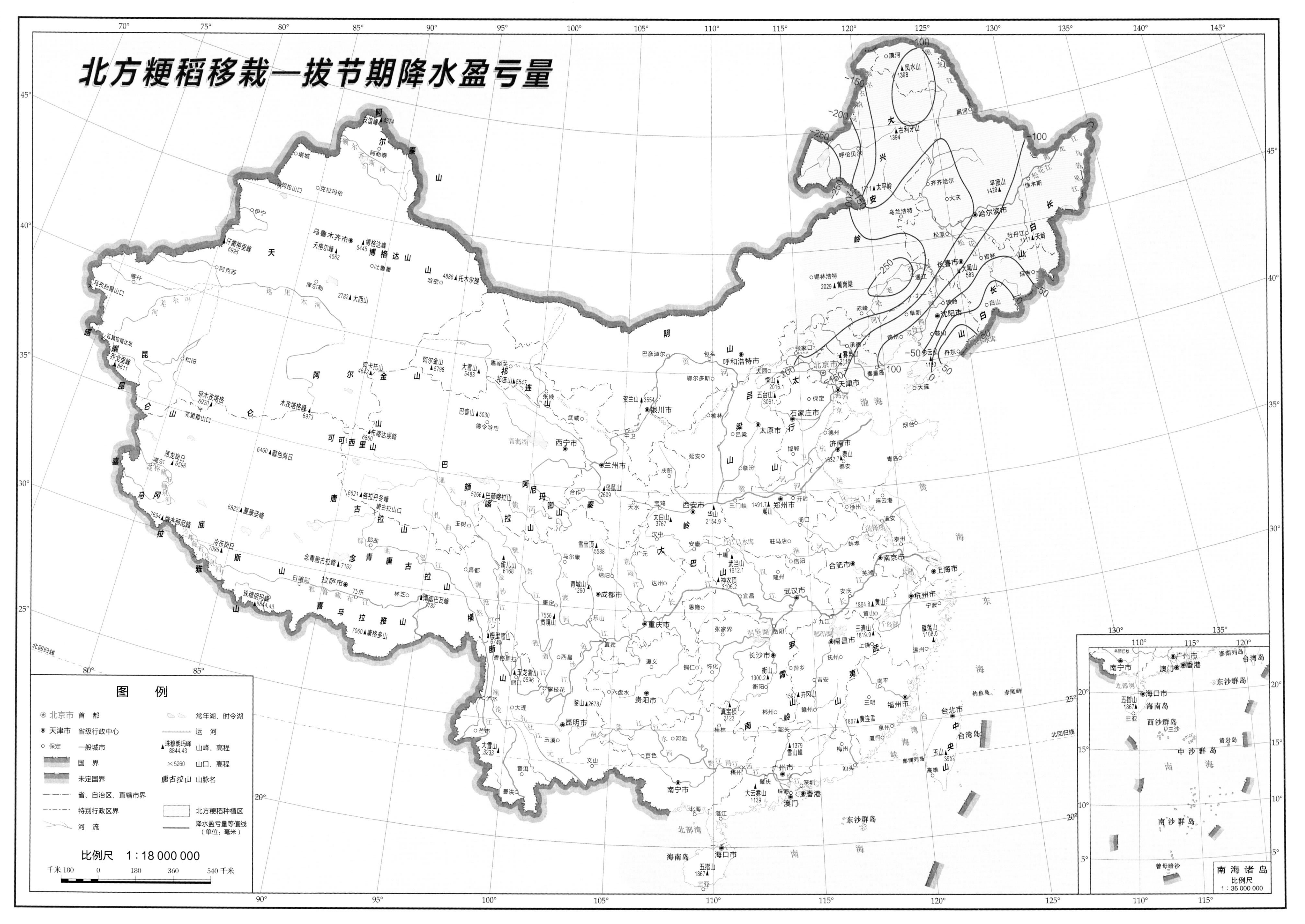

北方粳稻移栽—拔节期降水盈亏量
图 例
北京市 首都
天津市 省级行政中心
保定 一般城市
国界
未定国界
省、自治区、直辖市界
特别行政区界
河流
常年湖、时令湖
运河
珠穆朗玛峰 8844.43 山峰、高程
×5260 山口、高程
唐古拉山 山脉名
北方粳稻种植区
降水盈亏量等值线（单位：毫米）
比例尺 1:18 000 000
南海诸岛
比例尺 1:36 000 000

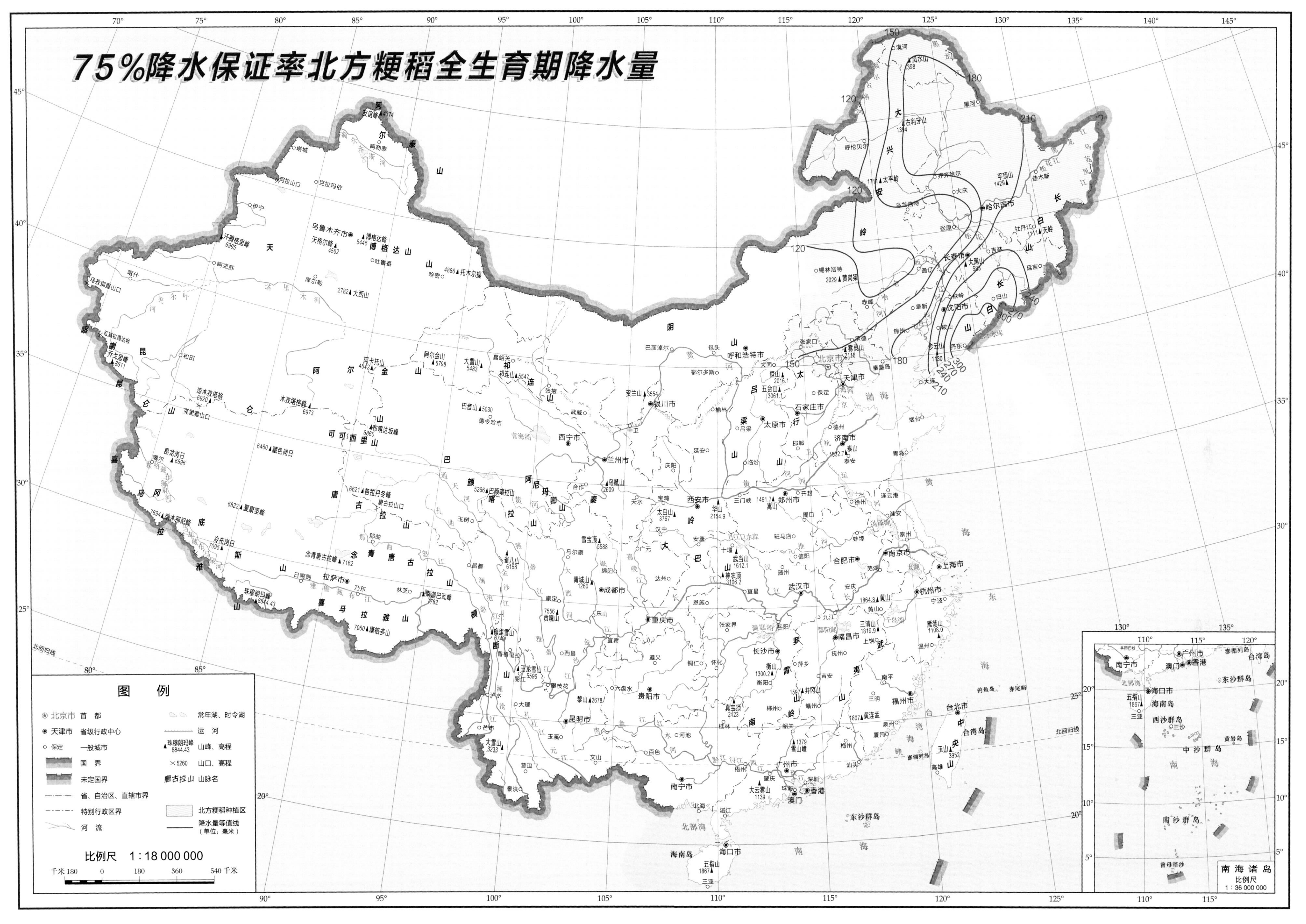

75%降水保证率北方粳稻全生育期降水量
图例
北京市 首都
天津市 省级行政中心
保定 一般城市
国界
未定国界
省、自治区、直辖市界
特别行政区界
河流
常年湖、时令湖
运河
珠穆朗玛峰 8844.43 山峰、高程
×5260 山口、高程
唐古拉山 山脉名
北方粳稻种植区
降水量等值线（单位：毫米）
比例尺 1:18 000 000
南海诸岛
比例尺 1:36 000 000

75%降水保证率北方粳稻全生育期降水盈亏量

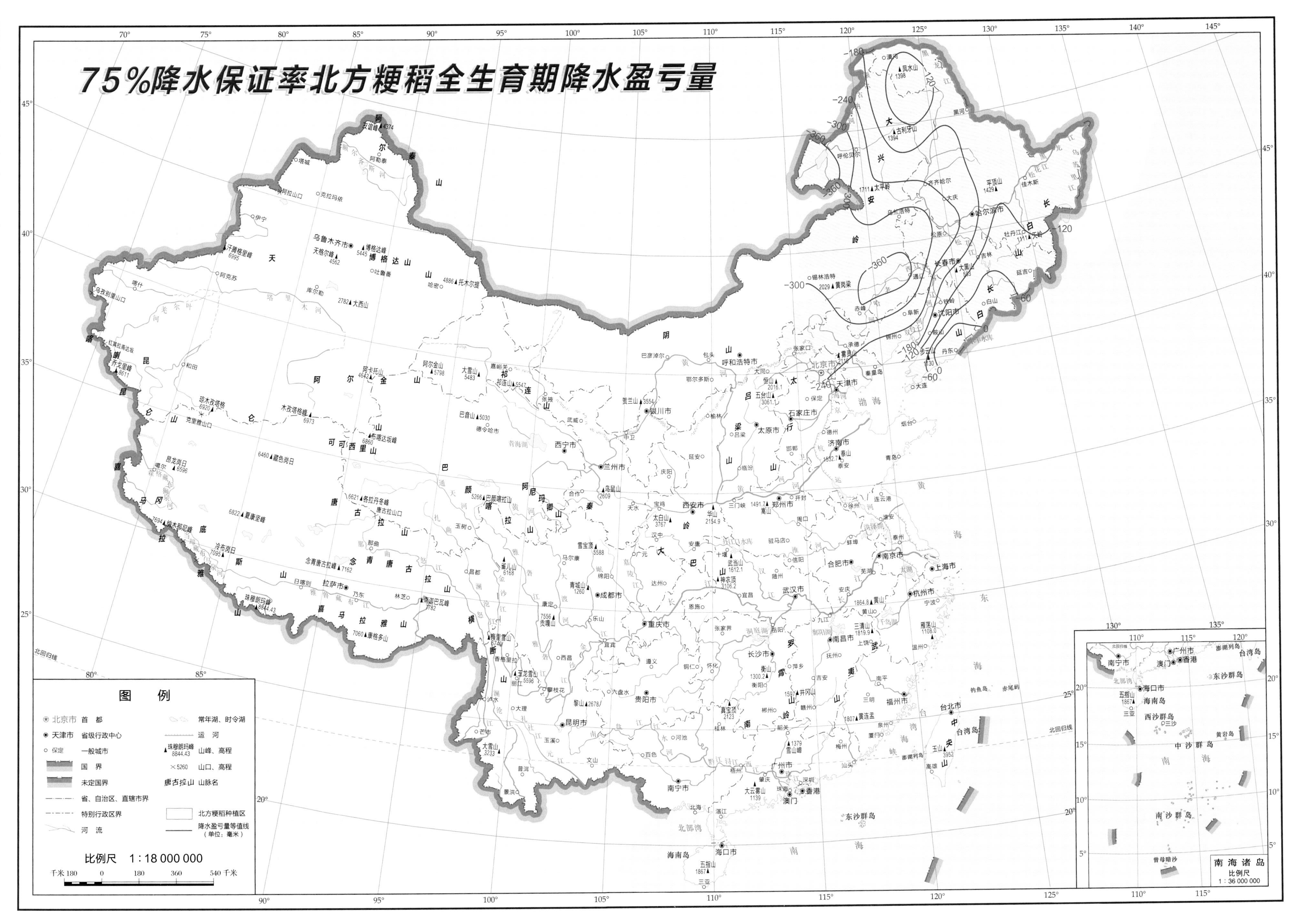

冬小麦全生育期降水量
图例
北京市 首都
天津市 省级行政中心
保定 一般城市
国界
未定国界
省、自治区、直辖市界
特别行政区界
河流
常年湖、时令湖
运河
珠穆朗玛峰 8844.43 山峰、高程
×5260 山口、高程
唐古拉山 山脉名
冬小麦种植区
降水量等值线（单位：毫米）
比例尺 1:18 000 000
南海诸岛
比例尺 1:36 000 000

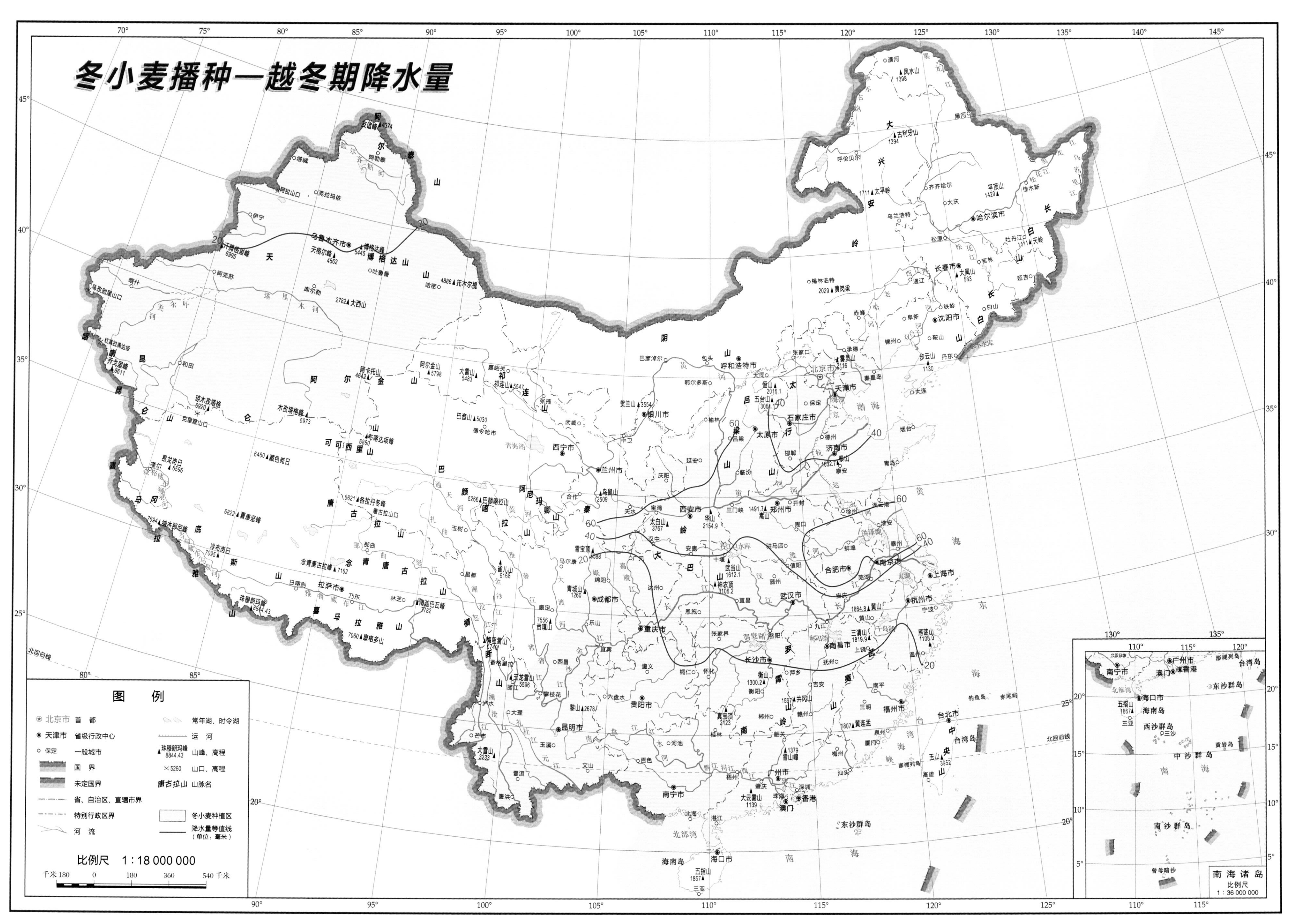
冬小麦播种—越冬期降水量
图例
北京市 首都
天津市 省级行政中心
保定 一般城市
国界
未定国界
省、自治区、直辖市界
特别行政区界
河流
常年湖、时令湖
运河
珠穆朗玛峰 8844.43 山峰、高程
× 5260 山口、高程
唐古拉山 山脉名
冬小麦种植区
降水量等值线（单位：毫米）
比例尺 1:18 000 000
千米 180 0 180 360 540 千米
南海诸岛
比例尺 1:36 000 000

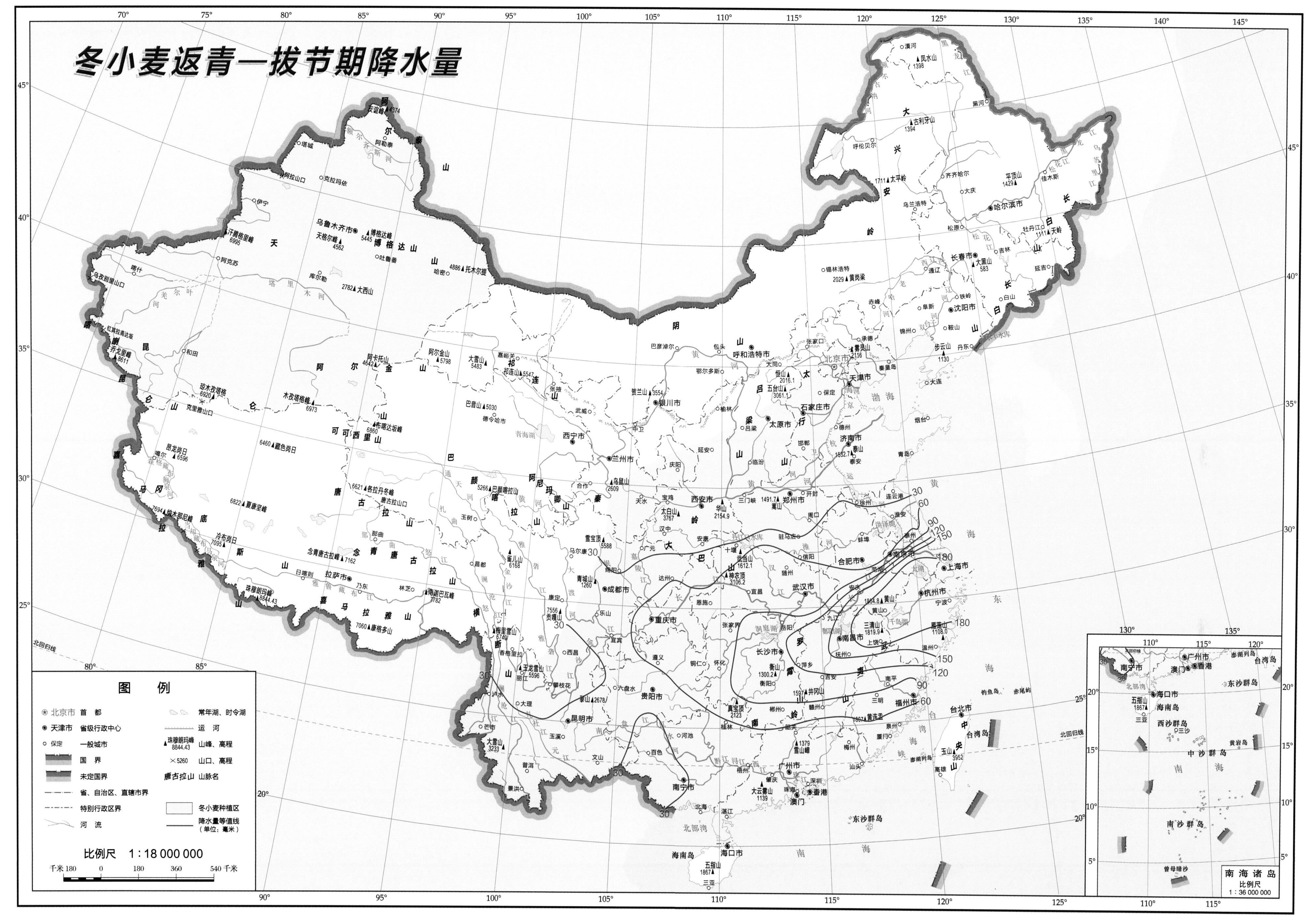

冬小麦返青—拔节期降水量
图 例
北京市 首 都
天津市 省级行政中心
保定 一般城市
国 界
未定国界
省、自治区、直辖市界
特别行政区界
河 流
常年湖、时令湖
运 河
珠穆朗玛峰 8844.43 山峰、高程
5260 山口、高程
唐古拉山 山脉名
冬小麦种植区
降水量等值线（单位：毫米）
比例尺 1：18 000 000
千米 180 0 180 360 540 千米
南海诸岛
比例尺
1：36 000 000

冬小麦拔节—开花期降水量

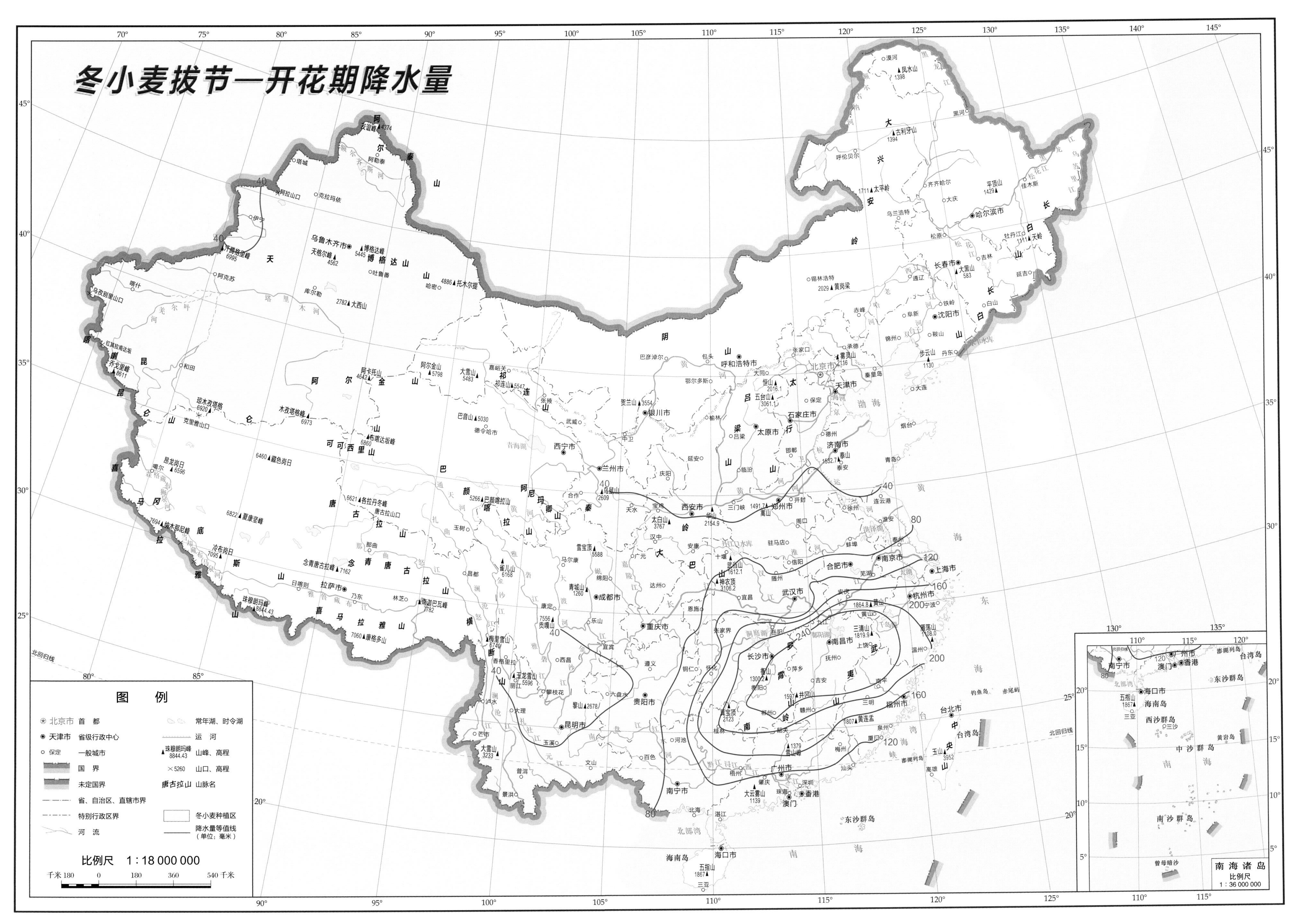

冬小麦开花—成熟期降水量

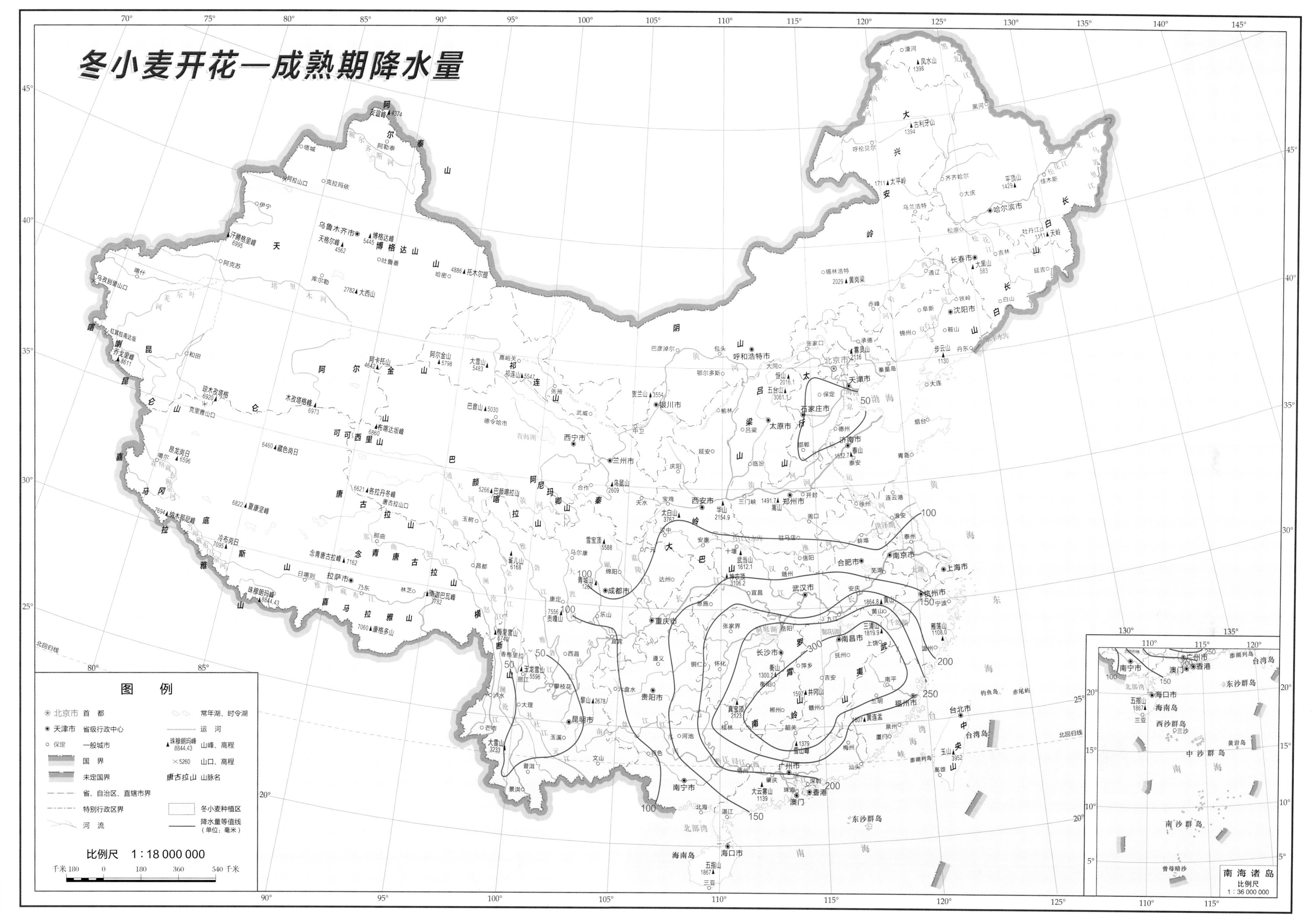

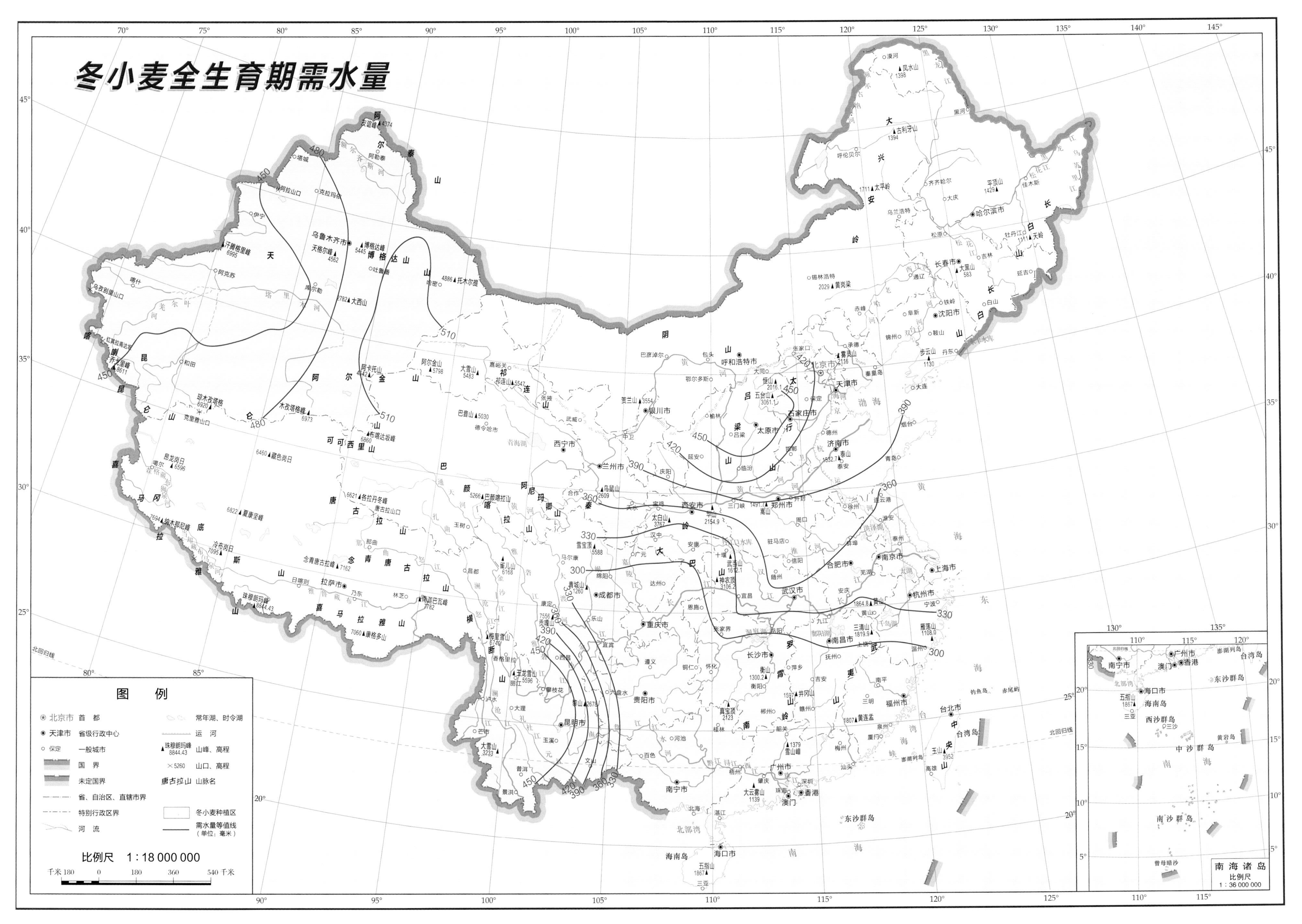
冬小麦全生育期需水量
图例
北京市 首都
天津市 省级行政中心
保定 一般城市
国界
未定国界
省、自治区、直辖市界
特别行政区界
河流
常年湖、时令湖
运河
珠穆朗玛峰 8844.43 山峰、高程
5260 山口、高程
唐古拉山 山脉名
冬小麦种植区
需水量等值线 （单位：毫米）
比例尺 1 : 18 000 000
南海诸岛
比例尺 1 : 36 000 000

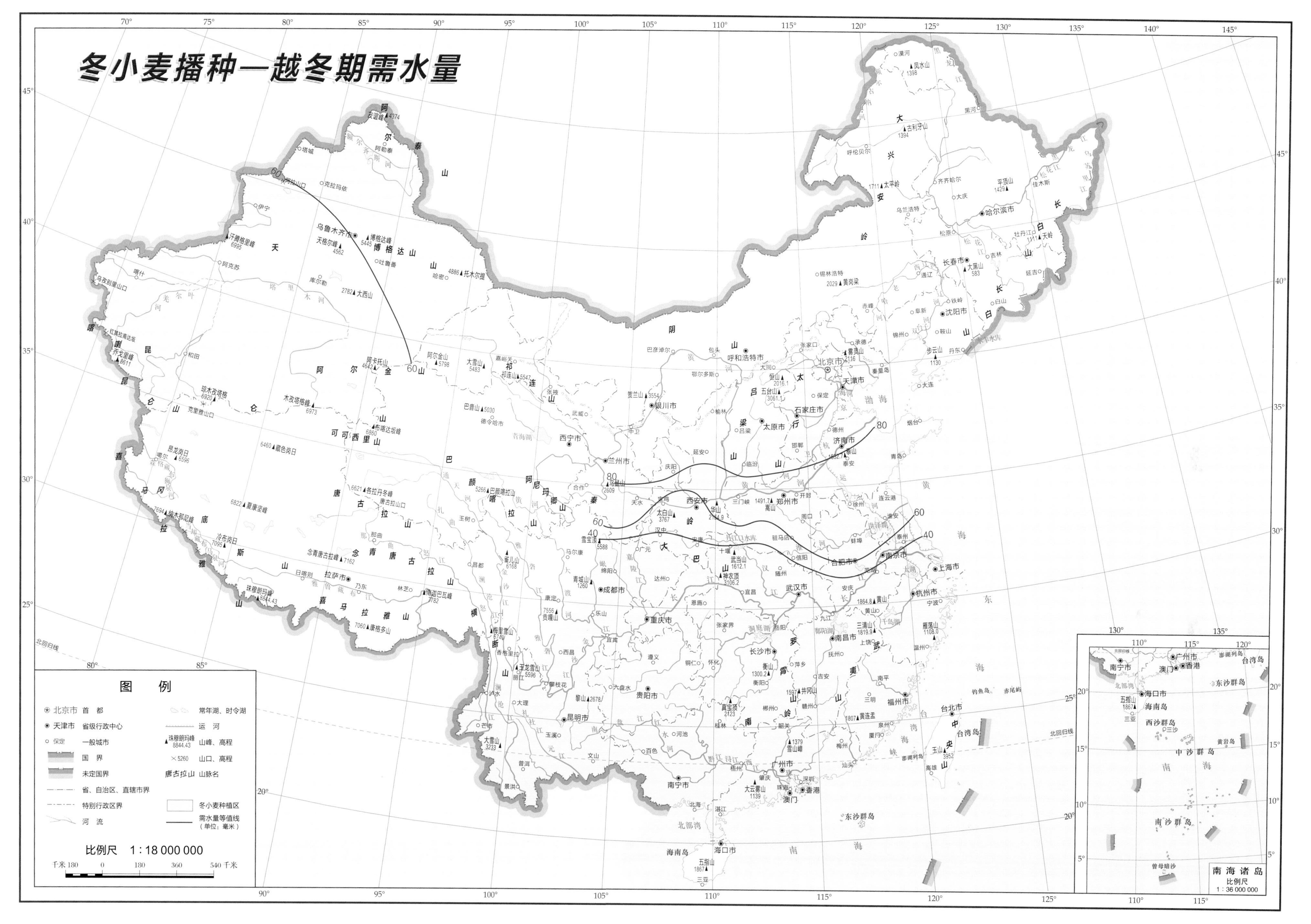

冬小麦播种—越冬期需水量
图例
北京市 首都
天津市 省级行政中心
保定 一般城市
国界
未定国界
省、自治区、直辖市界
特别行政区界
河流
常年湖、时令湖
运河
珠穆朗玛峰 8844.43 山峰、高程
×5260 山口、高程
唐古拉山 山脉名
冬小麦种植区
需水量等值线（单位：毫米）
比例尺 1:18 000 000
千米 180 0 180 360 540 千米
南海诸岛
比例尺 1:36 000 000

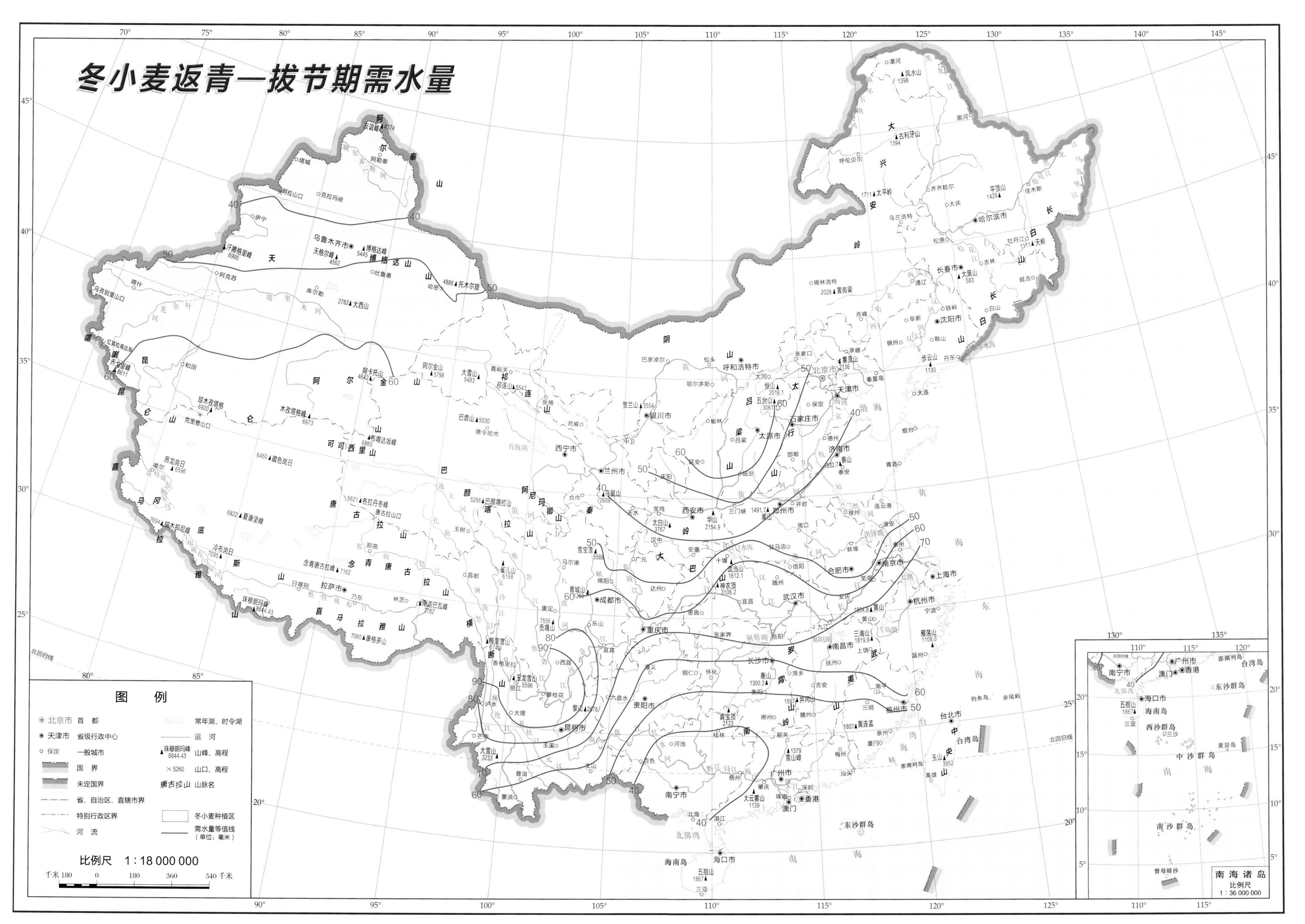
冬小麦返青—拔节期需水量
图例
北京市 首都
天津市 省级行政中心
保定 一般城市
国界
未定国界
省、自治区、直辖市界
特别行政区界
河流
常年湖、时令湖
运河
珠穆朗玛峰 8844.43 山峰、高程
5260 山口、高程
唐古拉山 山脉名
冬小麦种植区
需水量等值线（单位：毫米）
比例尺 1:18 000 000
南海诸岛
比例尺 1:36 000 000

冬小麦返青—拔节期降水盈亏量

冬小麦拔节—开花期降水盈亏量

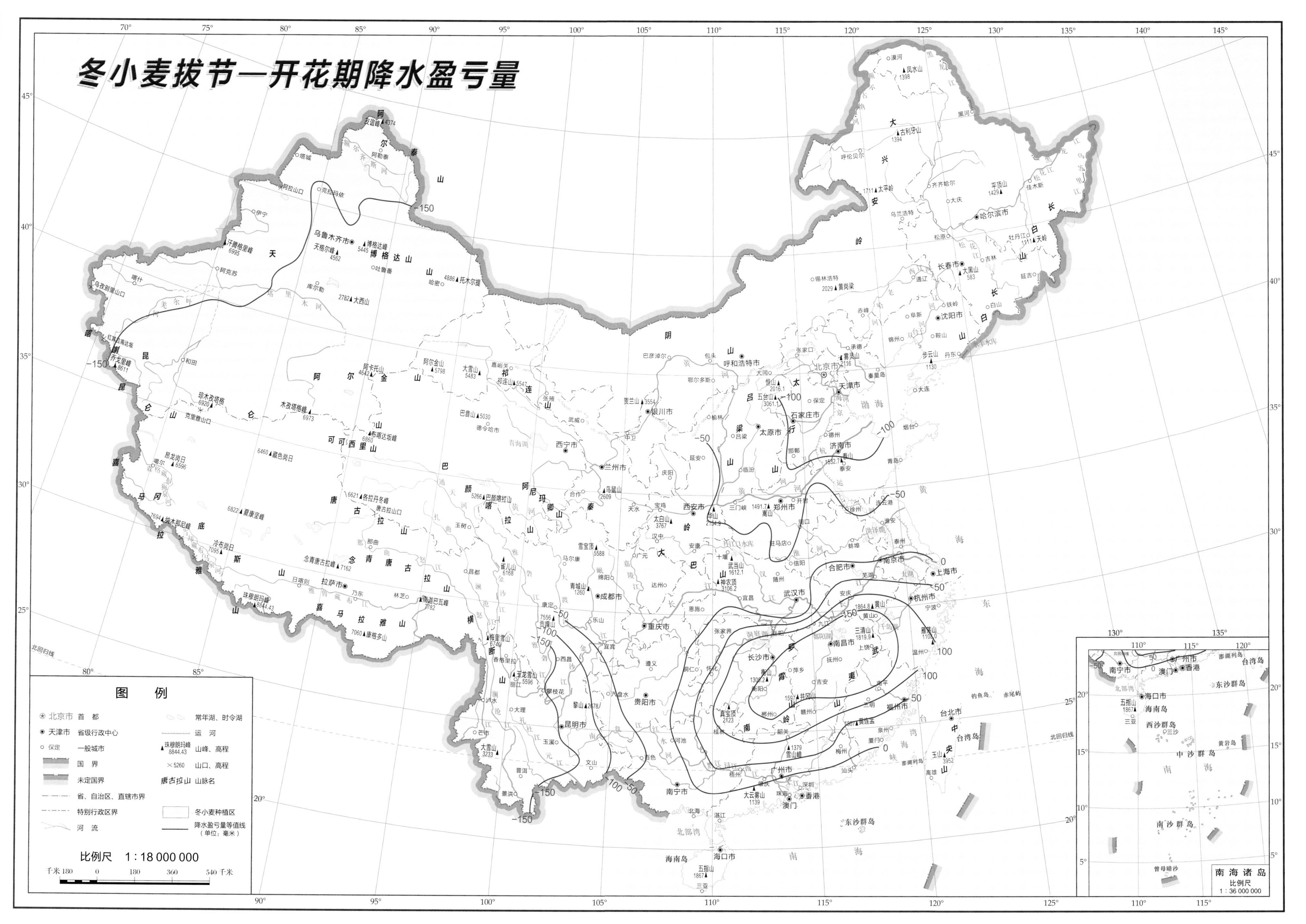

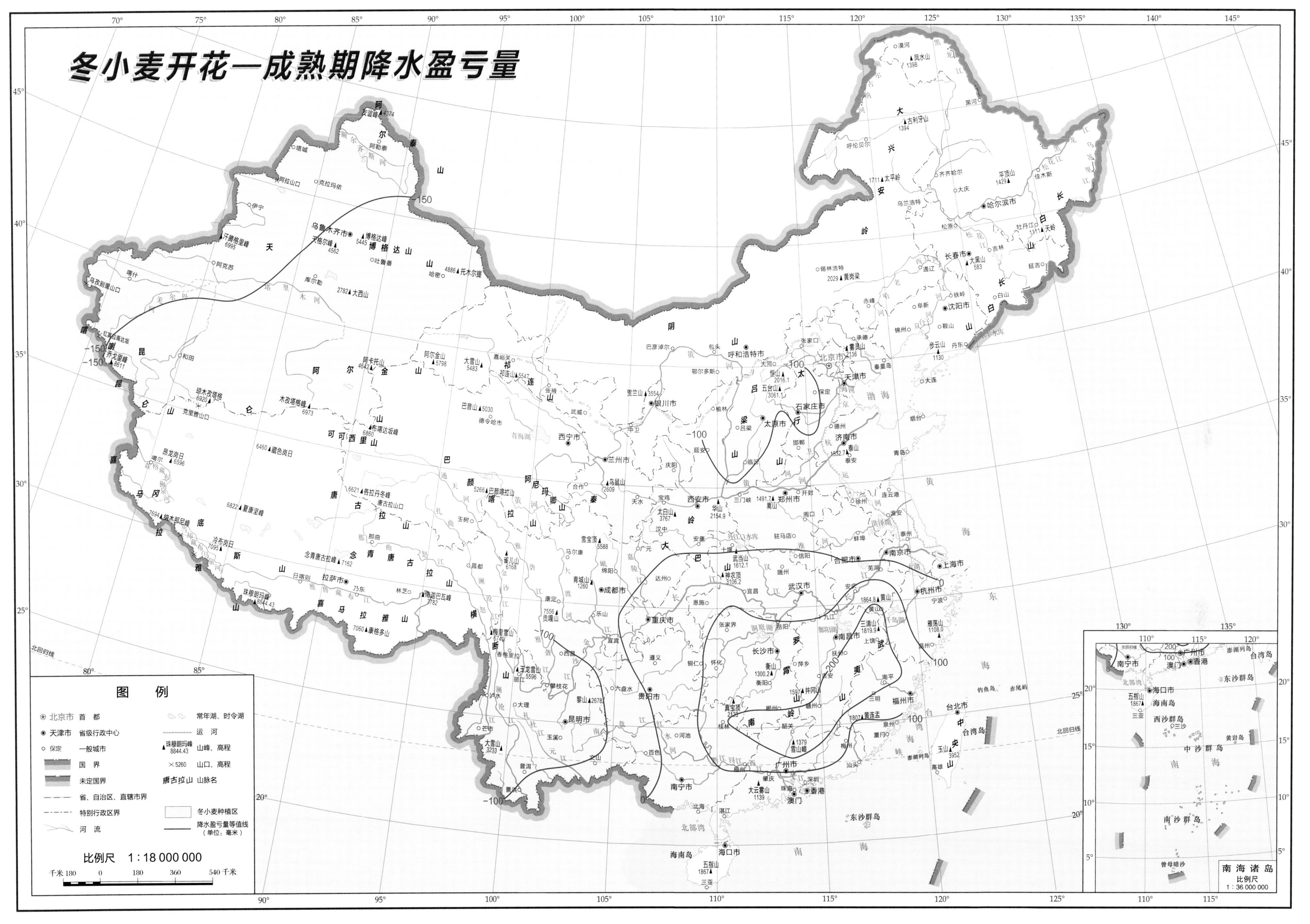
冬小麦开花—成熟期降水盈亏量
图例
北京市 首都
天津市 省级行政中心
保定 一般城市
国界
未定国界
省、自治区、直辖市界
特别行政区界
河流
常年湖、时令湖
运河
珠穆朗玛峰 8844.43 山峰、高程
×5260 山口、高程
唐古拉山 山脉名
冬小麦种植区
降水盈亏量等值线（单位：毫米）
比例尺 1：18 000 000
南海诸岛
比例尺 1：36 000 000

冬小麦全生育期降水满足率

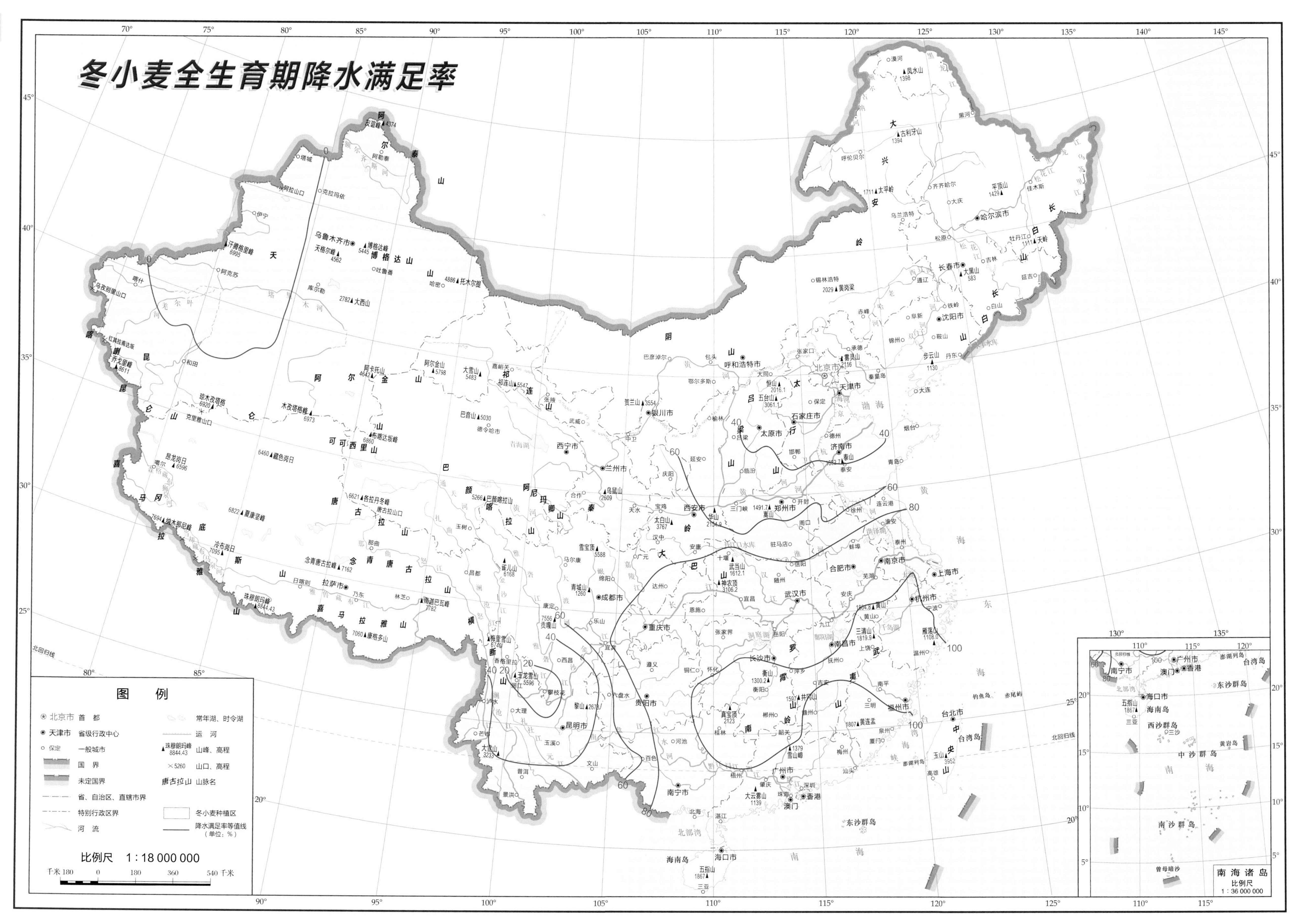

冬小麦全生育期缺水率
图例
北京市 首都
天津市 省级行政中心
保定 一般城市
国界
未定国界
省、自治区、直辖市界
特别行政区界
河流
常年湖、时令湖
运河
珠穆朗玛峰 8844.43 山峰、高程
5260 山口、高程
唐古拉山 山脉名
冬小麦种植区
缺水率等值线（单位：%）
比例尺 1:18 000 000
千米 180 0 180 360 540 千米
南海诸岛
比例尺
1:36 000 000

75%降水保证率冬小麦全生育期降水量

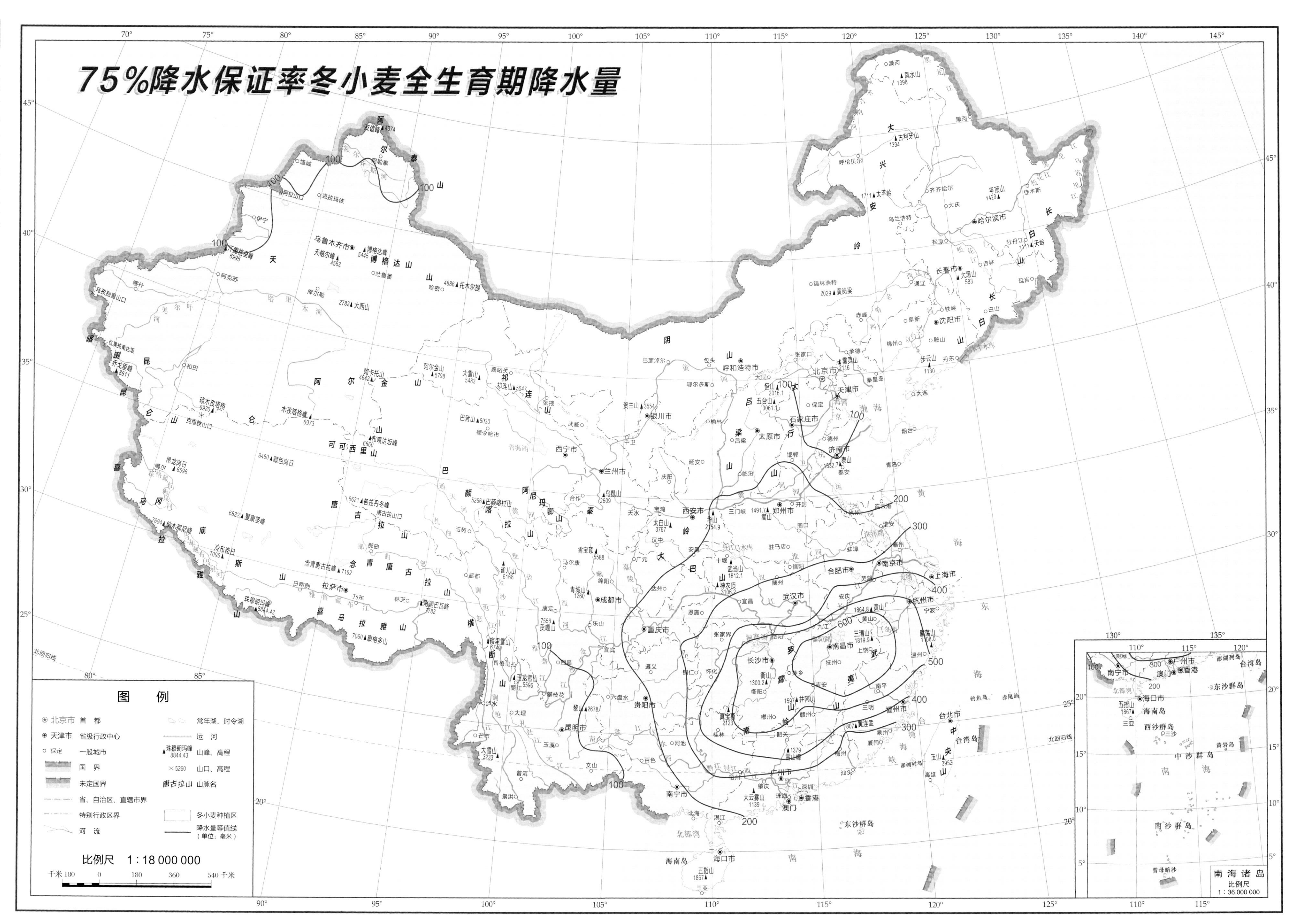

75%降水保证率冬小麦全生育期需水量

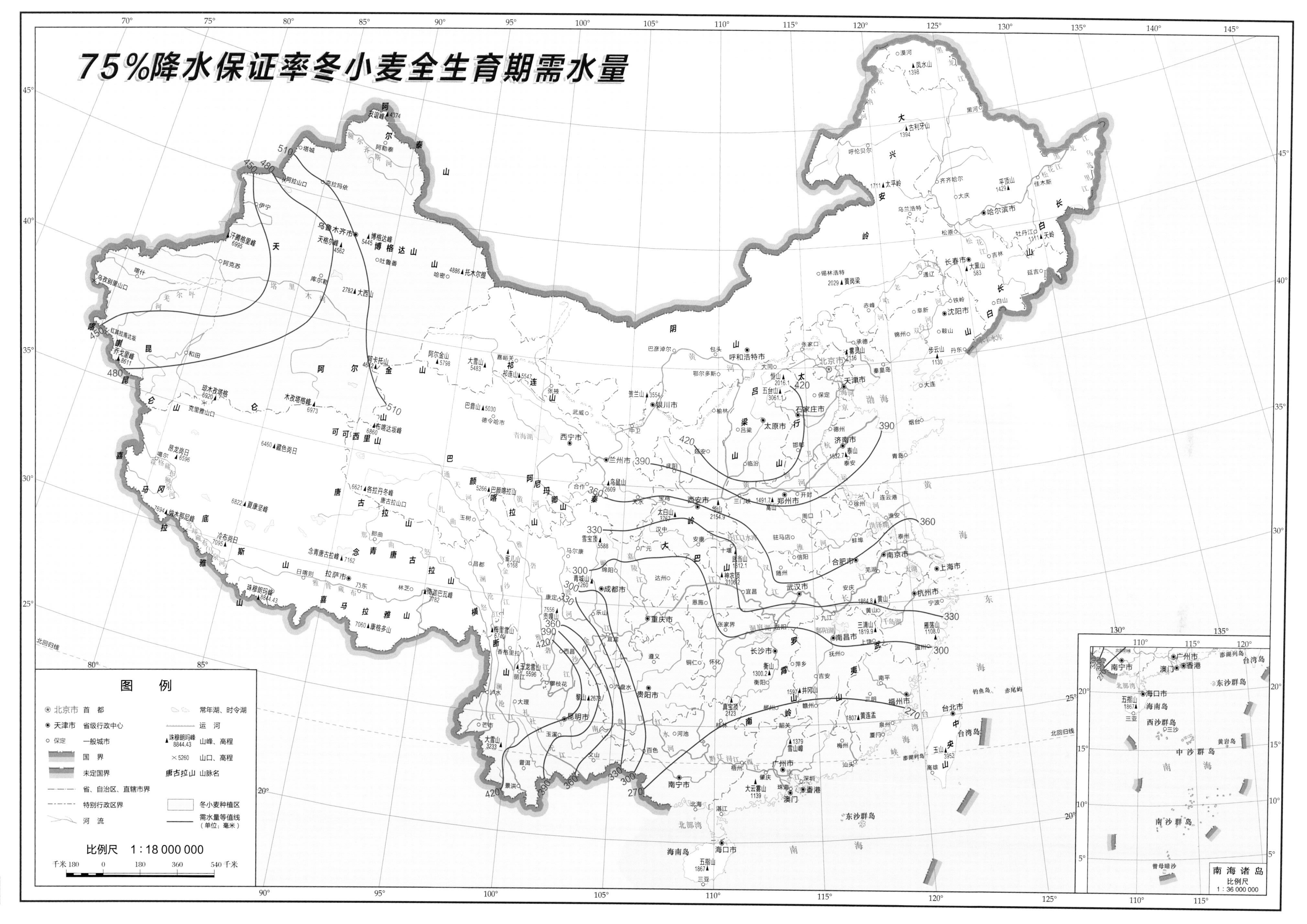

75%降水保证率冬小麦全生育期降水盈亏量

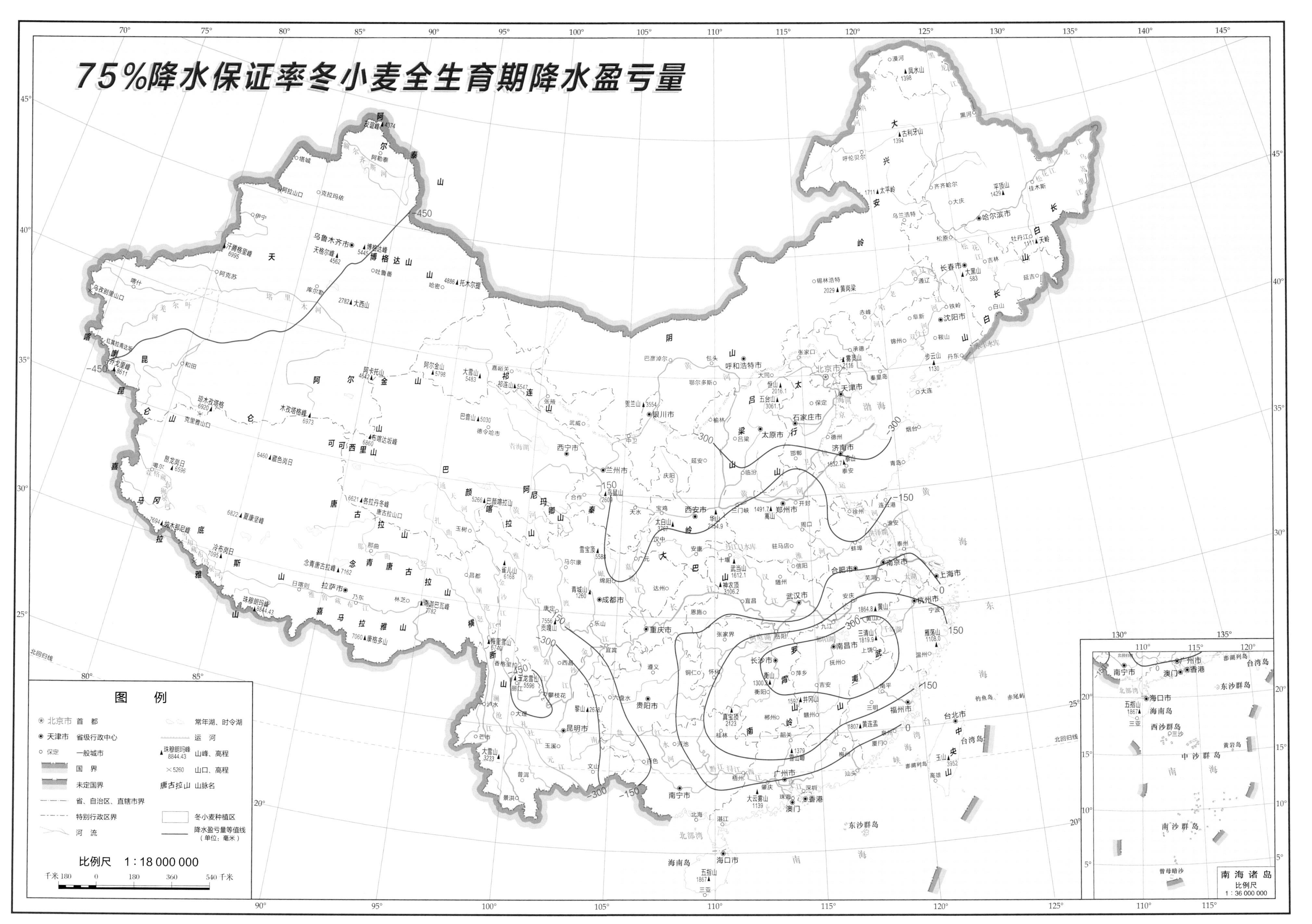

春小麦全生育期降水量

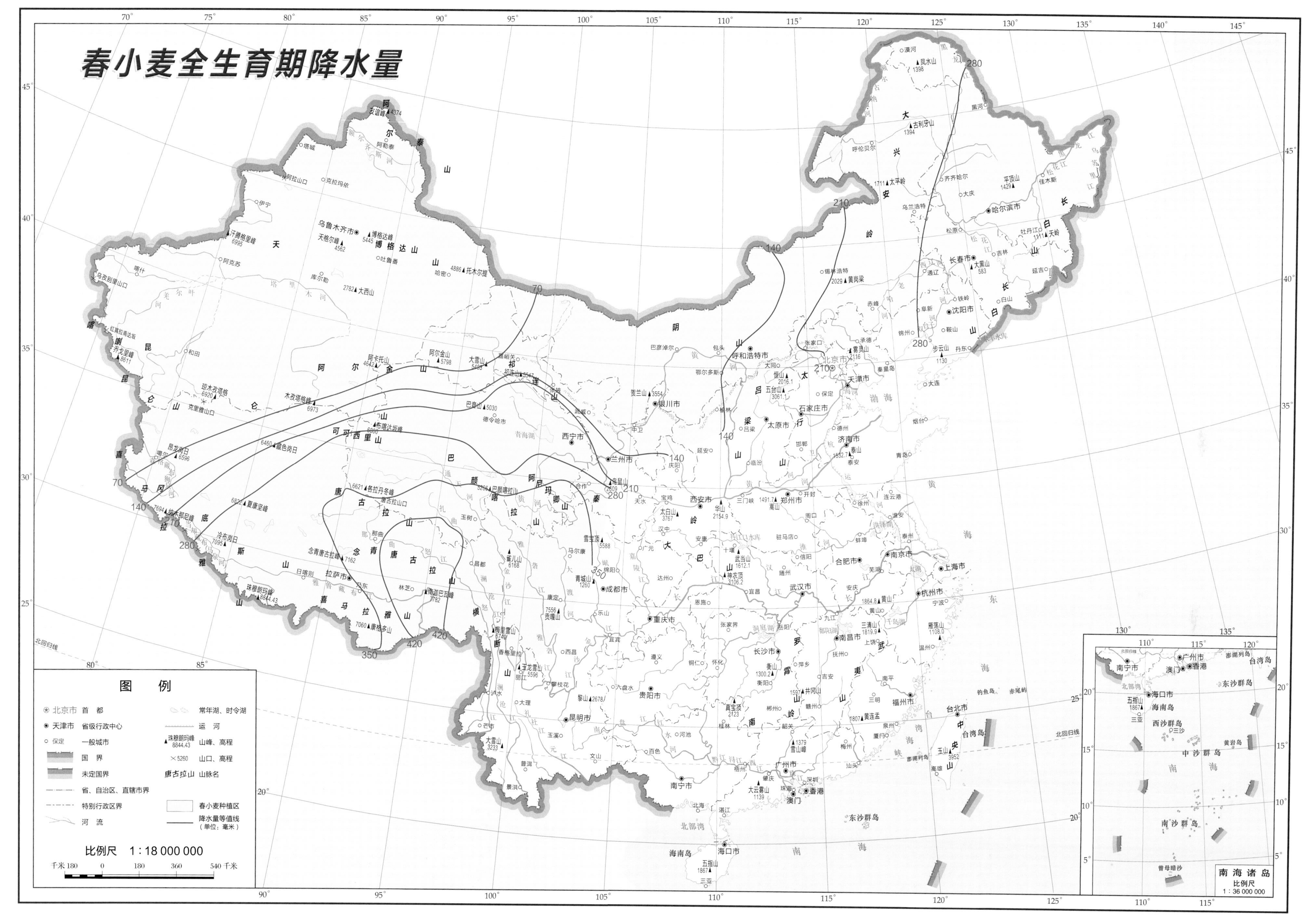
图 例
北京市 首 都
天津市 省级行政中心
保定 一般城市
国 界
未定国界
省、自治区、直辖市界
特别行政区界
河 流
常年湖、时令湖
运 河
珠穆朗玛峰 8844.43 山峰、高程
5260 山口、高程
唐古拉山 山脉名
春小麦种植区
降水量等值线（单位：毫米）
比例尺 1：18 000 000
千米 180 0 180 360 540 千米
南海诸岛
比例尺 1：36 000 000

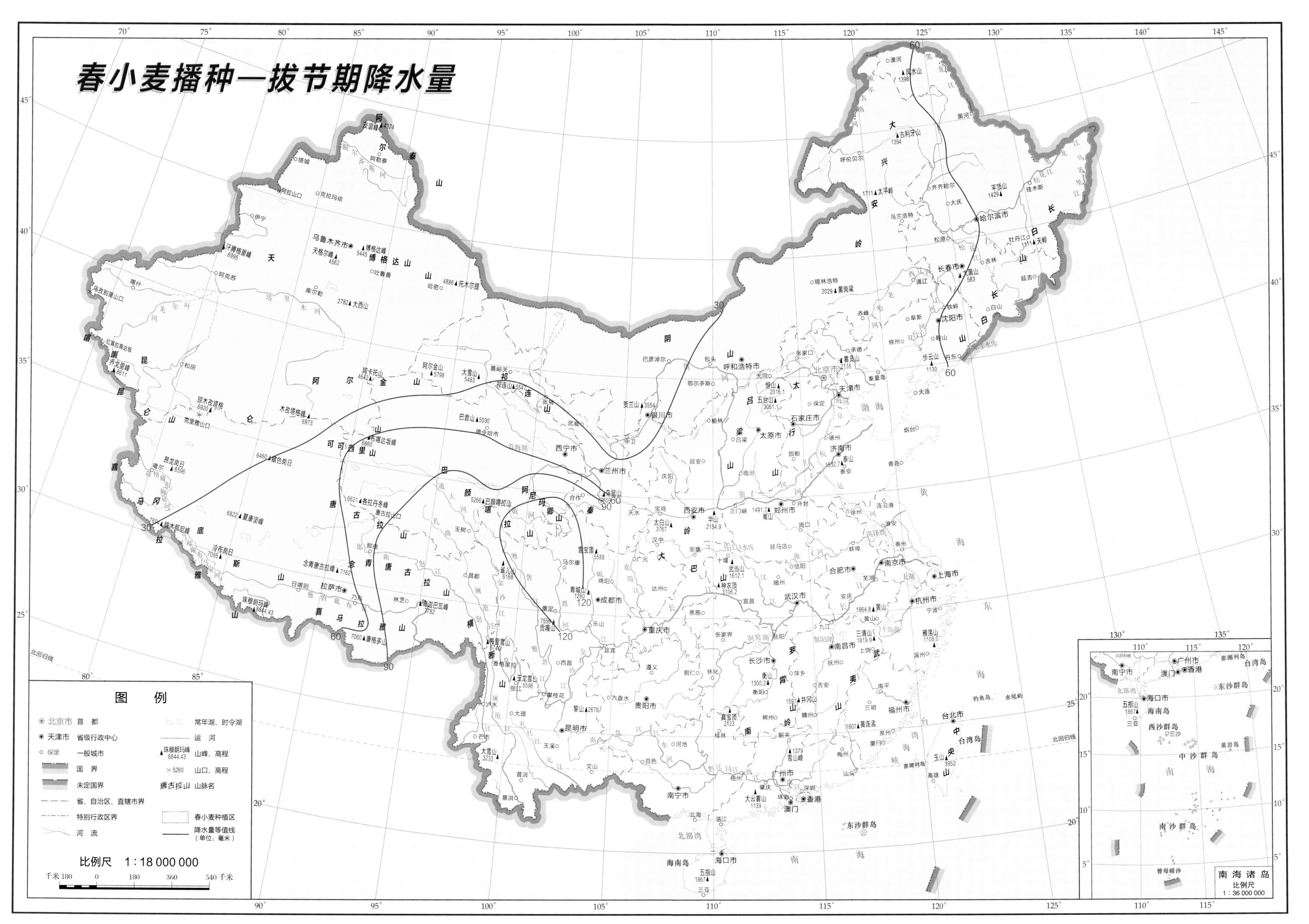
春小麦播种—拔节期降水量
图例
北京市 首都
天津市 省级行政中心
保定 一般城市
国界
未定国界
省、自治区、直辖市界
特别行政区界
河流
常年湖、时令湖
运河
珠穆朗玛峰 8844.43 山峰、高程
×5260 山口、高程
唐古拉山 山脉名
春小麦种植区
降水量等值线（单位：毫米）
比例尺 1:18 000 000
千米 180 0 180 360 540 千米
南海诸岛
比例尺 1:36 000 000

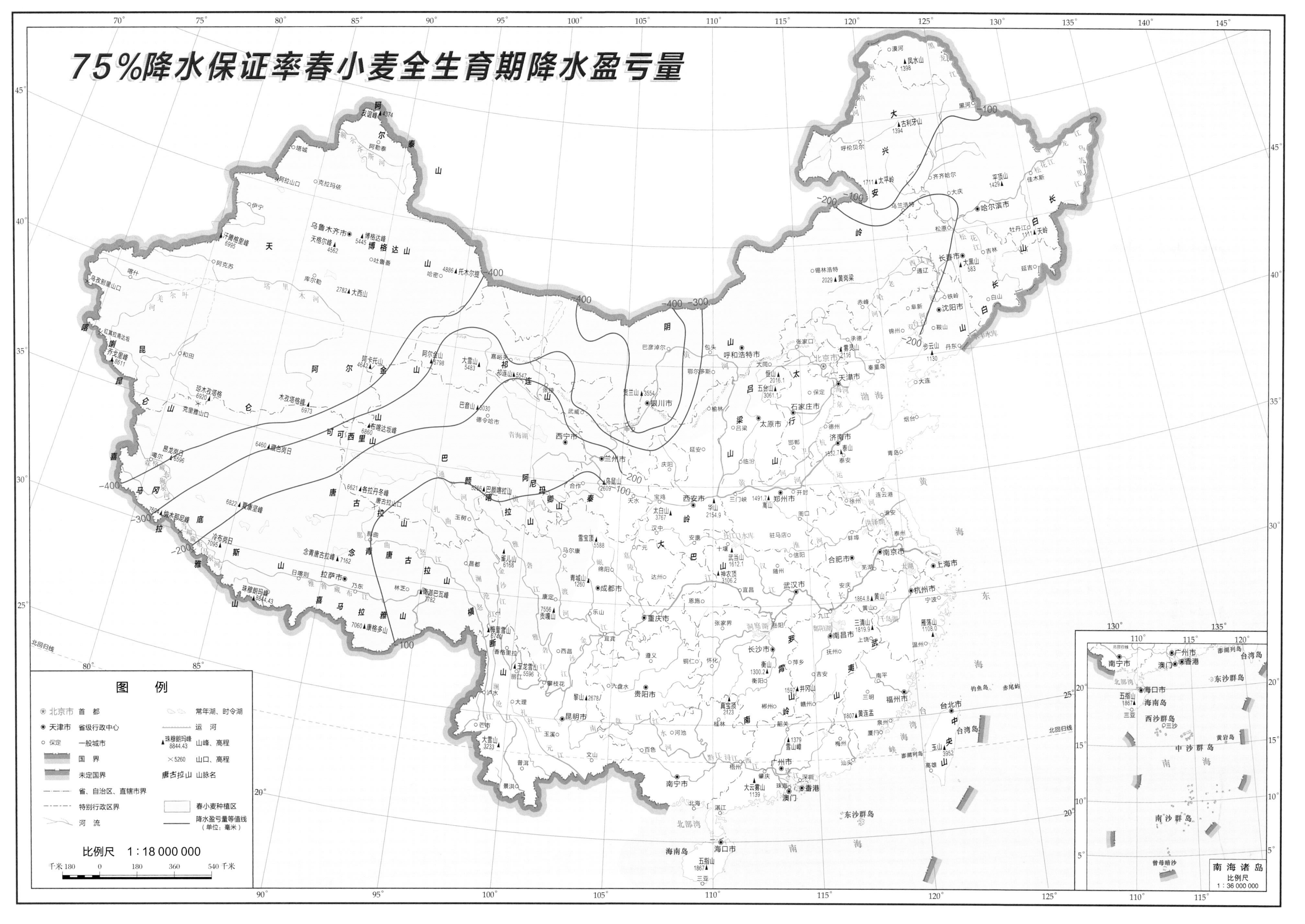
75%降水保证率春小麦全生育期降水盈亏量
图 例
北京市 首 都
天津市 省级行政中心
保定 一般城市
国 界
未定国界
省、自治区、直辖市界
特别行政区界
河 流
常年湖、时令湖
运 河
珠穆朗玛峰 8844.43 山峰、高程
×5260 山口、高程
唐古拉山 山脉名
春小麦种植区
降水盈亏量等值线 （单位：毫米）
比例尺 1：18 000 000
千米 180 0 180 360 540 千米
南海诸岛
比例尺
1：36 000 000
-400
-300
-200
-100
100
200

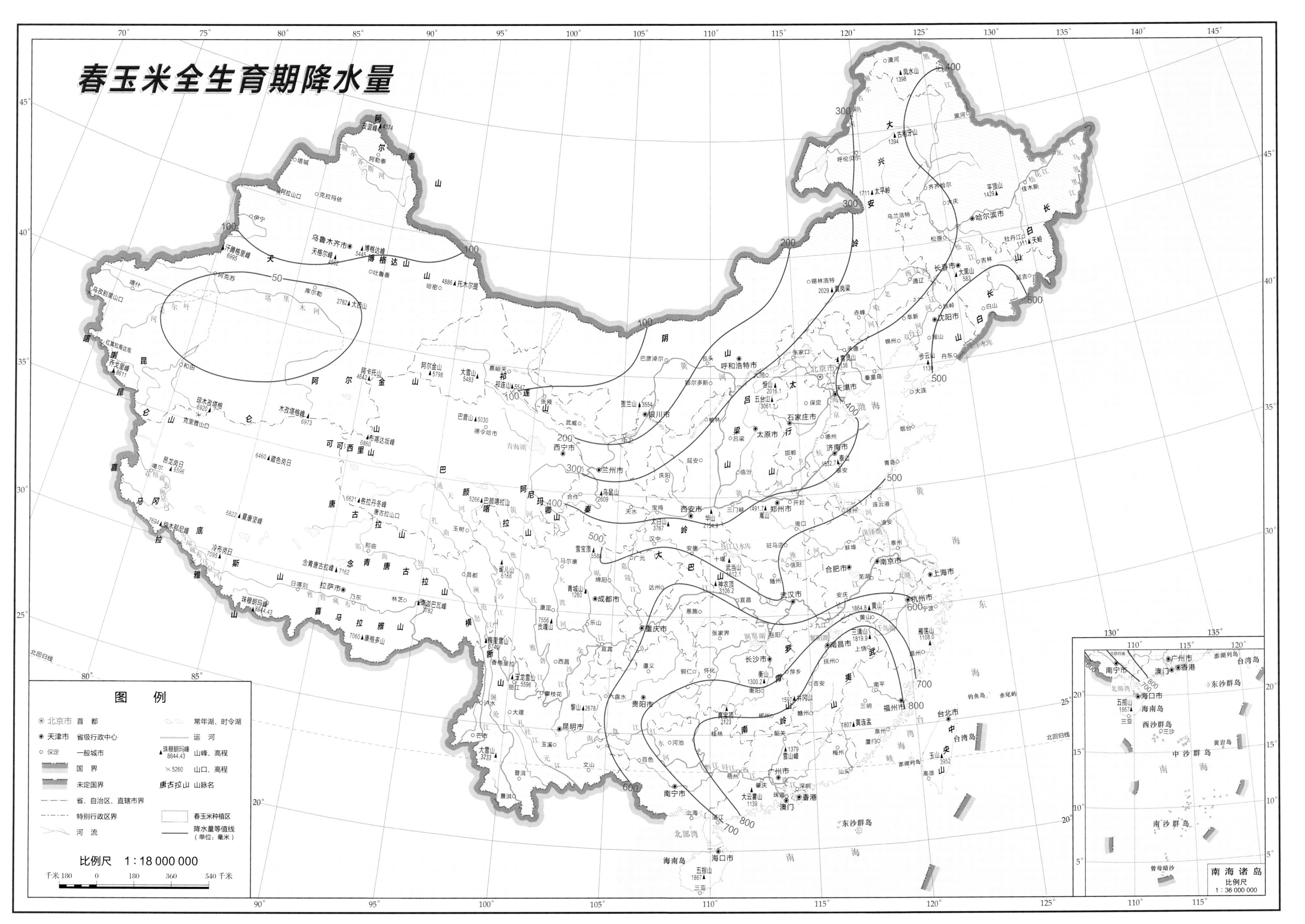
春玉米全生育期降水量
图例
北京市 首都
天津市 省级行政中心
保定 一般城市
国界
未定国界
省、自治区、直辖市界
特别行政区界
河流
常年湖、时令湖
运河
珠穆朗玛峰 8844.43 山峰、高程
×5260 山口、高程
唐古拉山 山脉名
春玉米种植区
降水量等值线（单位：毫米）
比例尺 1:18 000 000
千米 180 0 180 360 540 千米
南海诸岛
比例尺
1:36 000 000

春玉米播种—拔节期降水量

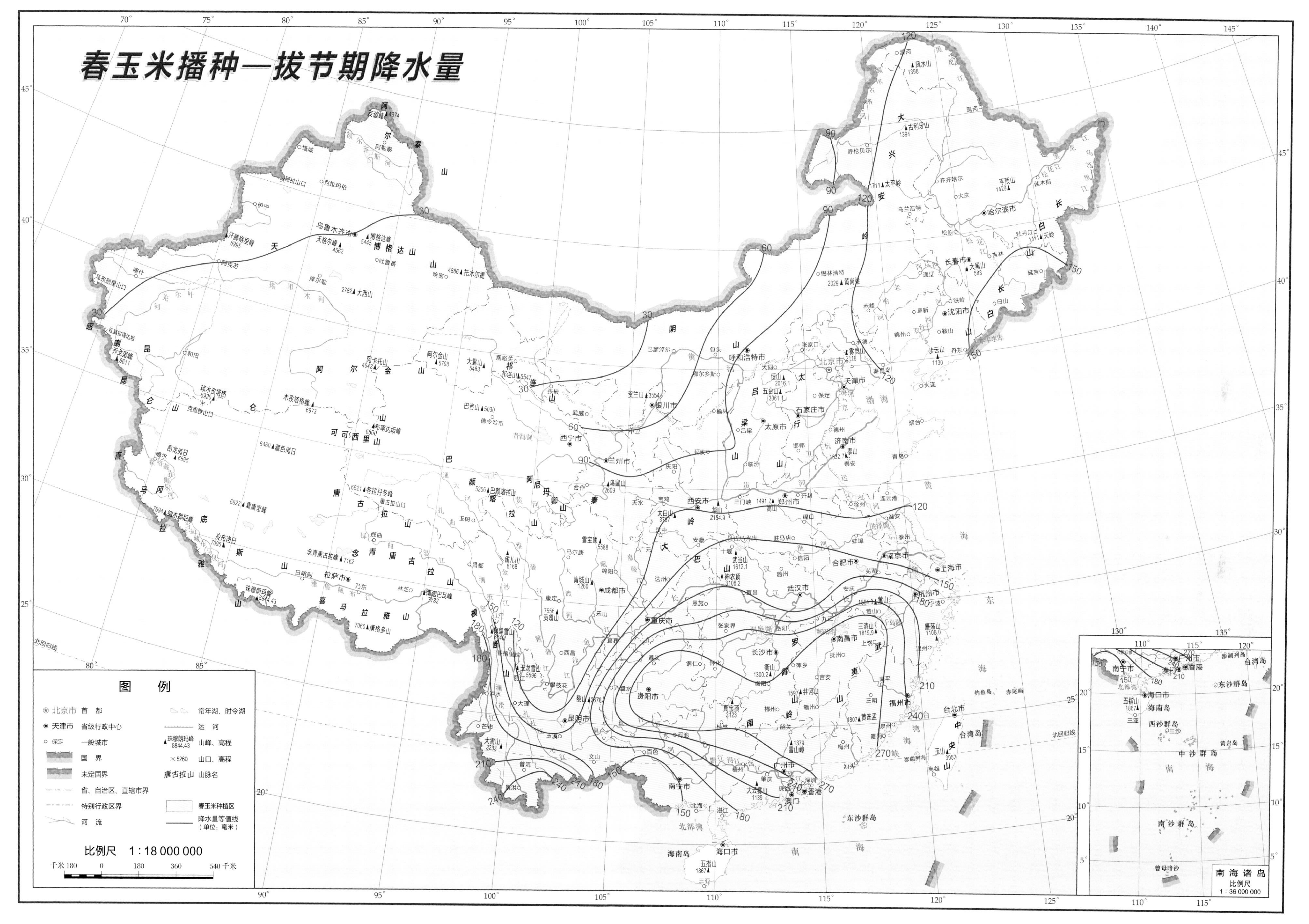

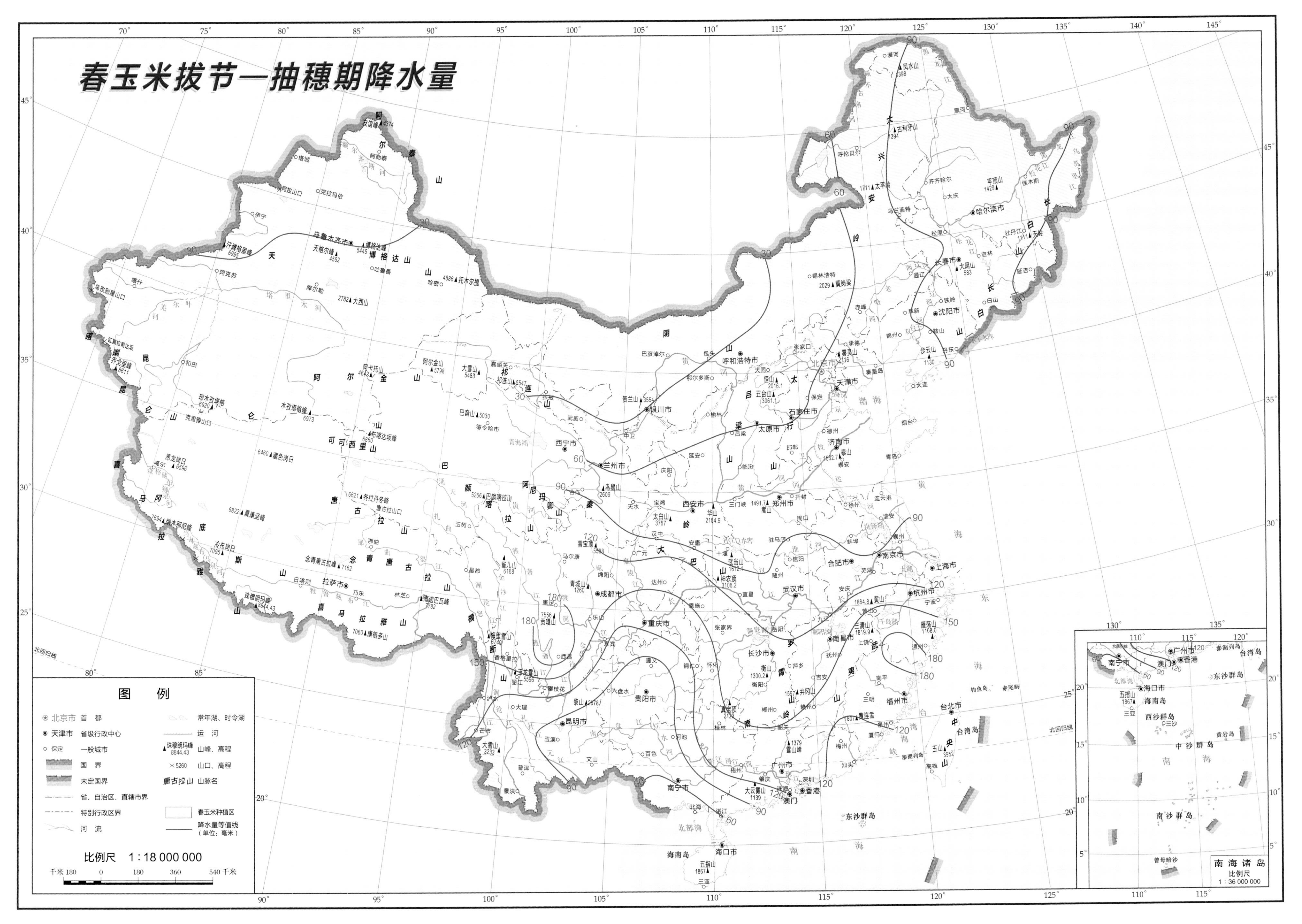
春玉米拔节—抽穗期降水量
图例
北京市 首都
天津市 省级行政中心
保定 一般城市
国界
未定国界
省、自治区、直辖市界
特别行政区界
河流
常年湖、时令湖
运河
珠穆朗玛峰 8844.43 山峰、高程
×5260 山口、高程
唐古拉山 山脉名
春玉米种植区
降水量等值线（单位：毫米）
比例尺 1:18 000 000
南海诸岛
比例尺 1:36 000 000

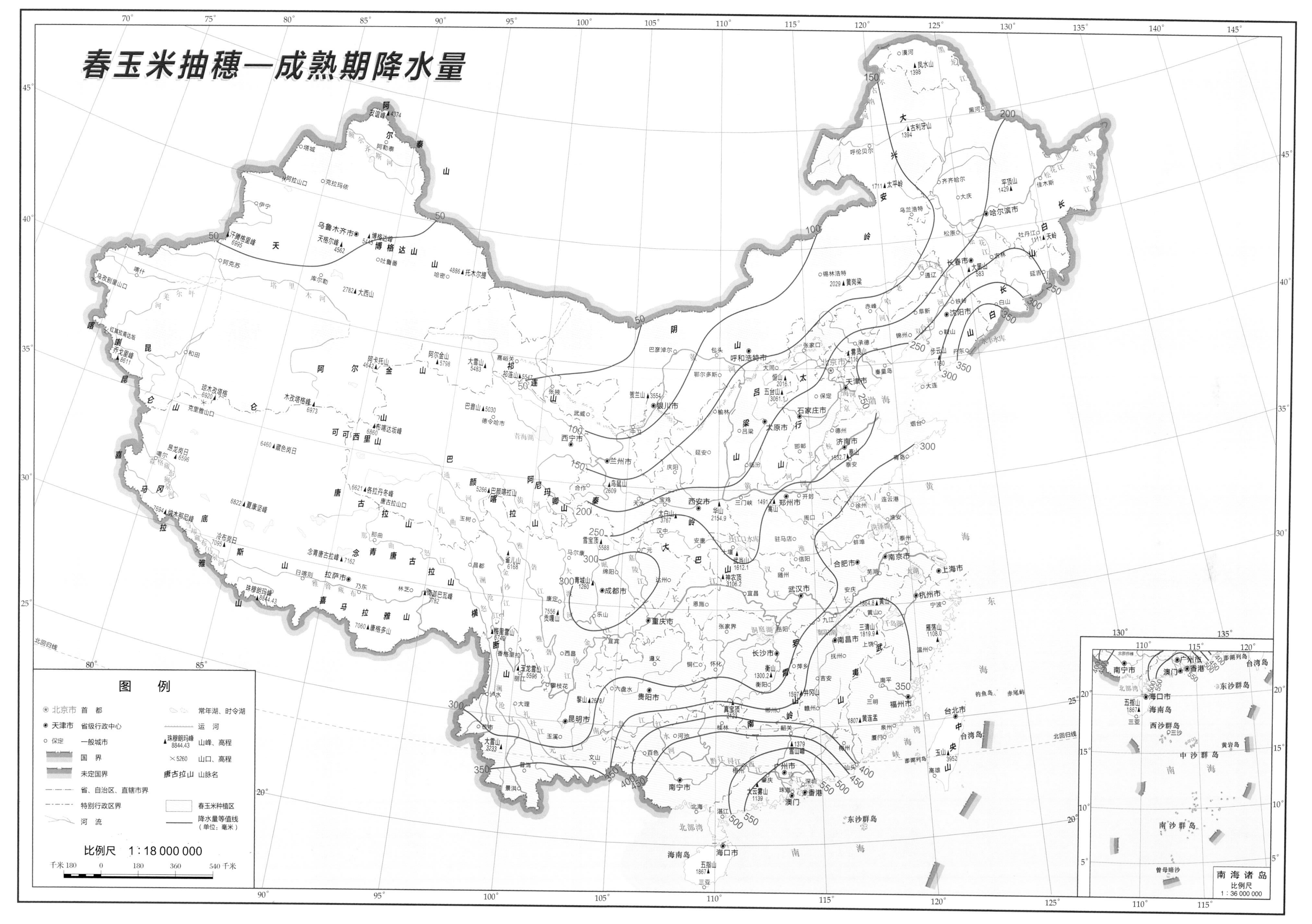
春玉米抽穗—成熟期降水量
图例
北京市 首都
天津市 省级行政中心
保定 一般城市
国界
未定国界
省、自治区、直辖市界
特别行政区界
河流
常年湖、时令湖
运河
珠穆朗玛峰 8844.43 山峰、高程
5260 山口、高程
唐古拉山 山脉名
春玉米种植区
降水量等值线（单位：毫米）
比例尺 1:18 000 000
南海诸岛
比例尺 1:36 000 000

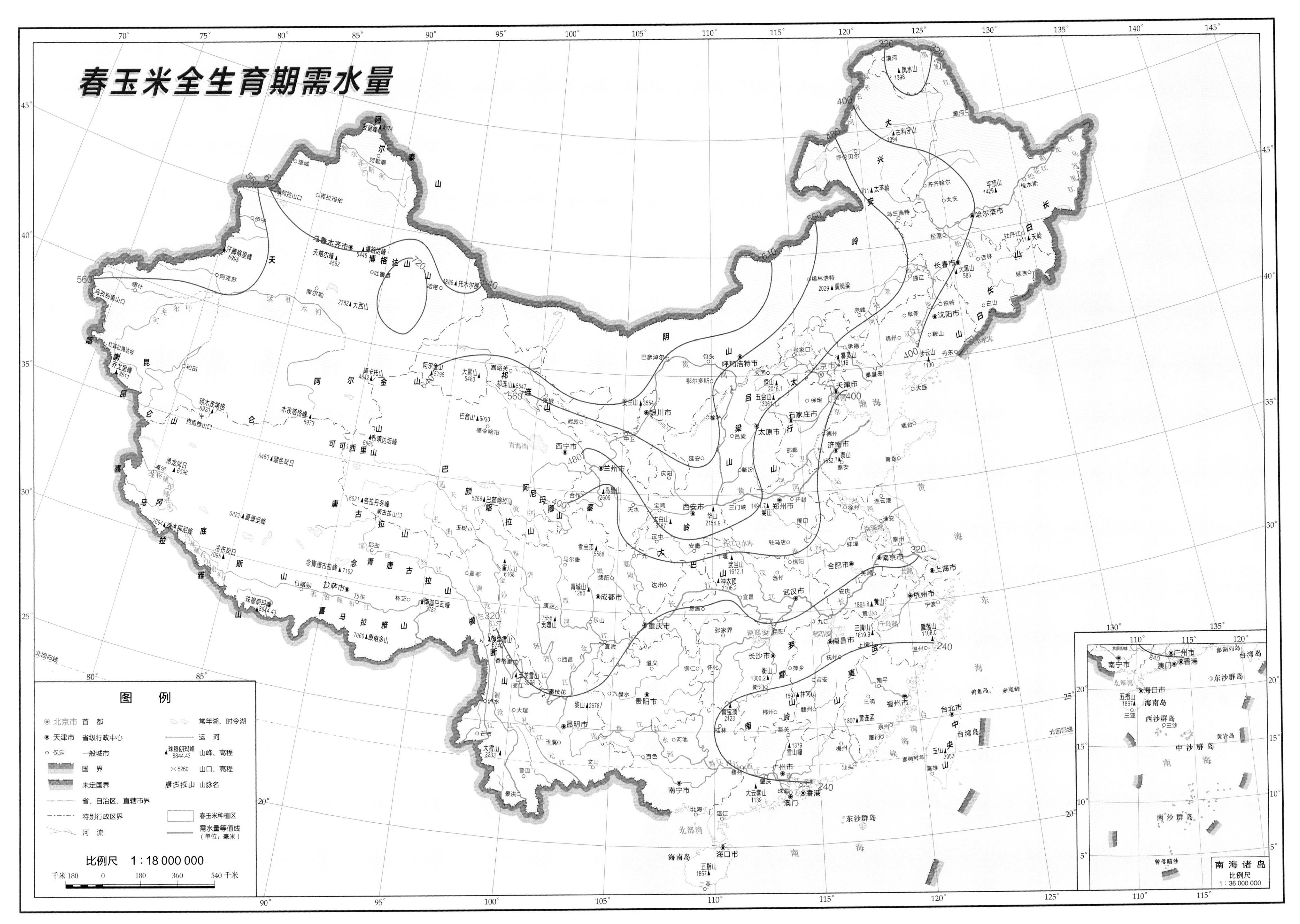
春玉米全生育期需水量
图例
北京市 首都
天津市 省级行政中心
保定 一般城市
国界
未定国界
省、自治区、直辖市界
特别行政区界
河流
常年湖、时令湖
运河
珠穆朗玛峰 8844.43 山峰、高程
×5260 山口、高程
唐古拉山 山脉名
春玉米种植区
需水量等值线（单位：毫米）
比例尺 1:18 000 000
千米 180 0 180 360 540 千米
南海诸岛
比例尺
1:36 000 000

春玉米播种—拔节期需水量

图例

- 北京市 首都
- 天津市 省级行政中心
- 保定 一般城市
- 国界
- 未定国界
- 省、自治区、直辖市界
- 特别行政区界
- 河流
- 常年湖、时令湖
- 运河
- 珠穆朗玛峰 8844.43 山峰、高程
- × 5260 山口、高程
- 唐古拉山 山脉名
- 春玉米种植区
- 需水量等值线（单位：毫米）

比例尺 1∶18 000 000

千米 180 0 180 360 540 千米

南海诸岛

比例尺 1∶36 000 000

春玉米拔节—抽穗期需水量

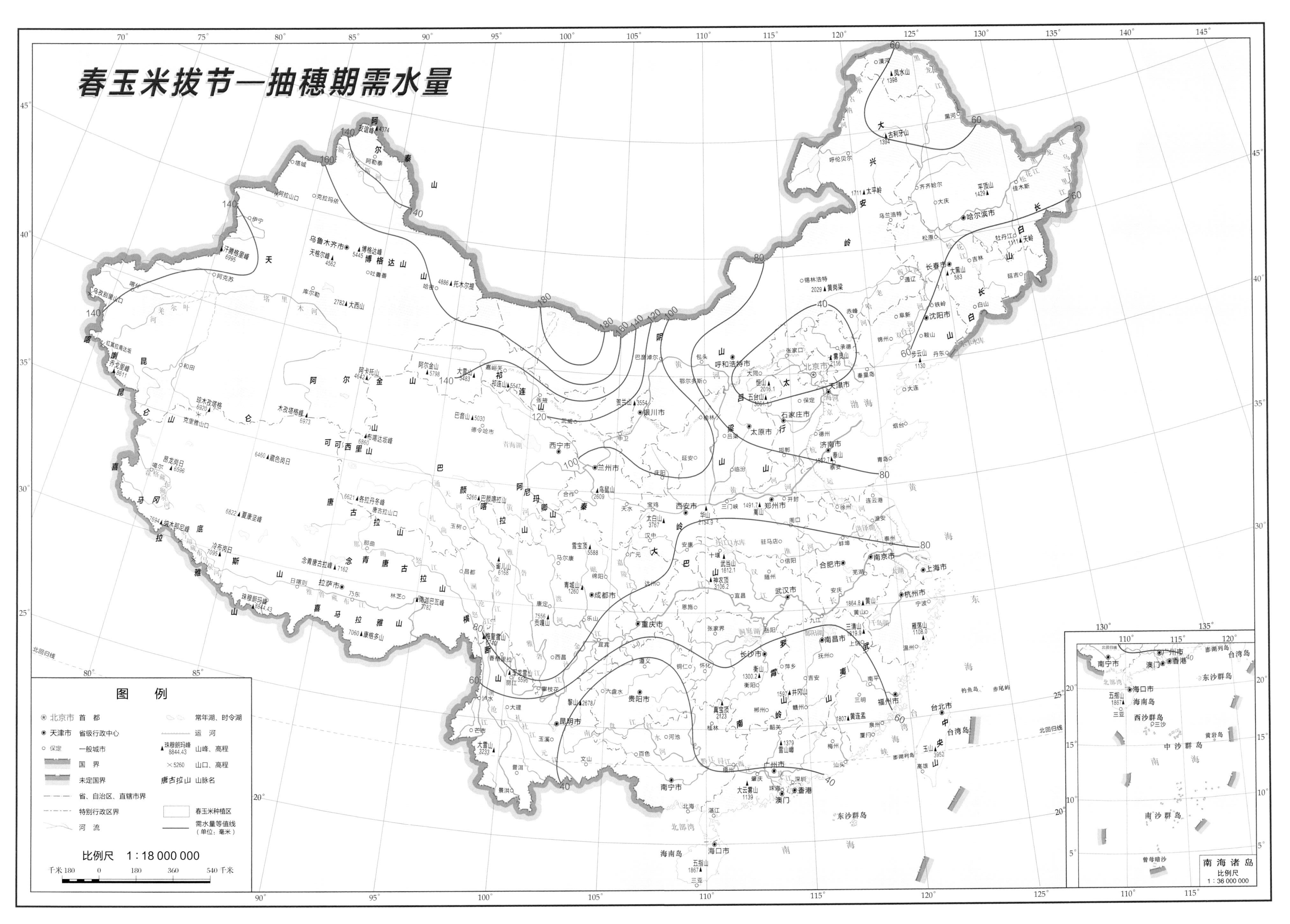

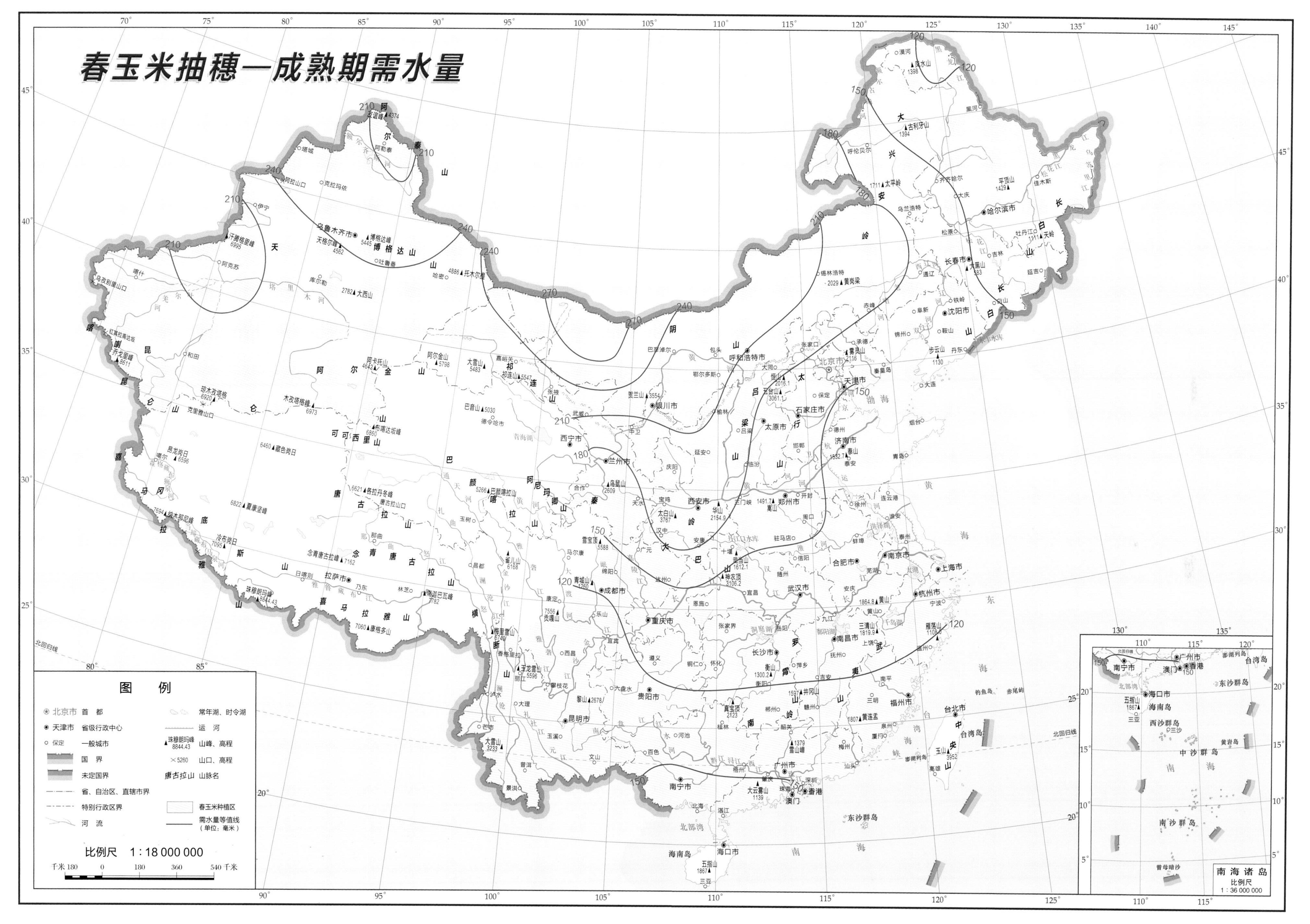
春玉米抽穗—成熟期需水量
图例
北京市 首都
天津市 省级行政中心
保定 一般城市
国界
未定国界
省、自治区、直辖市界
特别行政区界
河流
常年湖、时令湖
运河
珠穆朗玛峰 8844.43 山峰、高程
×5260 山口、高程
唐古拉山 山脉名
春玉米种植区
需水量等值线（单位：毫米）
比例尺 1:18 000 000
南海诸岛
比例尺 1:36 000 000

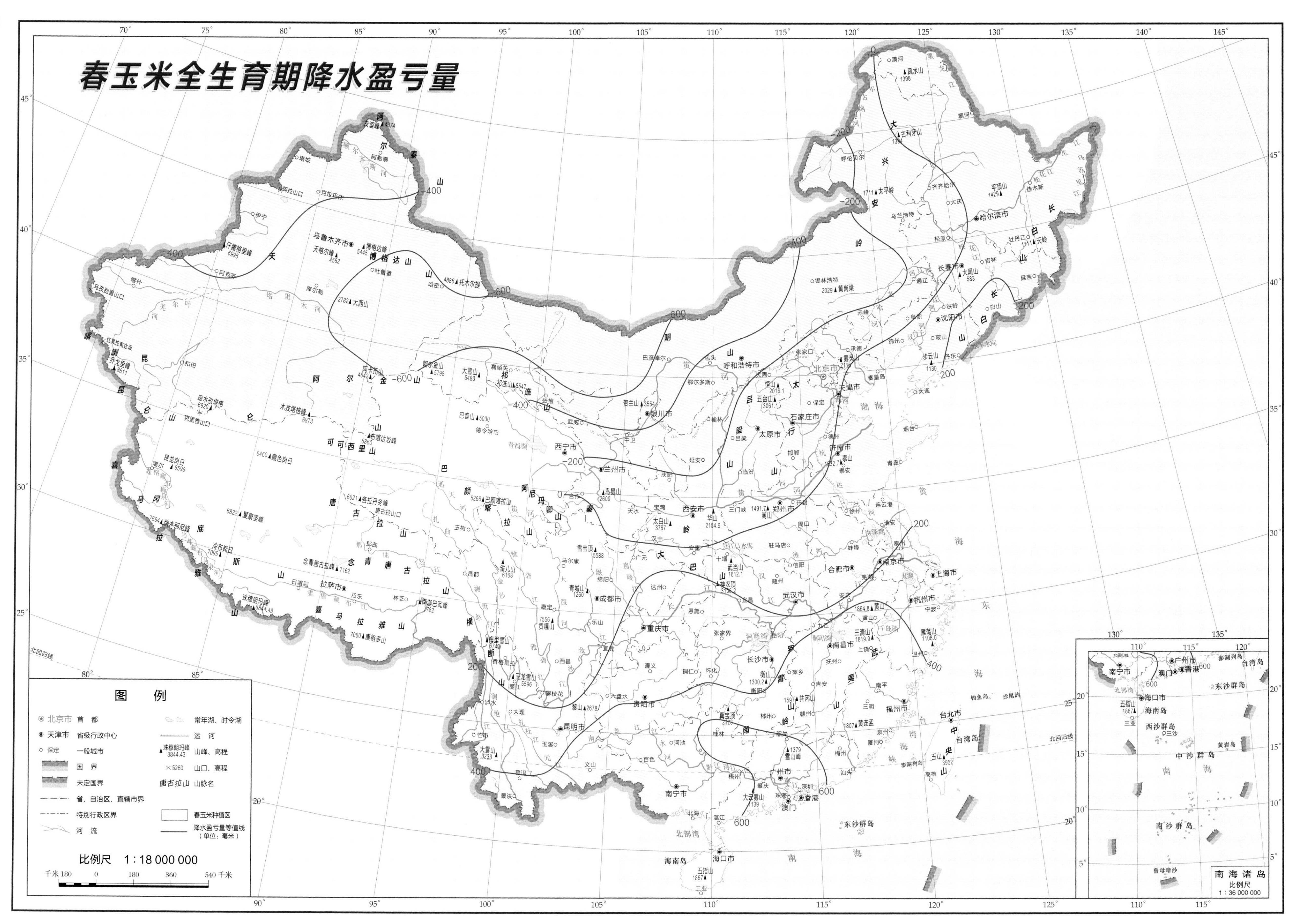
春玉米全生育期降水盈亏量
图 例
北京市 首都
天津市 省级行政中心
保定 一般城市
国界
未定国界
省、自治区、直辖市界
特别行政区界
河流
常年湖、时令湖
运河
珠穆朗玛峰 8844.43 山峰、高程
5260 山口、高程
唐古拉山 山脉名
春玉米种植区
降水盈亏量等值线（单位：毫米）
比例尺 1:18 000 000
南海诸岛
比例尺 1:36 000 000

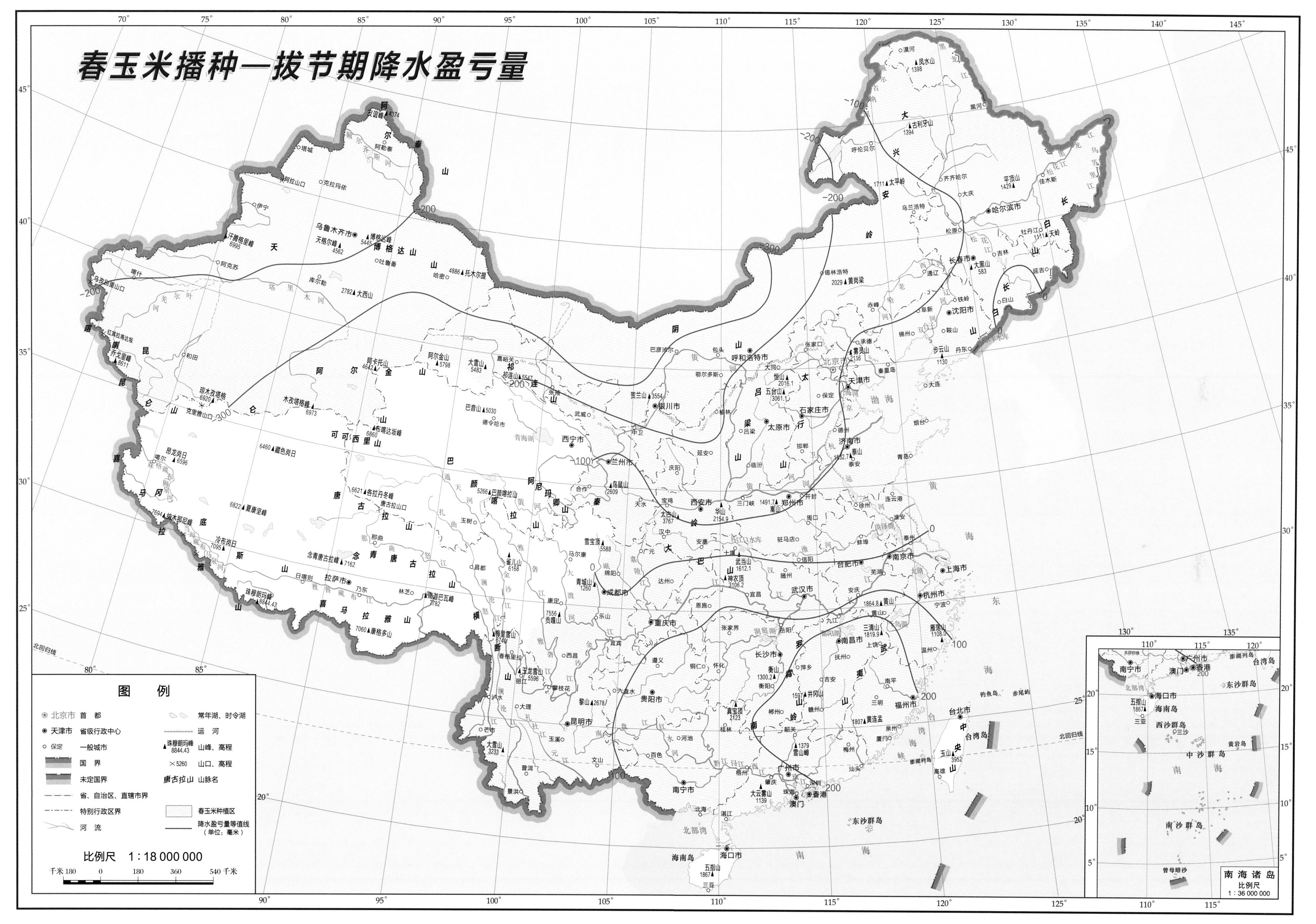

春玉米播种—拔节期降水盈亏量
图例
北京市 首都
天津市 省级行政中心
保定 一般市
国界
未定国界
省、自治区、直辖市界
特别行政区界
河流
常年湖、时令湖
运河
山峰、高程
山口、高程
山脉名
春玉米种植区
降水盈亏量等值线（单位：毫米）
比例尺 1:18 000 000
南海诸岛
比例尺 1:36 000 000

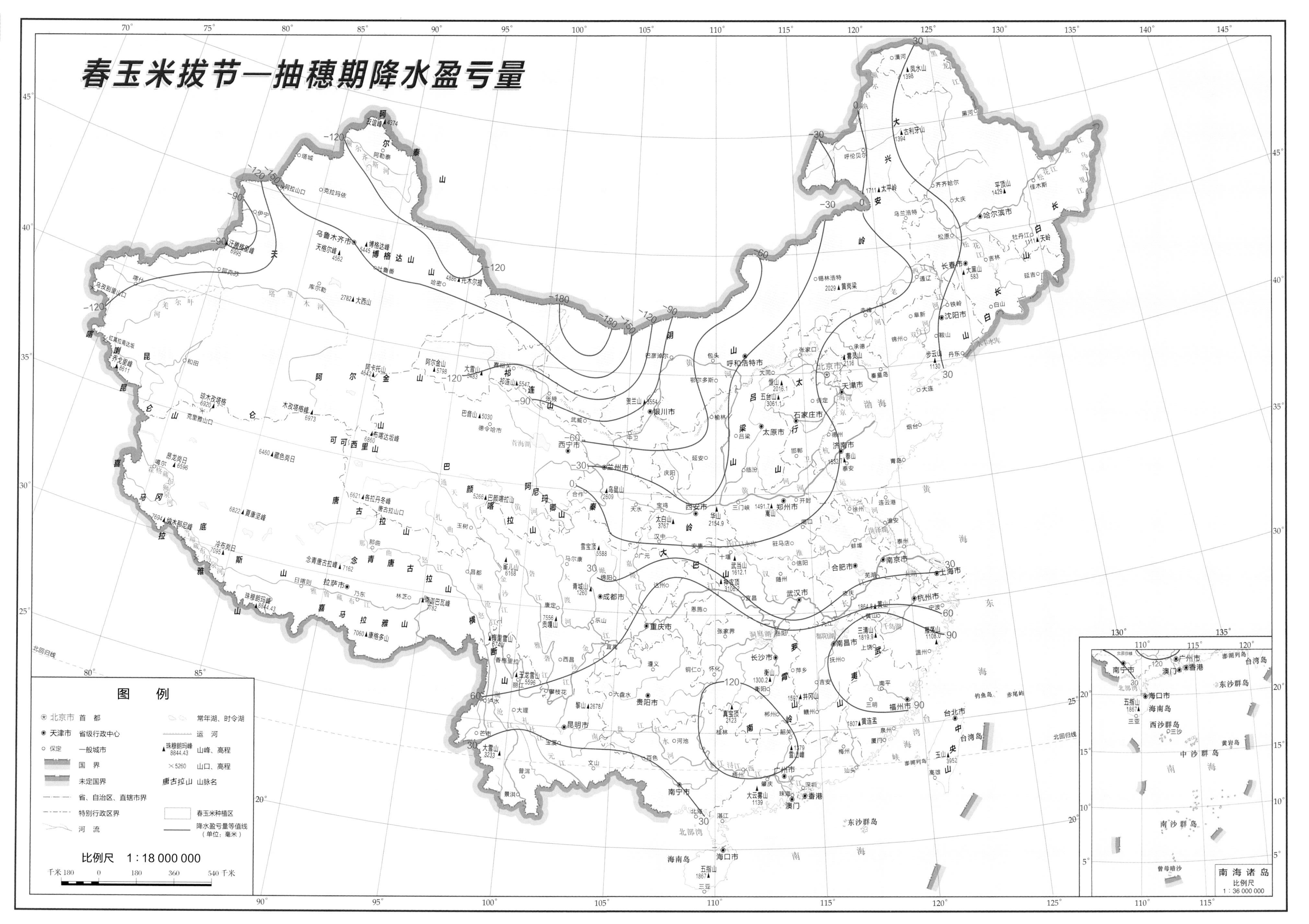

春玉米拔节—抽穗期降水盈亏量
图例
北京市 首都
天津市 省级行政中心
保定 一般城市
国界
未定国界
省、自治区、直辖市界
特别行政区界
河流
常年湖、时令湖
运河
珠穆朗玛峰 8844.43 山峰、高程
5260 山口、高程
唐古拉山 山脉名
春玉米种植区
降水盈亏等值线（单位：毫米）
比例尺 1:18 000 000
南海诸岛
比例尺 1:36 000 000

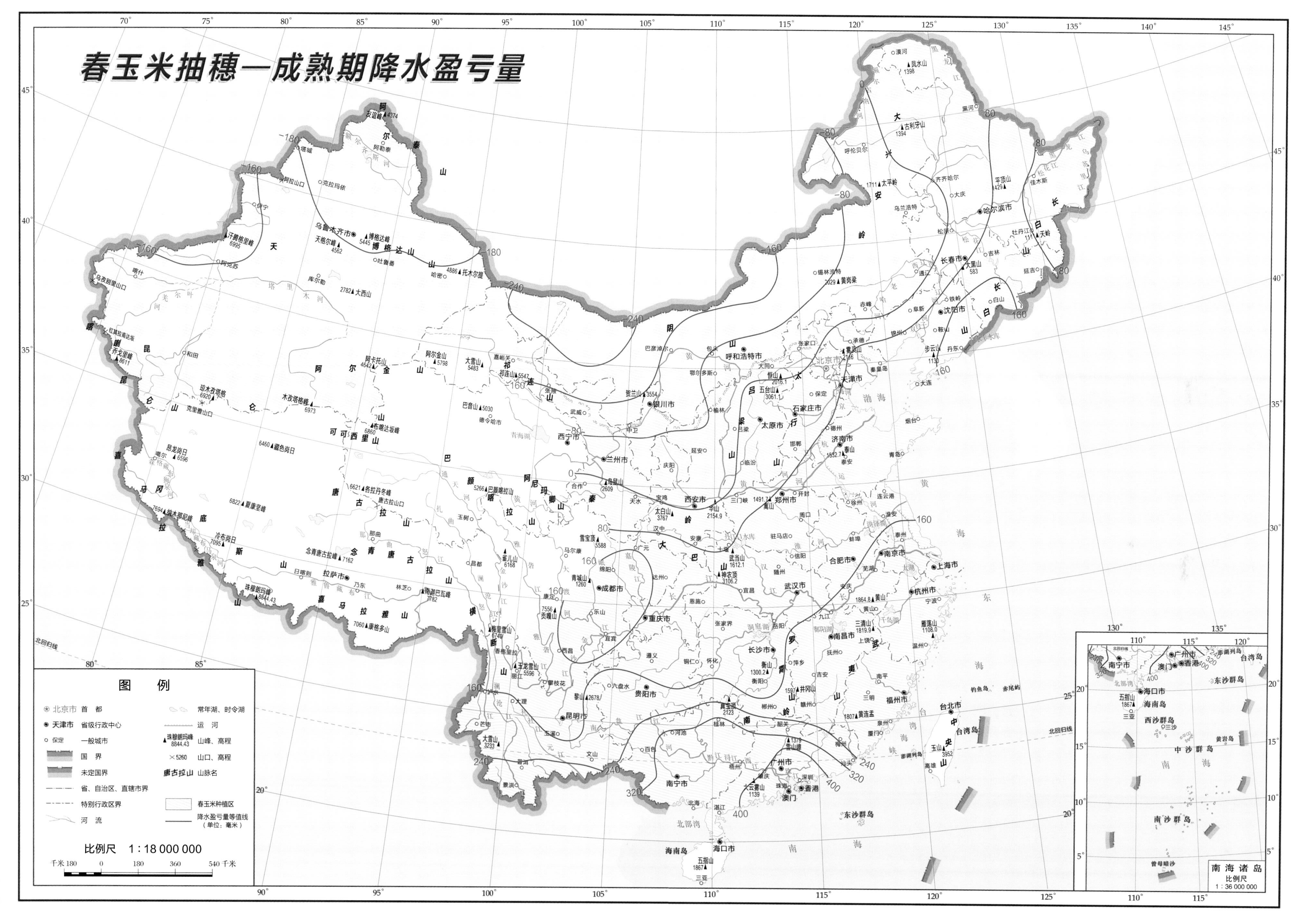

春玉米抽穗—成熟期降水盈亏量
图例
北京市 首都
天津市 省级行政中心
保定 一般城市
国界
未定国界
省、自治区、直辖市界
特别行政区界
河流
常年湖、时令湖
运河
珠穆朗玛峰 8844.43 山峰、高程
×5260 山口、高程
唐古拉山 山脉名
春玉米种植区
降水盈亏量等值线（单位：毫米）
比例尺 1:18 000 000
南海诸岛
比例尺 1:36 000 000

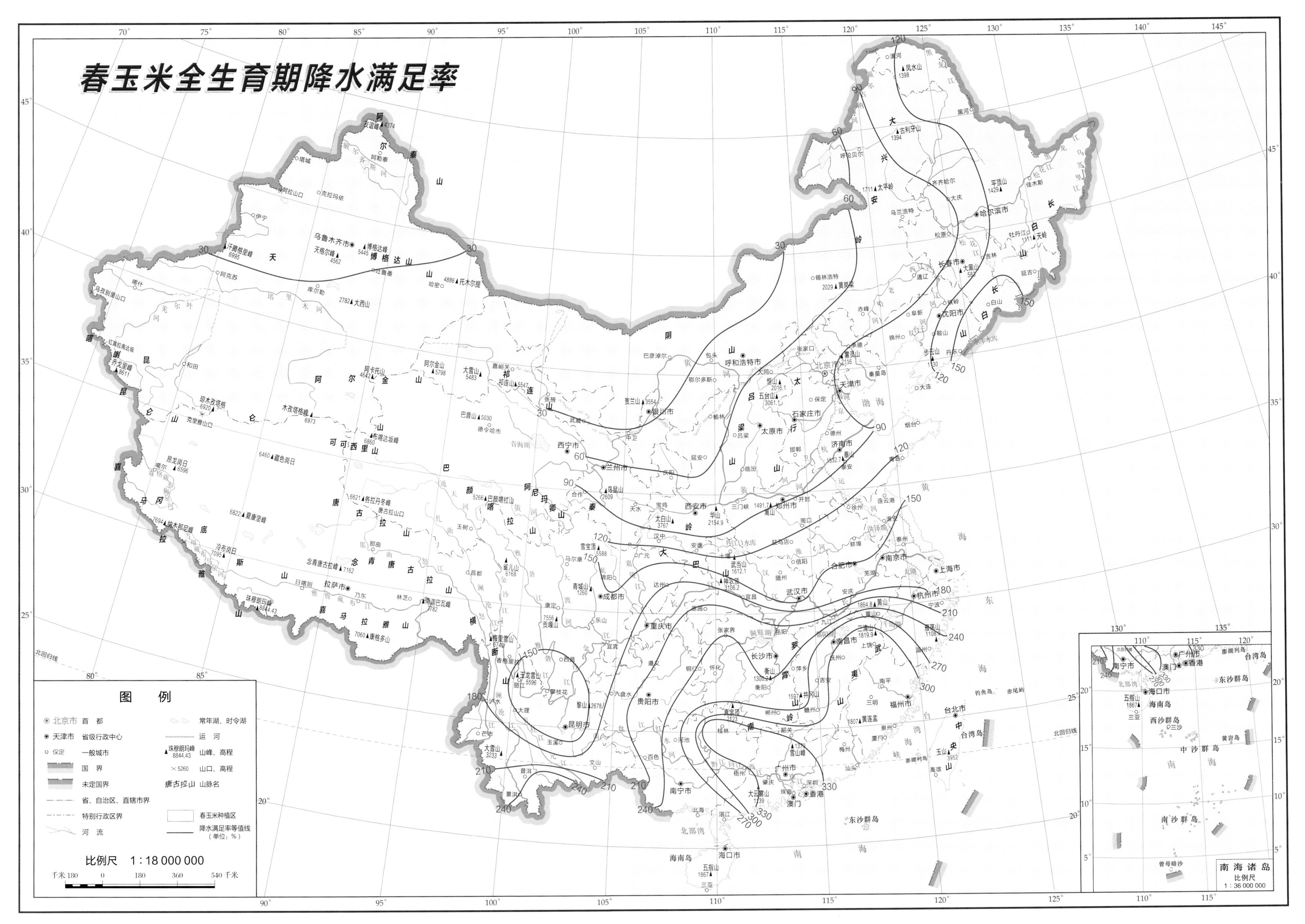

春玉米全生育期降水满足率
图例
北京市 首都
天津市 省级行政中心
保定 一般城市
国界
未定国界
省、自治区、直辖市界
特别行政区界
河流
常年湖、时令湖
运河
珠穆朗玛峰 8844.43 山峰、高程
5260 山口、高程
唐古拉山 山脉名
春玉米种植区
降水满足率等值线（单位：%）
比例尺 1∶18 000 000
千米 180 0 180 360 540 千米
南海诸岛
比例尺
1∶36 000 000

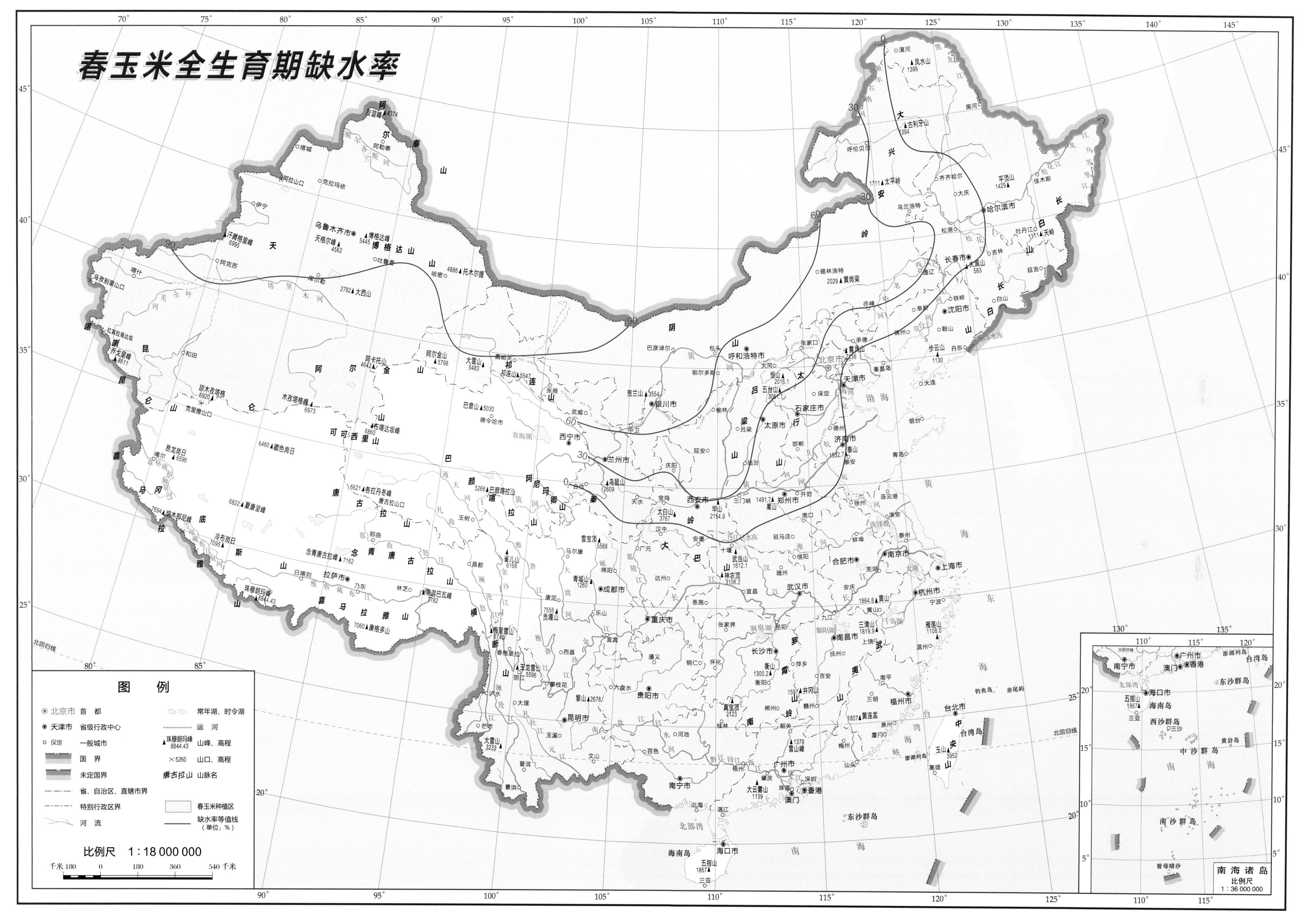
春玉米全生育期缺水率
图 例
北京市 首 都
天津市 省级行政中心
保定 一般城市
国 界
未定国界
省、自治区、直辖市界
特别行政区界
河 流
常年湖、时令湖
运 河
珠穆朗玛峰 8844.43 山峰、高程
5260 山口、高程
唐古拉山 山脉名
春玉米种植区
缺水率等值线（单位：%）
比例尺 1：18 000 000
千米 180 0 180 360 540 千米
南海诸岛
比例尺
1：36 000 000

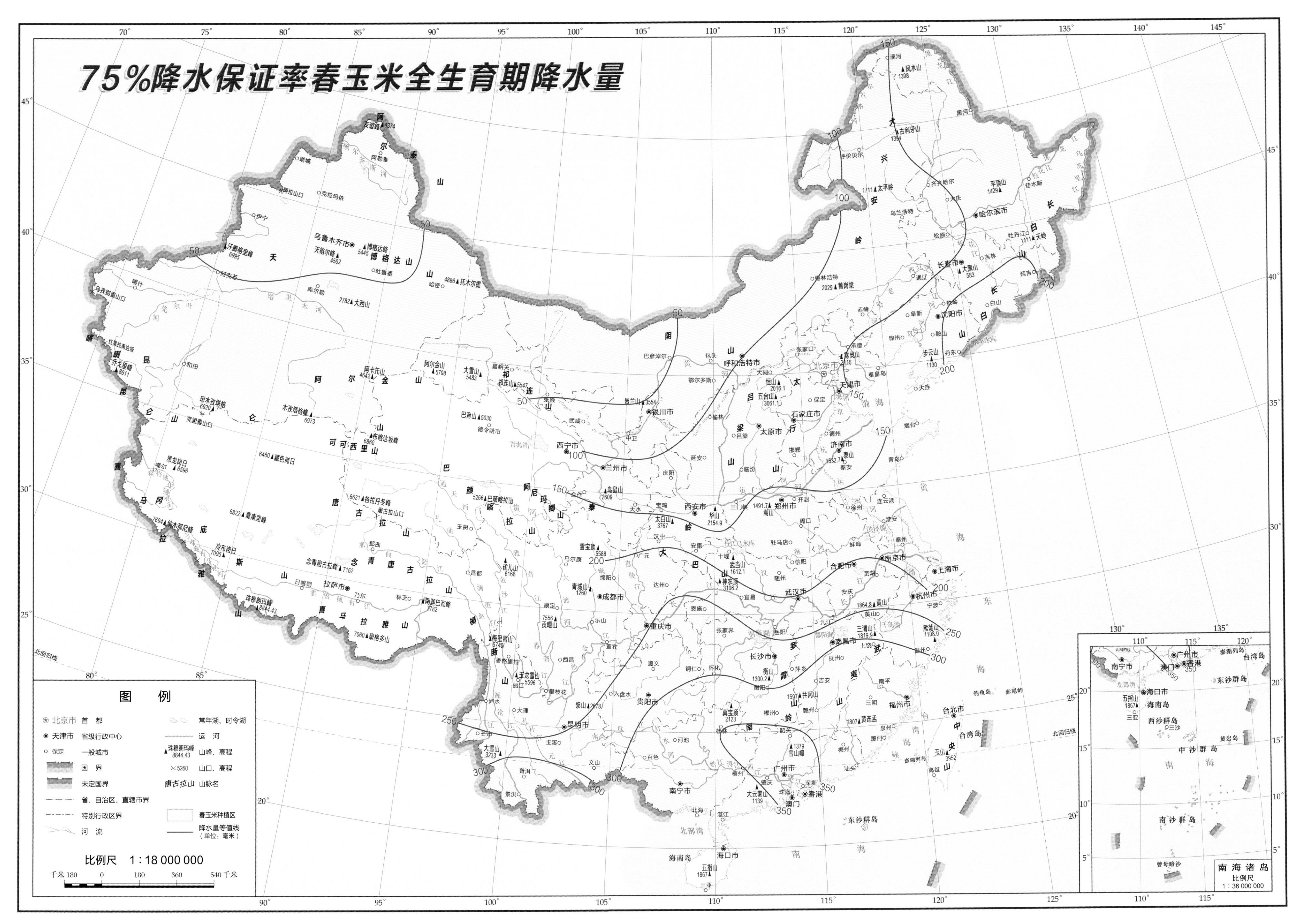
75%降水保证率春玉米全生育期降水量
图例
北京市 首都
天津市 省级行政中心
保定 一般城市
国界
未定国界
省、自治区、直辖市界
特别行政区界
河流
常年湖、时令湖
运河
珠穆朗玛峰 8844.43 山峰、高程
5260 山口、高程
唐古拉山 山脉名
春玉米种植区
降水量等值线（单位：毫米）
比例尺 1：18 000 000
千米 180 0 180 360 540 千米
南海诸岛
比例尺
1：36 000 000

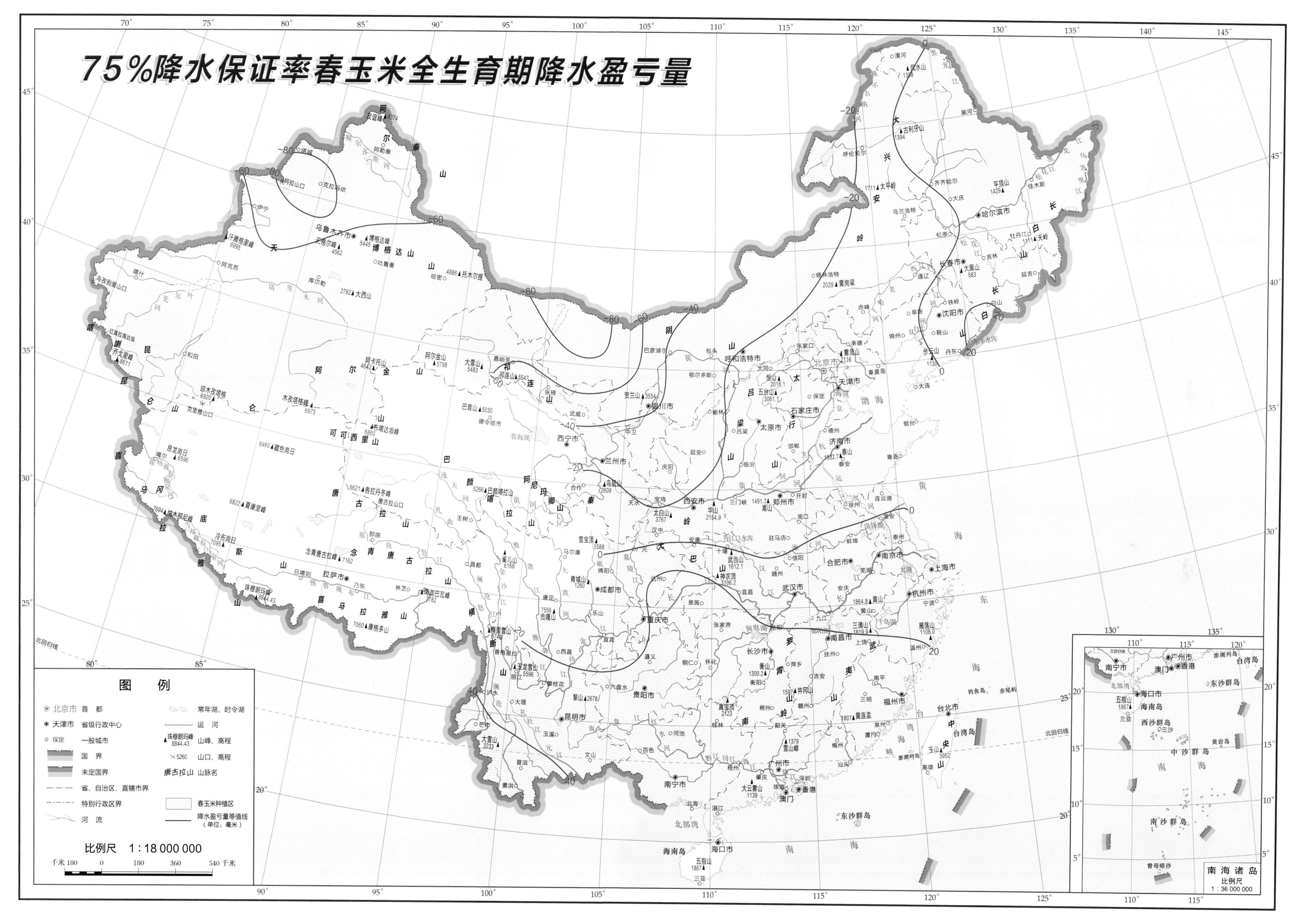
75%降水保证率春玉米全生育期降水盈亏量
图例
北京市 首都
天津市 省级行政中心
保定 一般城市
国界
未定国界
省、自治区、直辖市界
特别行政区界
河流
常年湖、时令湖
运河
珠穆朗玛峰 8844.43 山峰、高程
×5260 山口、高程
唐古拉山 山脉名
春玉米种植区
降水盈亏量等值线（单位：毫米）
比例尺 1:18 000 000
南海诸岛
比例尺 1:36 000 000

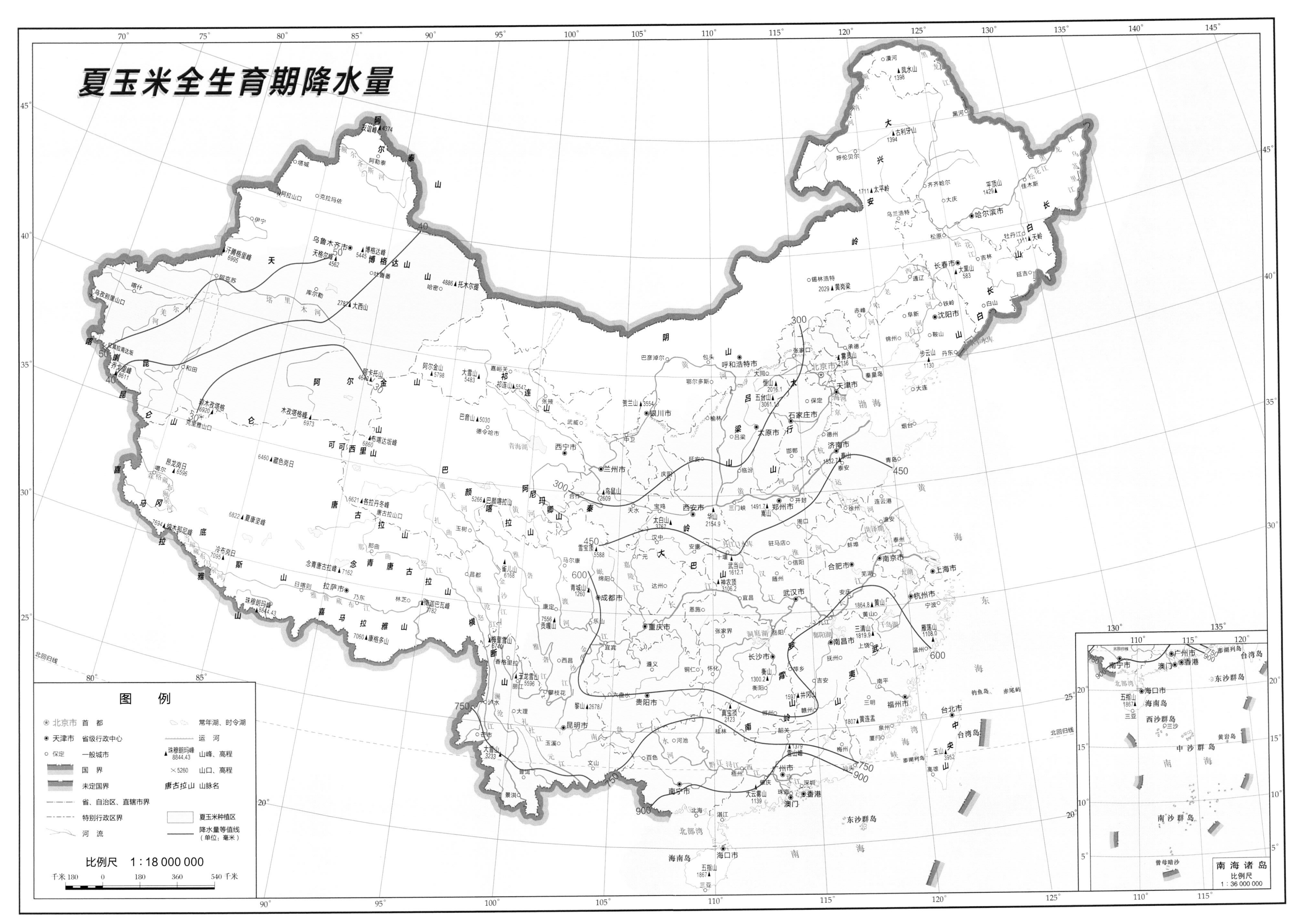
夏玉米全生育期降水量
图例
北京市 首都
天津市 省级行政中心
保定 一般城市
国界
未定国界
省、自治区、直辖市界
特别行政区界
河流
常年湖、时令湖
运河
珠穆朗玛峰 8844.43 山峰、高程
×5260 山口、高程
唐古拉山 山脉名
夏玉米种植区
降水量等值线（单位：毫米）
比例尺 1:18 000 000
千米 180 0 180 360 540 千米
南海诸岛
比例尺 1:36 000 000

夏玉米播种—拔节期降水量

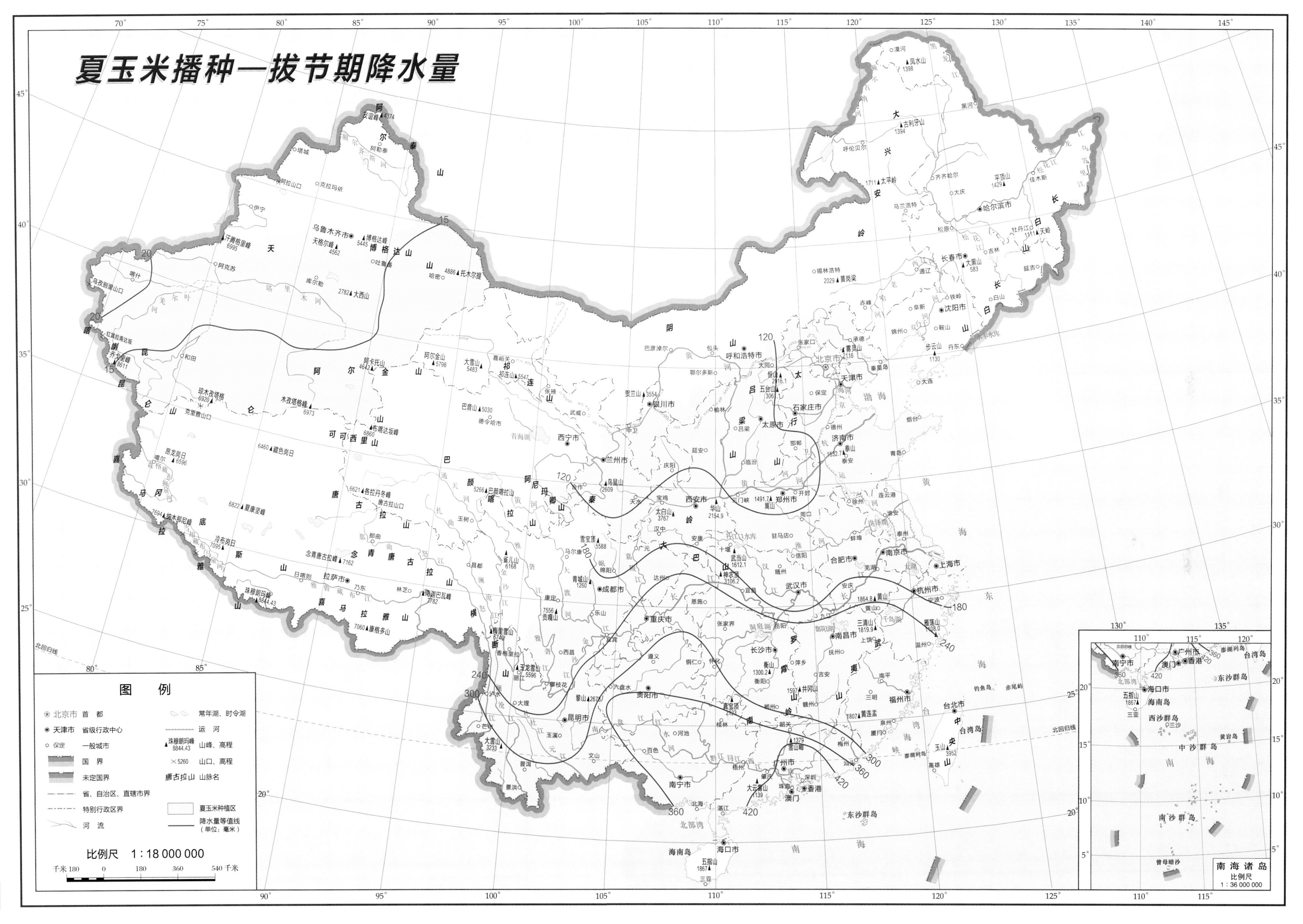

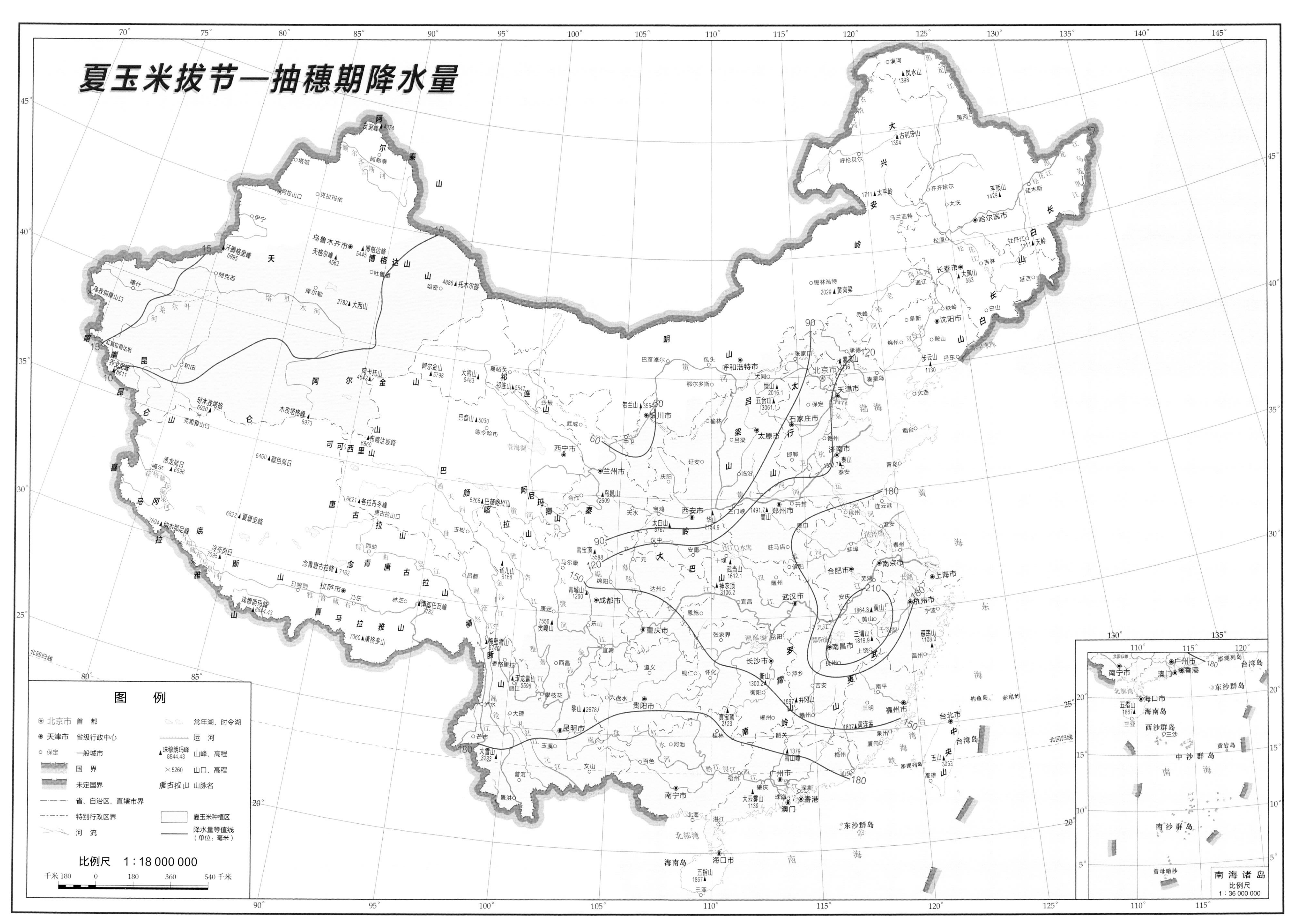

夏玉米拔节—抽穗期降水量
图例
北京市 首都
天津市 省级行政中心
保定 一般城市
国界
未定国界
省、自治区、直辖市界
特别行政区界
河流
常年湖、时令湖
运河
珠穆朗玛峰 8844.43 山峰、高程
×5260 山口、高程
唐古拉山 山脉名
夏玉米种植区
降水量等值线（单位：毫米）
比例尺 1:18 000 000
南海诸岛
比例尺 1:36 000 000

夏玉米抽穗—成熟期降水量

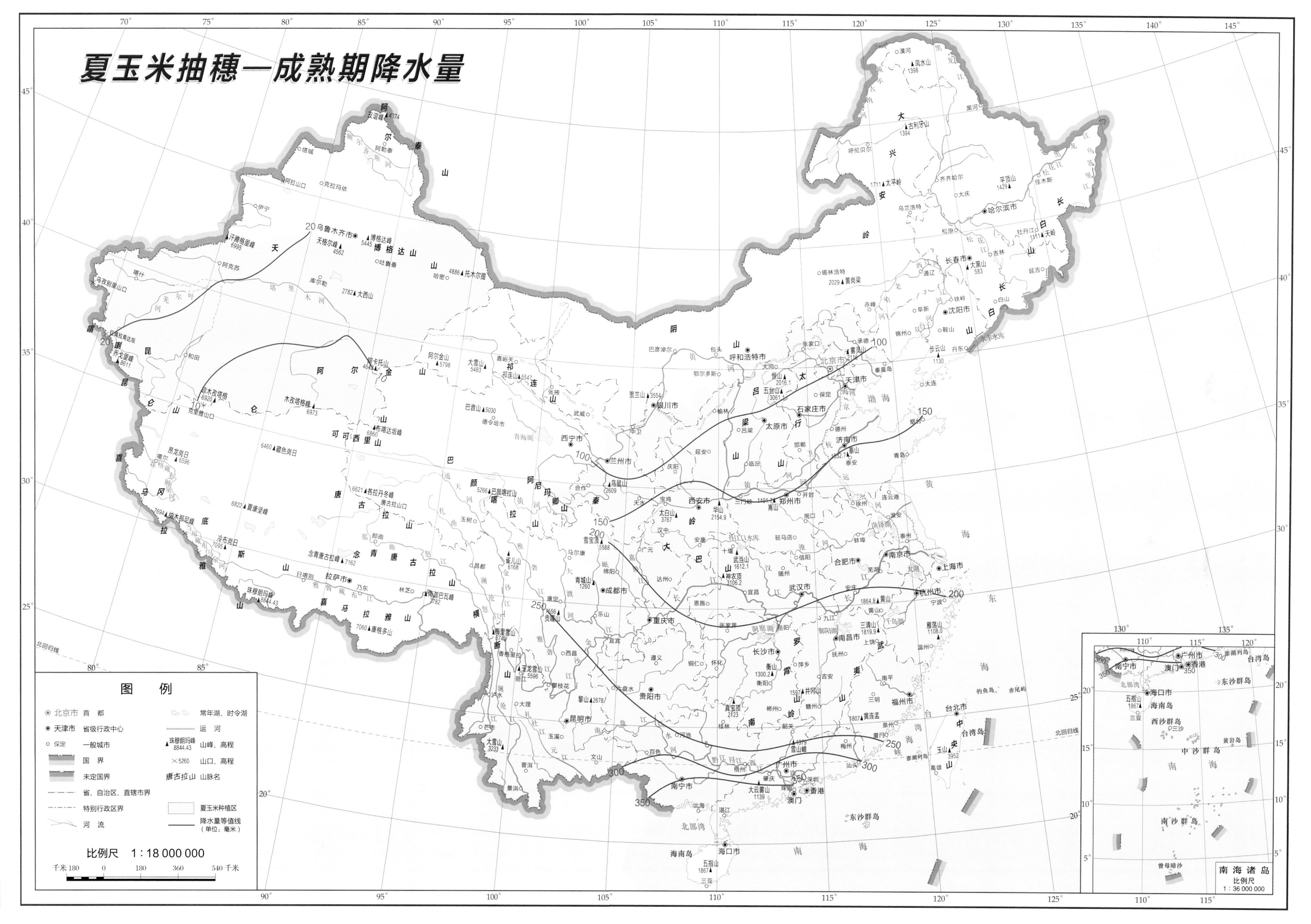

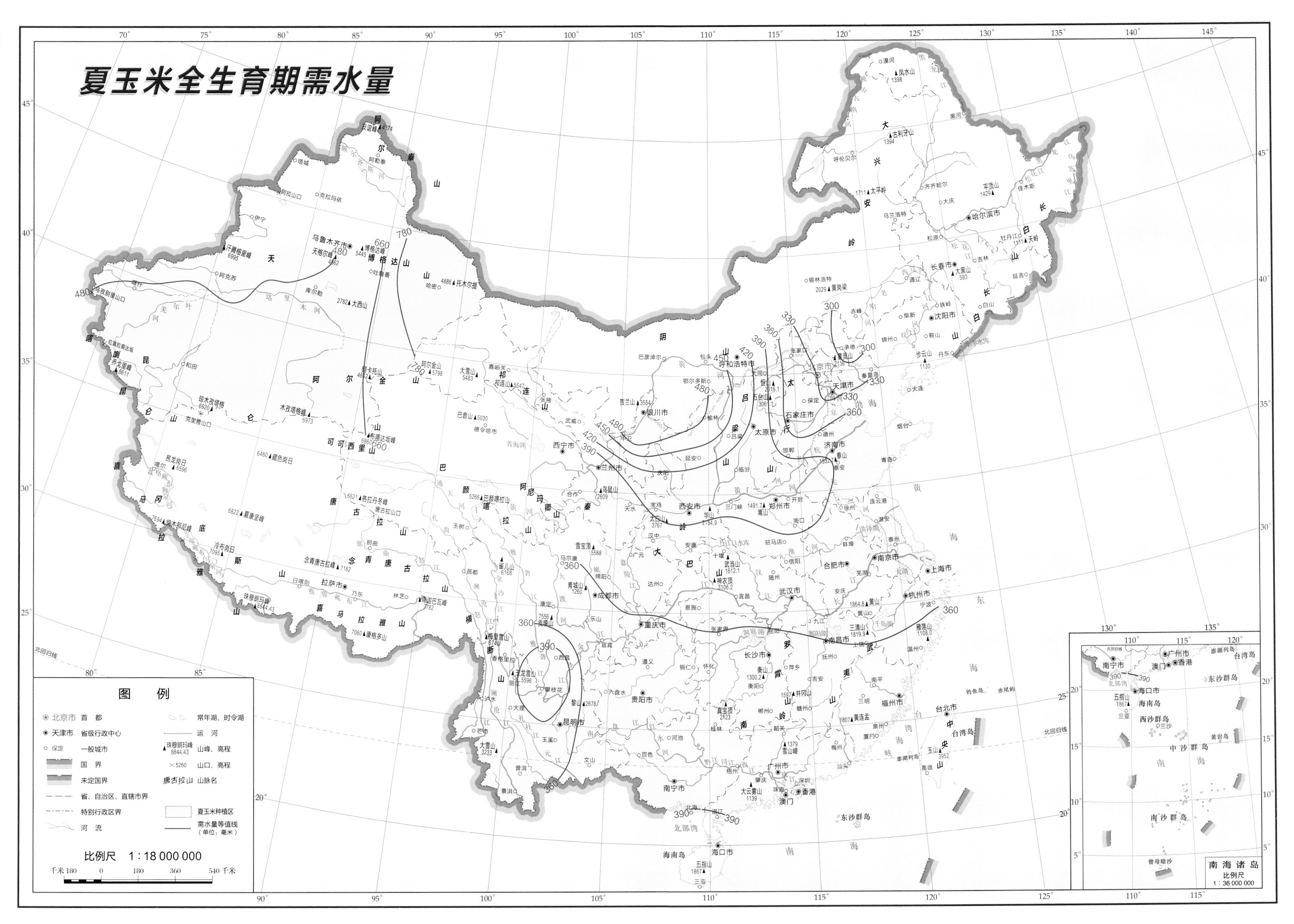

夏玉米全生育期需水量
图 例
北京市 首 都
天津市 省级行政中心
保定 一般城市
国 界
未定国界
省、自治区、直辖市界
特别行政区界
河 流
常年湖、时令湖
运 河
珠穆朗玛峰 8844.43 山峰、高程
×5260 山口、高程
唐古拉山 山脉名
夏玉米种植区
需水量等值线（单位：毫米）
比例尺 1:18 000 000
南海诸岛
比例尺
1:36 000 000

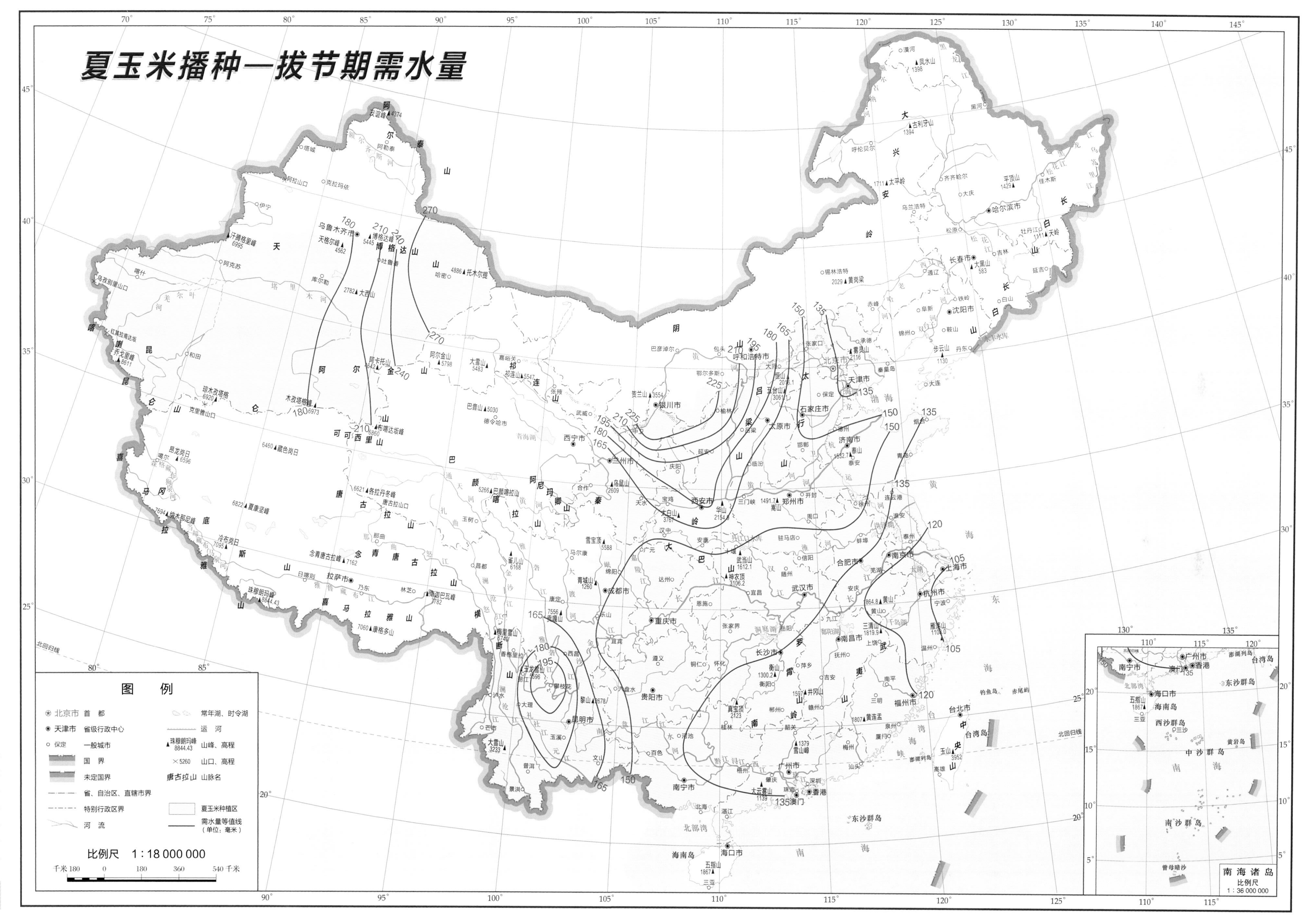
夏玉米播种—拔节期需水量
图例
北京市 首都
天津市 省级行政中心
保定 一般城市
国界
未定国界
省、自治区、直辖市界
特别行政区界
河流
常年湖、时令湖
运河
珠穆朗玛峰 8844.43 山峰、高程
×5260 山口、高程
唐古拉山 山脉名
夏玉米种植区
需水量等值线（单位：毫米）
比例尺 1:18 000 000
千米 180 0 180 360 540 千米
南海诸岛
比例尺 1:36 000 000

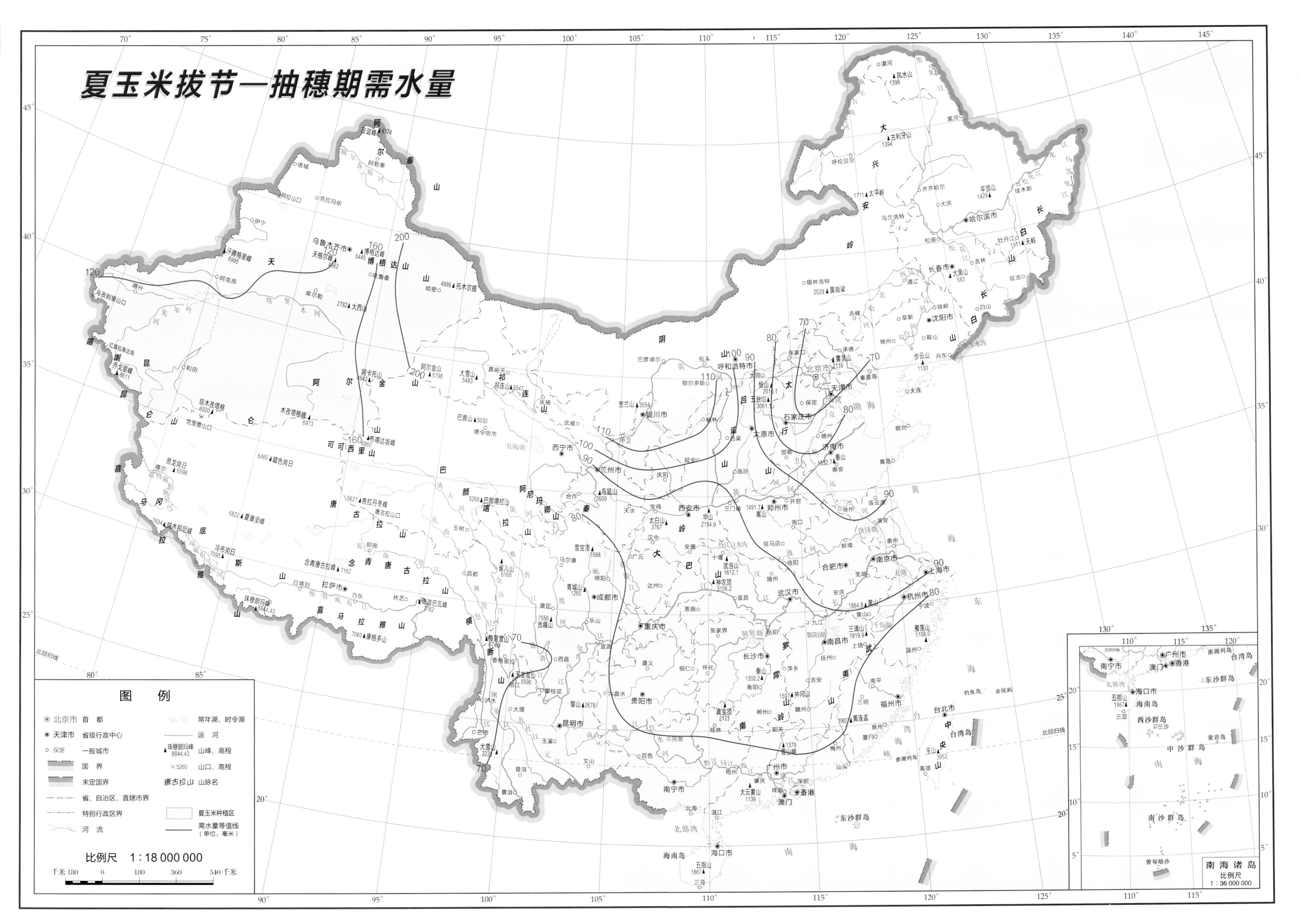
夏玉米拔节—抽穗期需水量
图　例
北京市 首　都
天津市 省级行政中心
保定 一般城市
国　界
未定国界
省、自治区、直辖市界
特别行政区界
河　流
常年湖、时令湖
运　河
珠穆朗玛峰 8844.43 山峰、高程
5260 山口、高程
唐古拉山 山脉名
夏玉米种植区
需水量等值线（单位：毫米）
比例尺　1：18 000 000
千米 180 0 180 360 540 千米
南海诸岛
比例尺
1：36 000 000

夏玉米抽穗一成熟期需水量

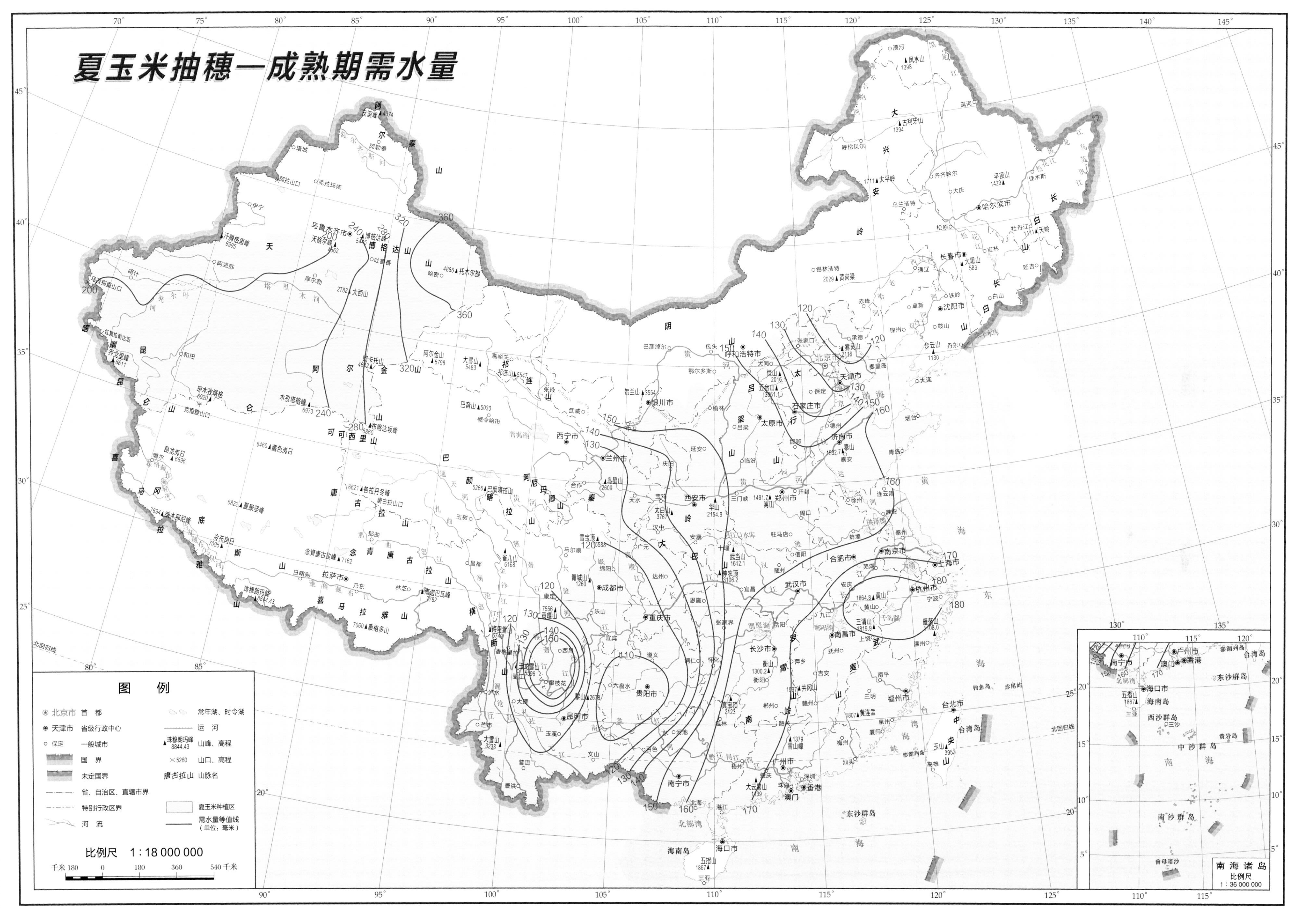

夏玉米全生育期降水盈亏量

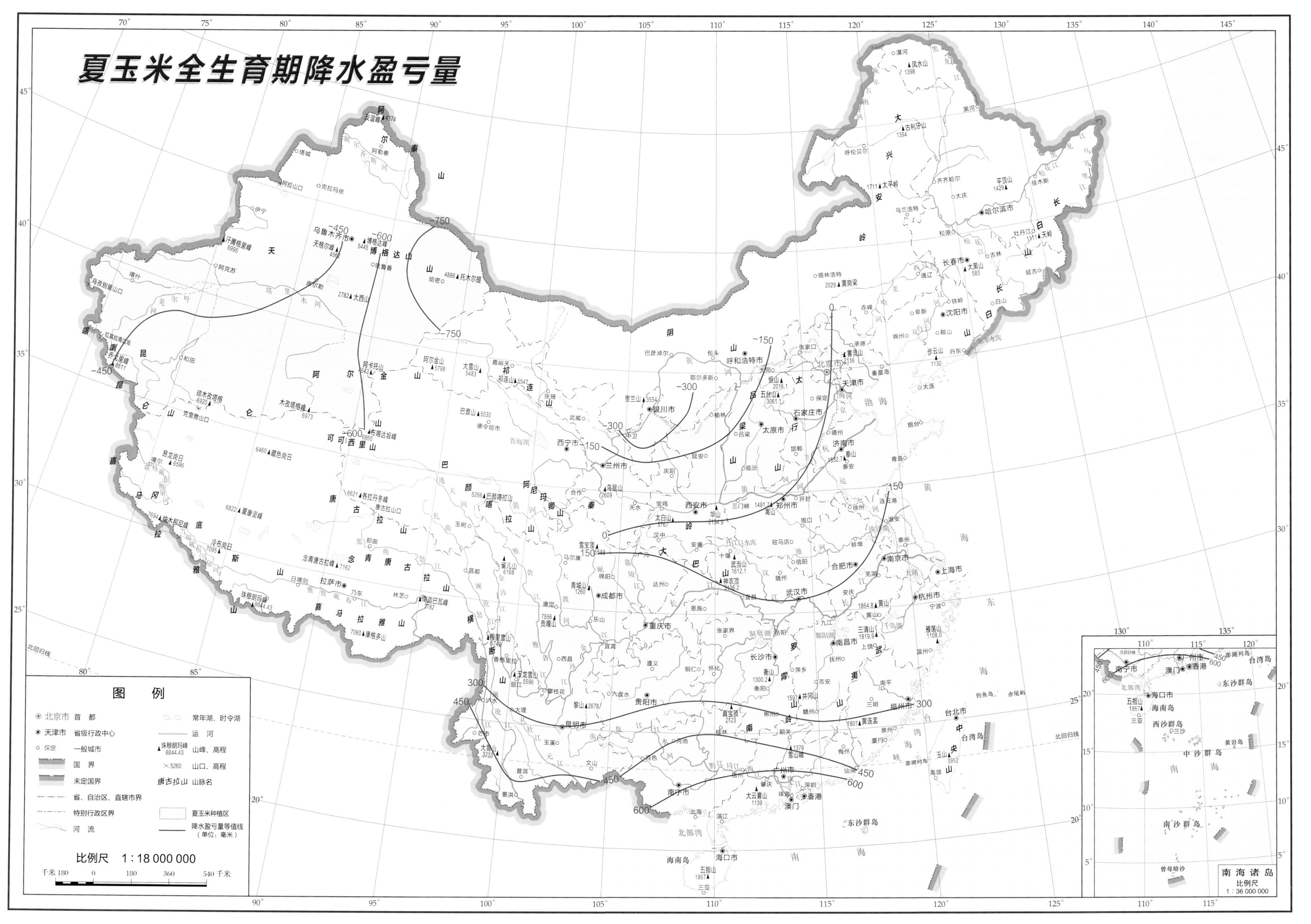

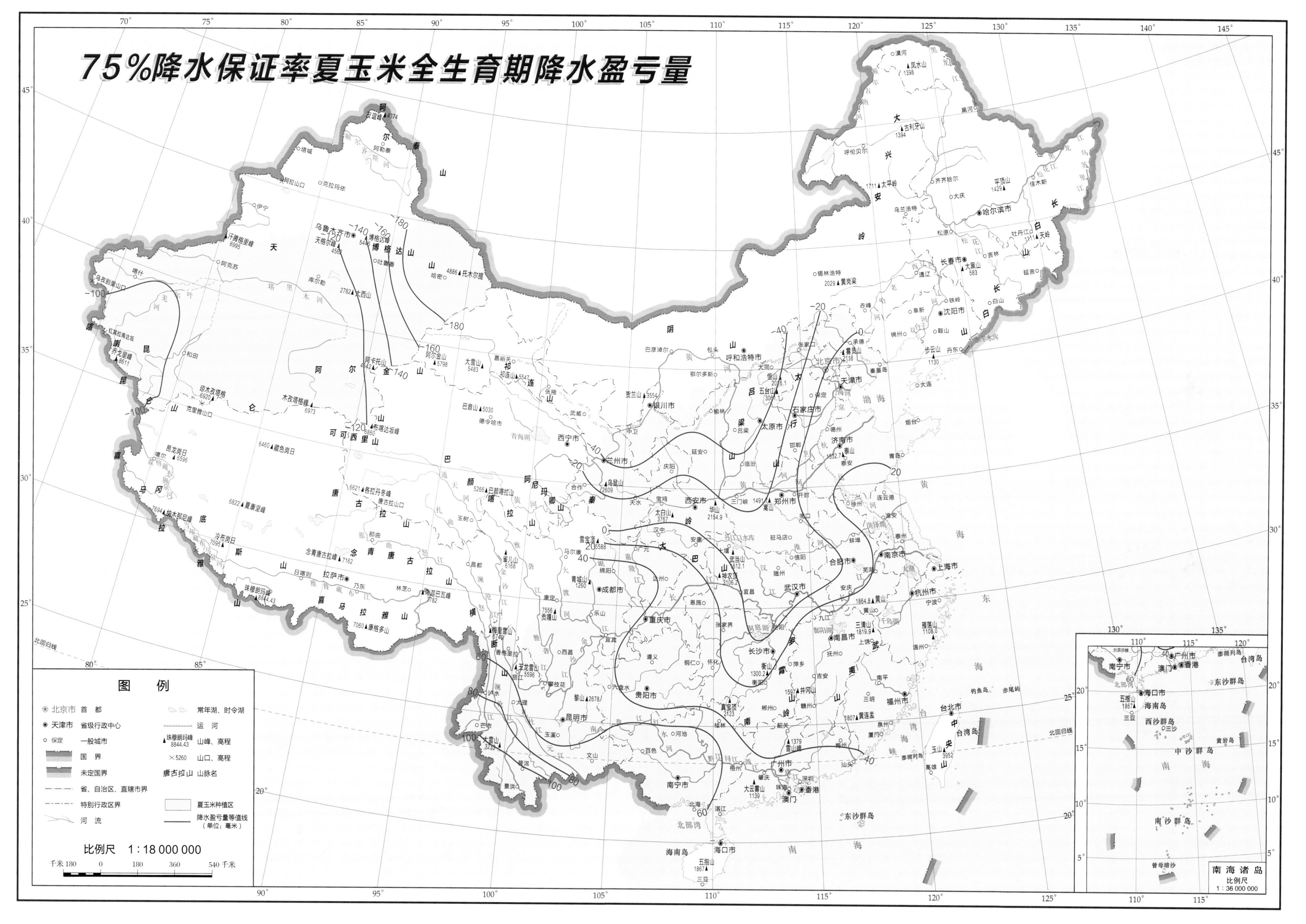
75%降水保证率夏玉米全生育期降水盈亏量
图　例
北京市　首　都
天津市　省级行政中心
保定　一般城市
国　界
未定国界
省、自治区、直辖市界
特别行政区界
河　流
常年湖、时令湖
运　河
珠穆朗玛峰 8844.43　山峰、高程
5260　山口、高程
唐古拉山　山脉名
夏玉米种植区
降水盈亏量等值线（单位：毫米）
比例尺　1 : 18 000 000
千米 180　0　180　360　540 千米
南海诸岛
比例尺
1 : 36 000 000

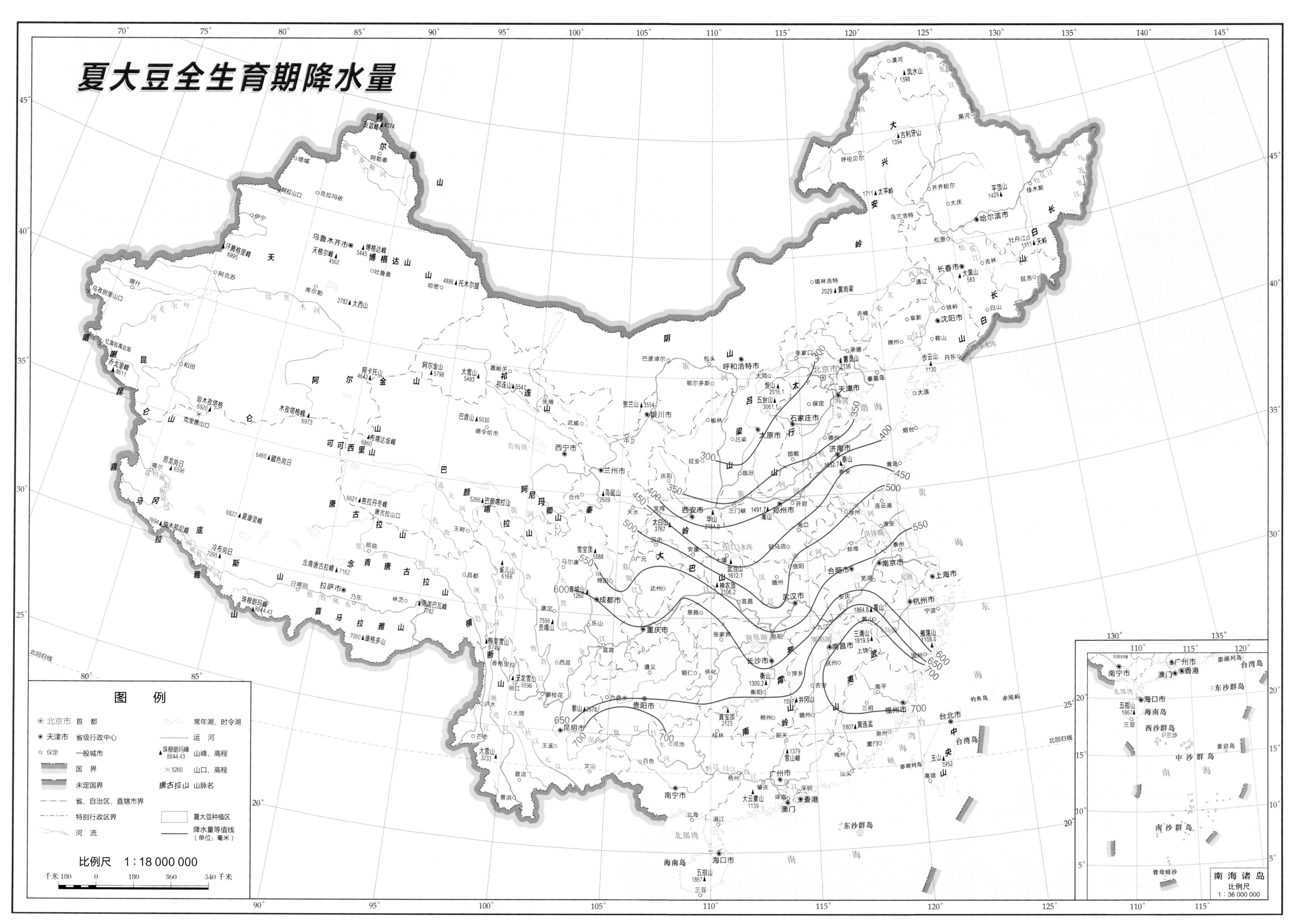
夏大豆全生育期降水量
图 例
北京市 首 都
天津市 省级行政中心
保定 一般城市
国 界
未定国界
省、自治区、直辖市界
特别行政区界
河 流
常年湖、时令湖
运 河
珠穆朗玛峰 8844.43 山峰、高程
×5260 山口、高程
唐古拉山 山脉名
夏大豆种植区
降水量等值线（单位：毫米）
比例尺 1:18 000 000
南海诸岛
比例尺 1:36 000 000

夏大豆播种一分枝期降水量

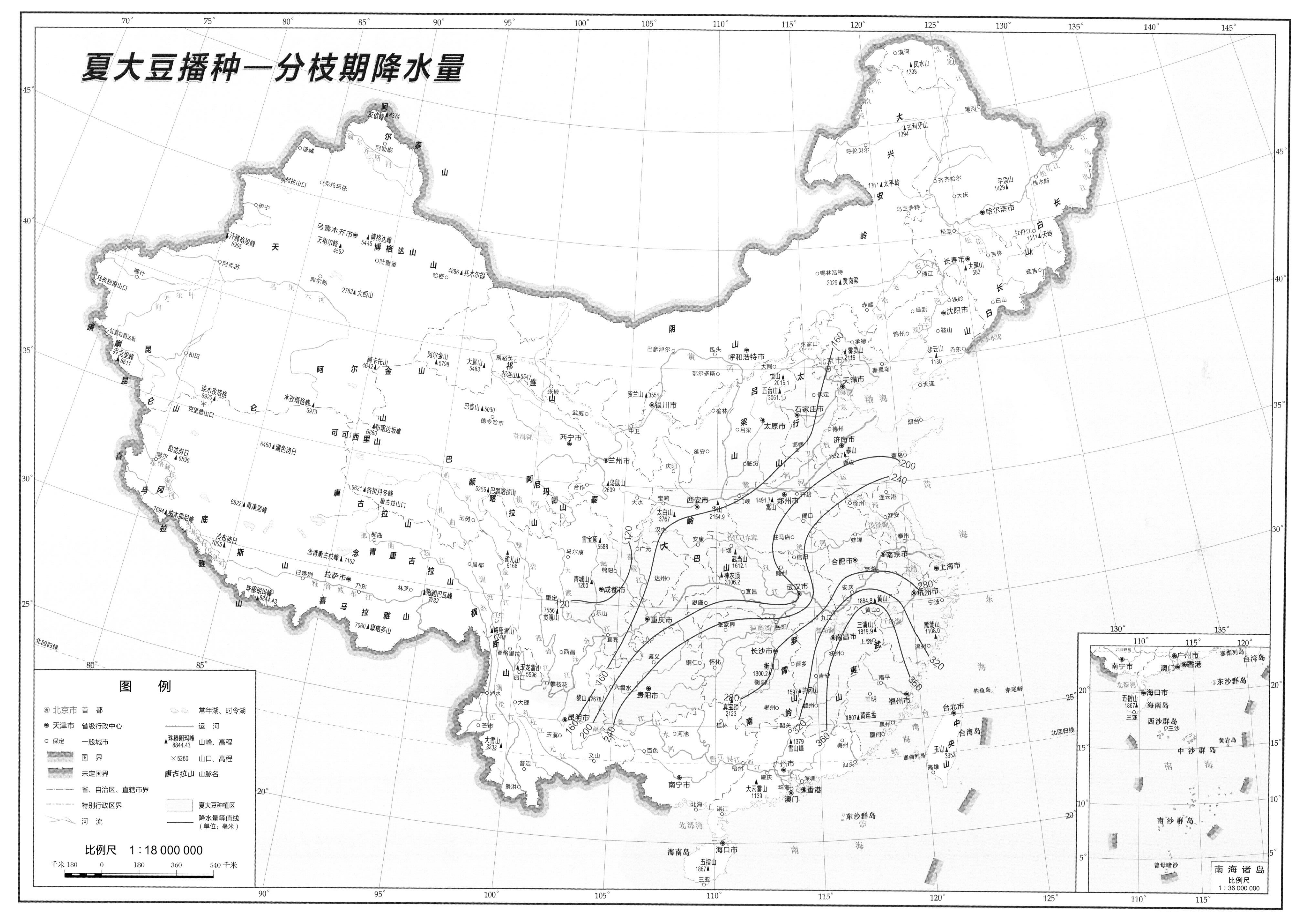

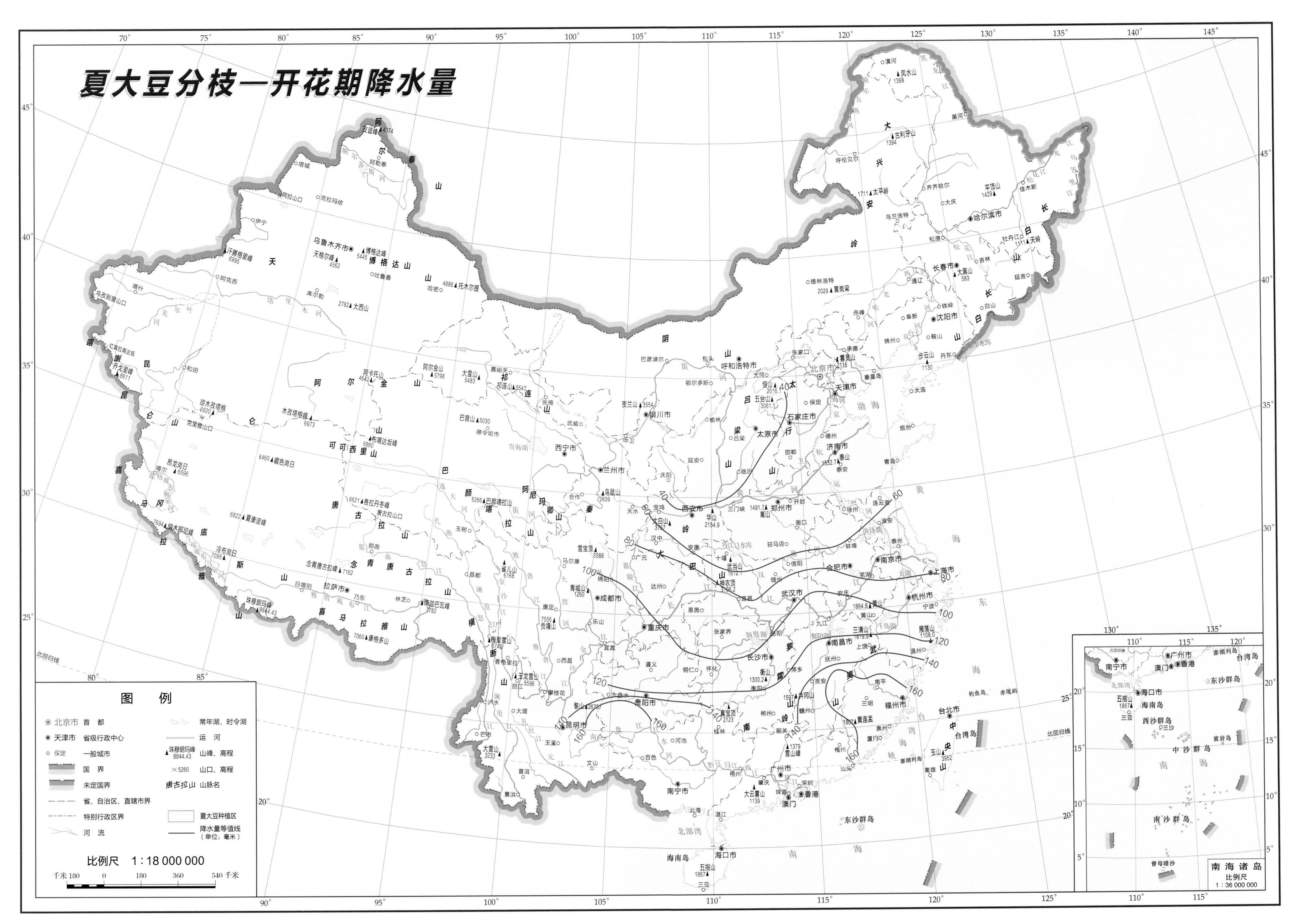

夏大豆分枝—开花期降水量
图 例
北京市 首 都
天津市 省级行政中心
保定 一般城市
国 界
未定国界
省、自治区、直辖市界
特别行政区界
河 流
常年湖、时令湖
运 河
珠穆朗玛峰 8844.43 山峰、高程
5260 山口、高程
唐古拉山 山脉名
夏大豆种植区
降水量等值线（单位：毫米）
比例尺 1∶18 000 000
千米 180 0 180 360 540 千米
南海诸岛
比例尺 1∶36 000 000
40
60
80
100
120
140
160

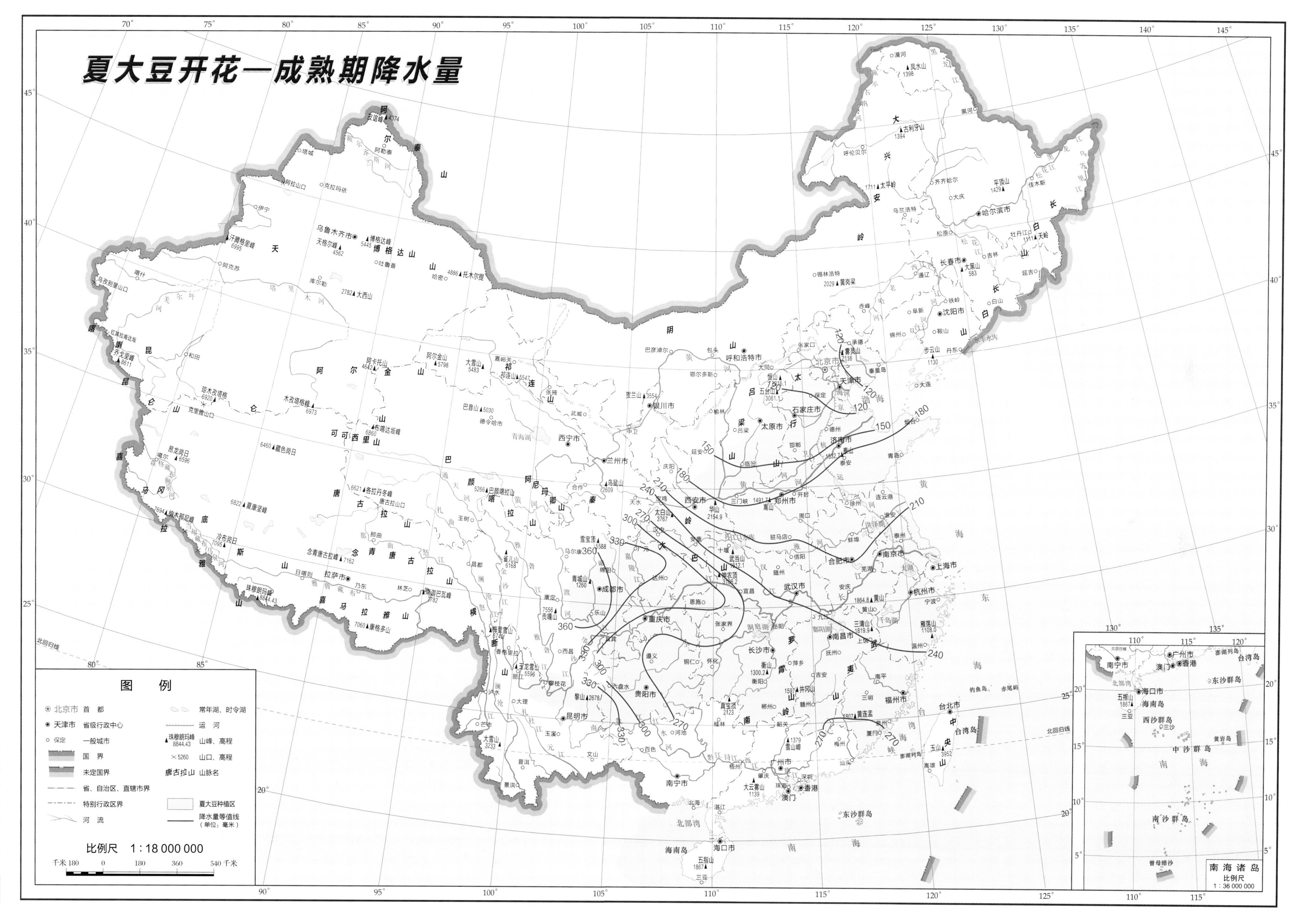
夏大豆开花—成熟期降水量
图例
北京市 首都
天津市 省级行政中心
保定 一般城市
国界
未定国界
省、自治区、直辖市界
特别行政区界
河流
常年湖、时令湖
运河
珠穆朗玛峰 8844.43 山峰、高程
×5260 山口、高程
唐古拉山 山脉名
夏大豆种植区
降水量等值线（单位：毫米）
比例尺 1:18 000 000
南海诸岛
比例尺 1:36 000 000

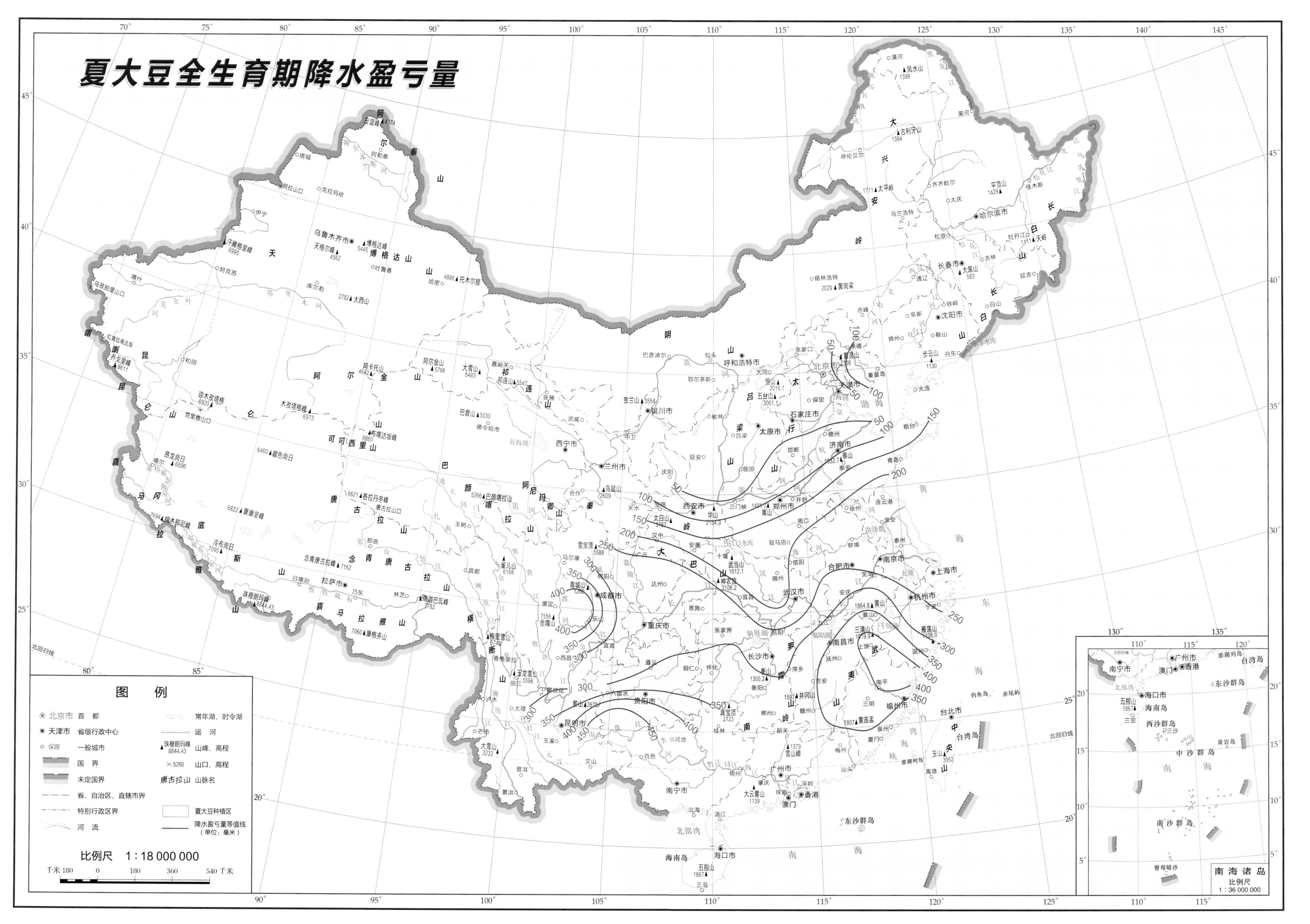
夏大豆全生育期降水盈亏量
图 例
北京市 首 都
天津市 省级行政中心
保定 一般城市
国 界
未定国界
省、自治区、直辖市界
特别行政区界
河 流
常年湖、时令湖
运 河
珠穆朗玛峰 8844.43 山峰、高程
5260 山口、高程
唐古拉山 山脉名
夏大豆种植区
降水盈亏量等值线 (单位：毫米)
比例尺 1：18 000 000
千米 180 0 180 360 540 千米
南海诸岛
比例尺 1：36 000 000

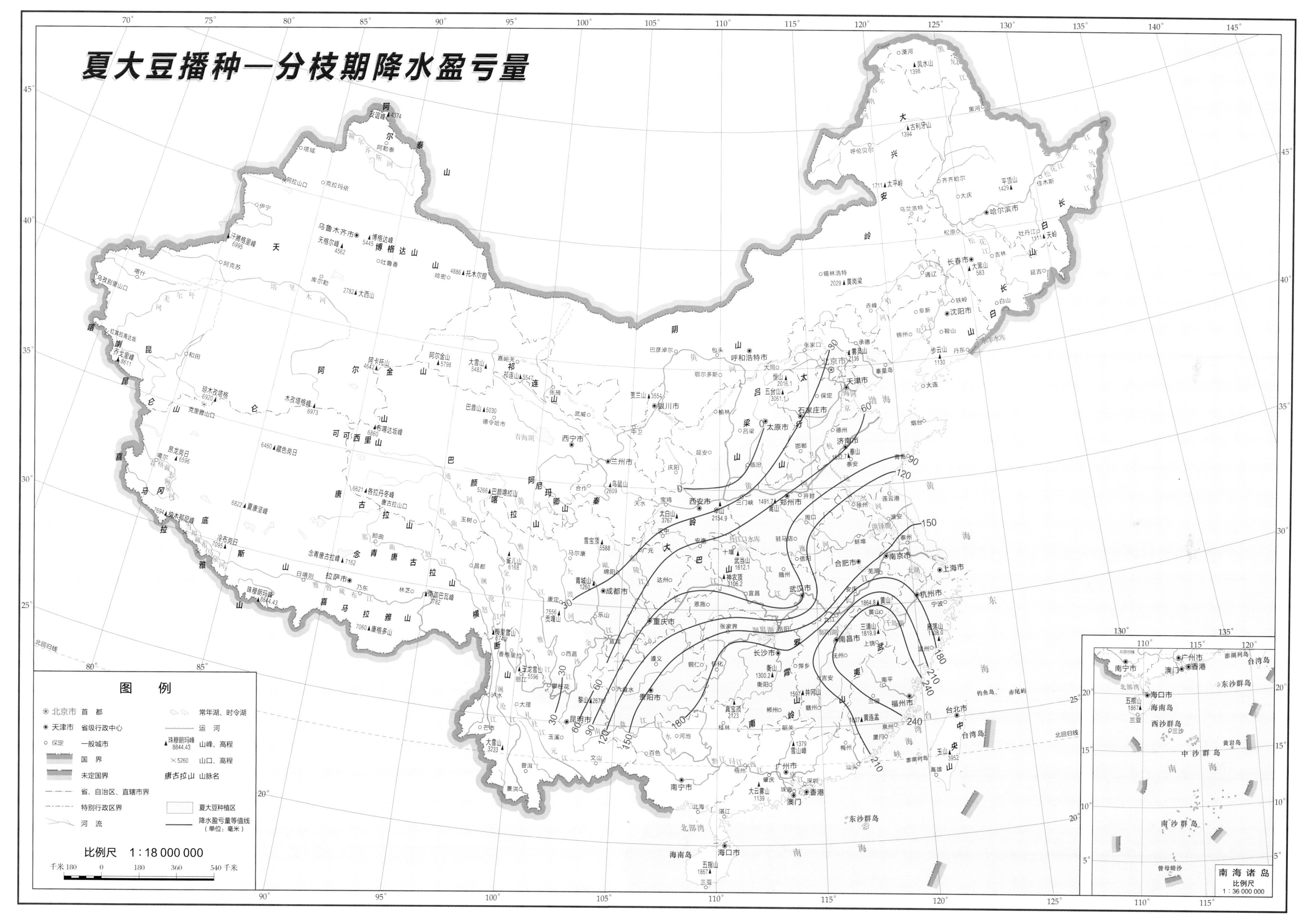
夏大豆播种一分枝期降水盈亏量
图例
北京市 首都
天津市 省级行政中心
保定 一般城市
国界
未定国界
省、自治区、直辖市界
特别行政区界
河流
常年湖、时令湖
运河
珠穆朗玛峰 8844.43 山峰、高程
5260 山口、高程
唐古拉山 山脉名
夏大豆种植区
降水盈亏量等值线（单位：毫米）
比例尺 1:18 000 000
南海诸岛
比例尺 1:36 000 000

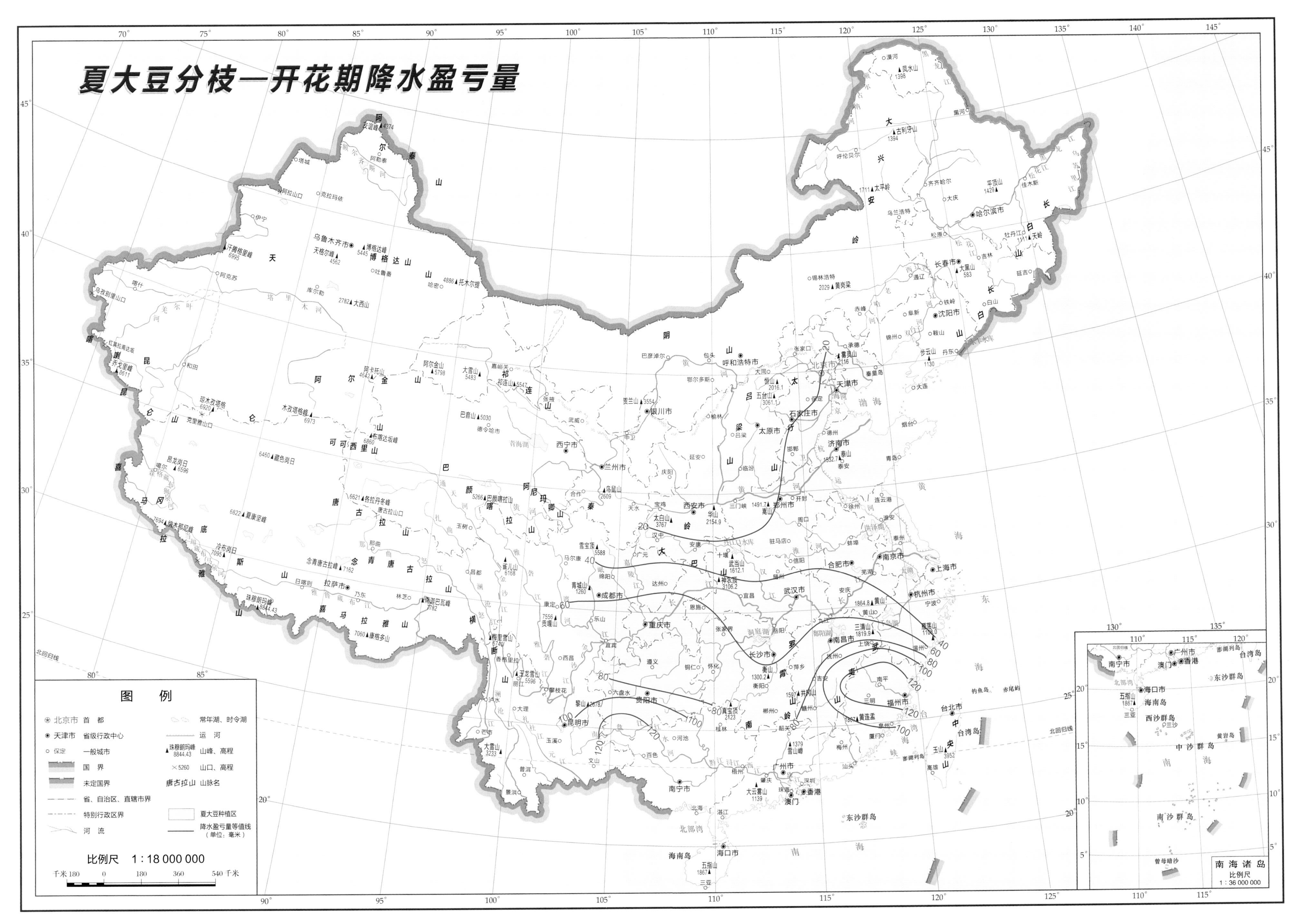

夏大豆分枝—开花期降水盈亏量
图例
北京市 首都
天津市 省级行政中心
保定 一般城市
国界
未定国界
省、自治区、直辖市界
特别行政区界
河流
常年湖、时令湖
运河
珠穆朗玛峰 8844.43 山峰、高程
×5260 山口、高程
唐古拉山 山脉名
夏大豆种植区
降水盈亏量等值线（单位：毫米）
比例尺 1：18 000 000
千米 180 0 180 360 540 千米
南海诸岛
比例尺 1：36 000 000

夏大豆开花—成熟期降水盈亏量

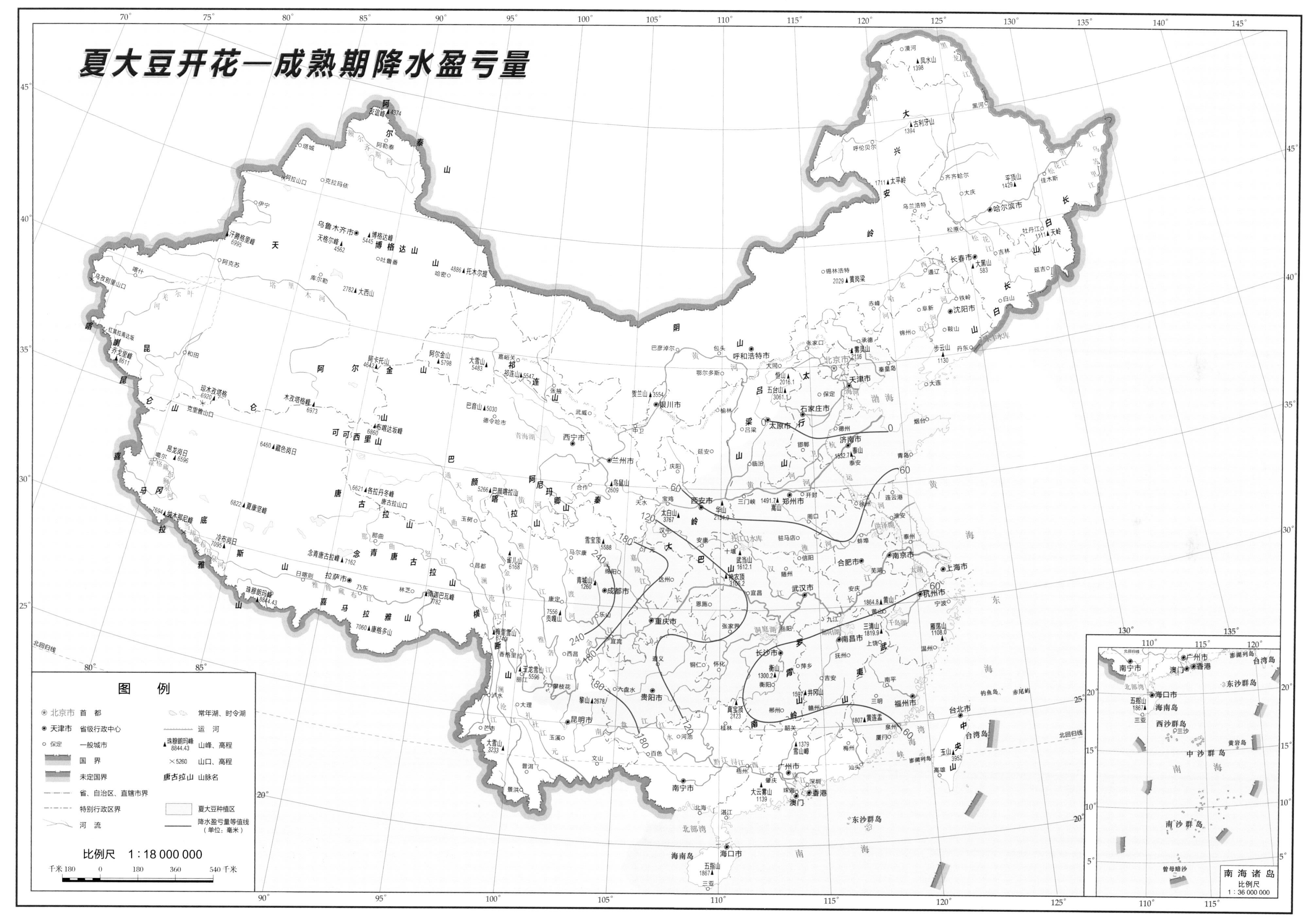

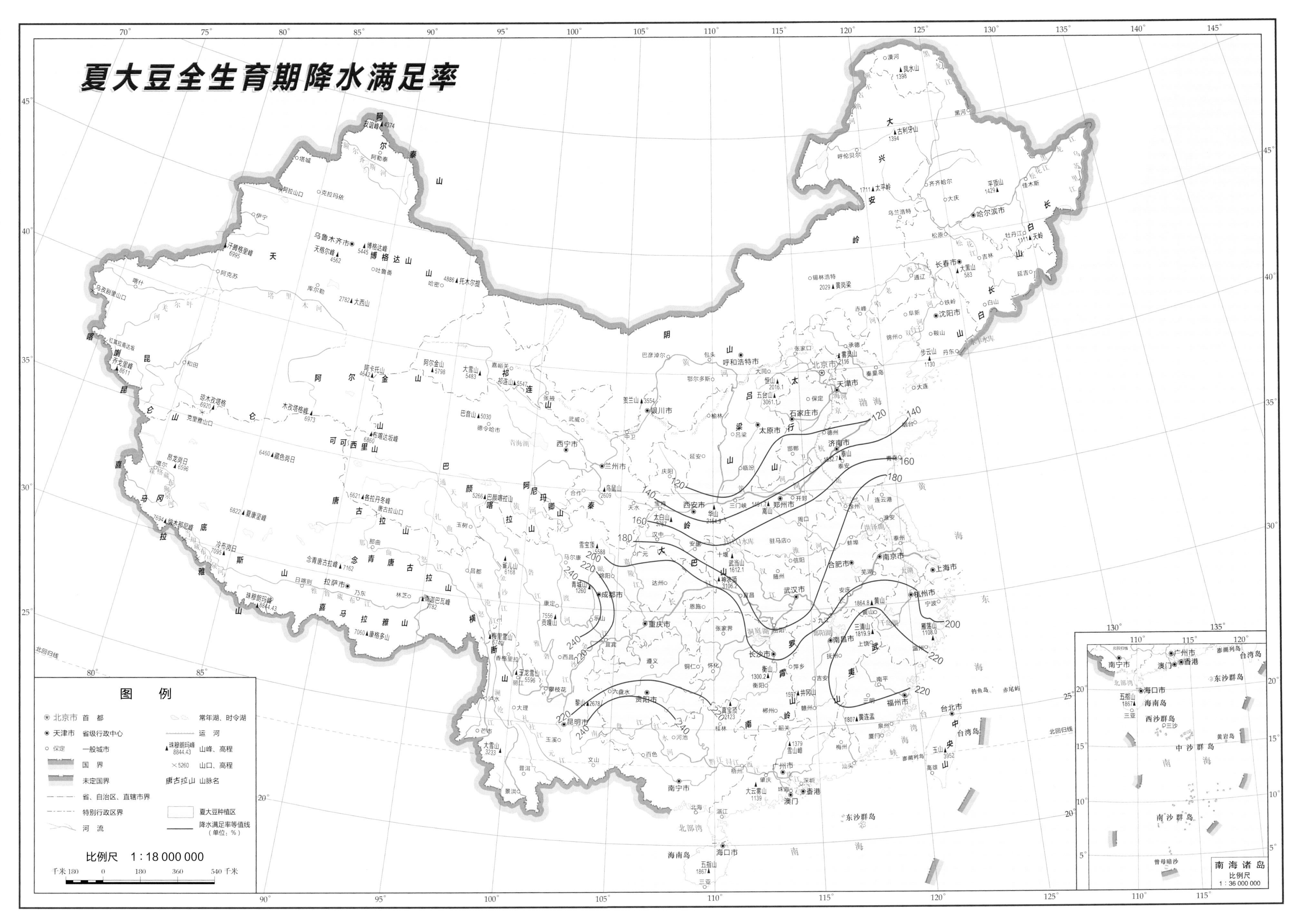
夏大豆全生育期降水满足率
图　例
北京市　首　都
天津市　省级行政中心
保定　一般城市
国　界
未定国界
省、自治区、直辖市界
特别行政区界
河　流
常年湖、时令湖
运　河
珠穆朗玛峰 8844.43　山峰、高程
×5260　山口、高程
唐古拉山　山脉名
夏大豆种植区
降水满足率等值线（单位：%）
比例尺　1：18 000 000
南海诸岛
比例尺 1：36 000 000

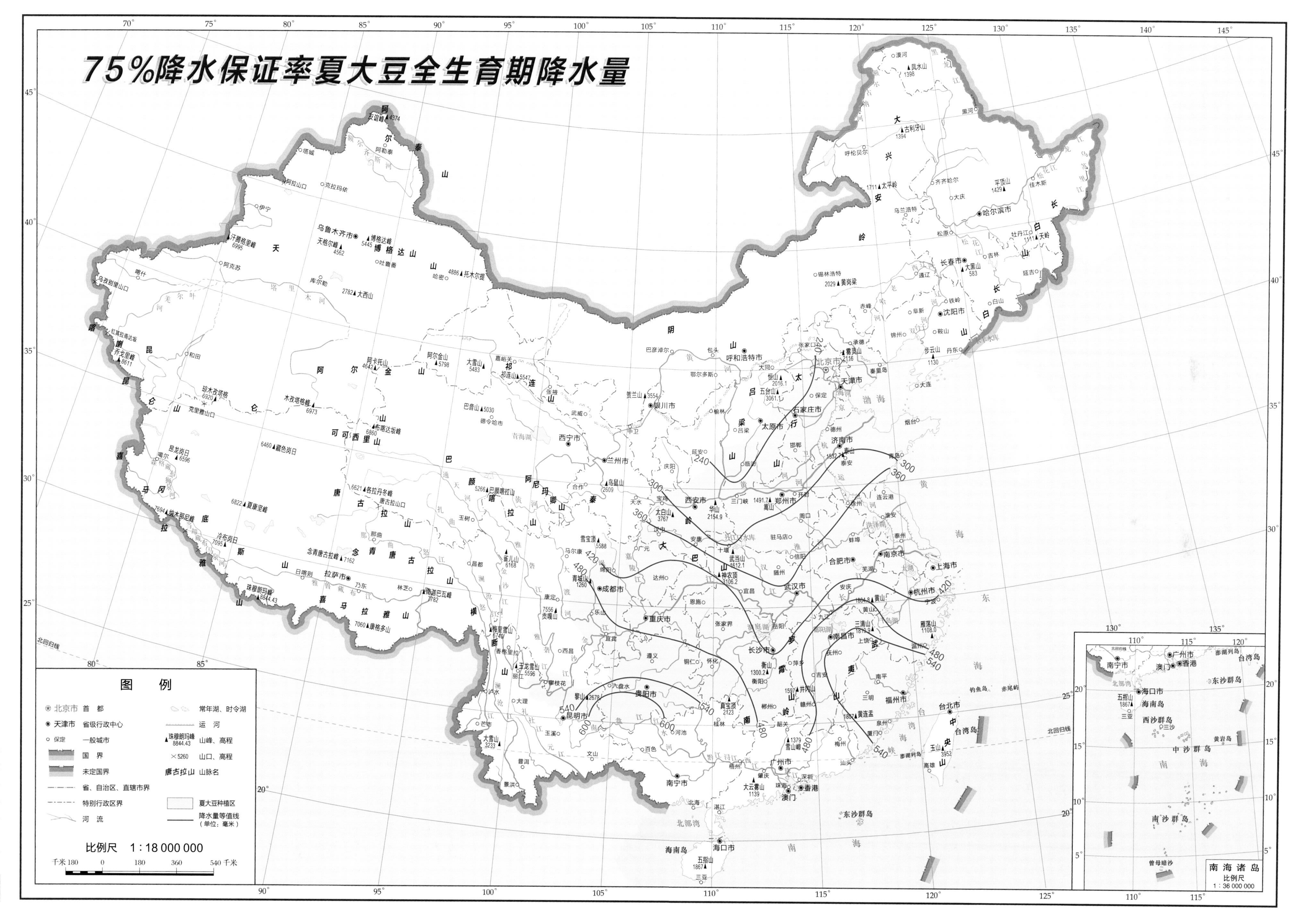
75%降水保证率夏大豆全生育期降水量
图 例
北京市 首 都
天津市 省级行政中心
保定 一般城市
国 界
未定国界
省、自治区、直辖市界
特别行政区界
河 流
常年湖、时令湖
运 河
珠穆朗玛峰 8844.43 山峰、高程
×5260 山口、高程
唐古拉山 山脉名
夏大豆种植区
降水量等值线 (单位：毫米)
比例尺 1：18 000 000
千米 180 0 180 360 540 千米
南海诸岛
比例尺
1：36 000 000

75%降水保证率夏大豆全生育期降水盈亏量

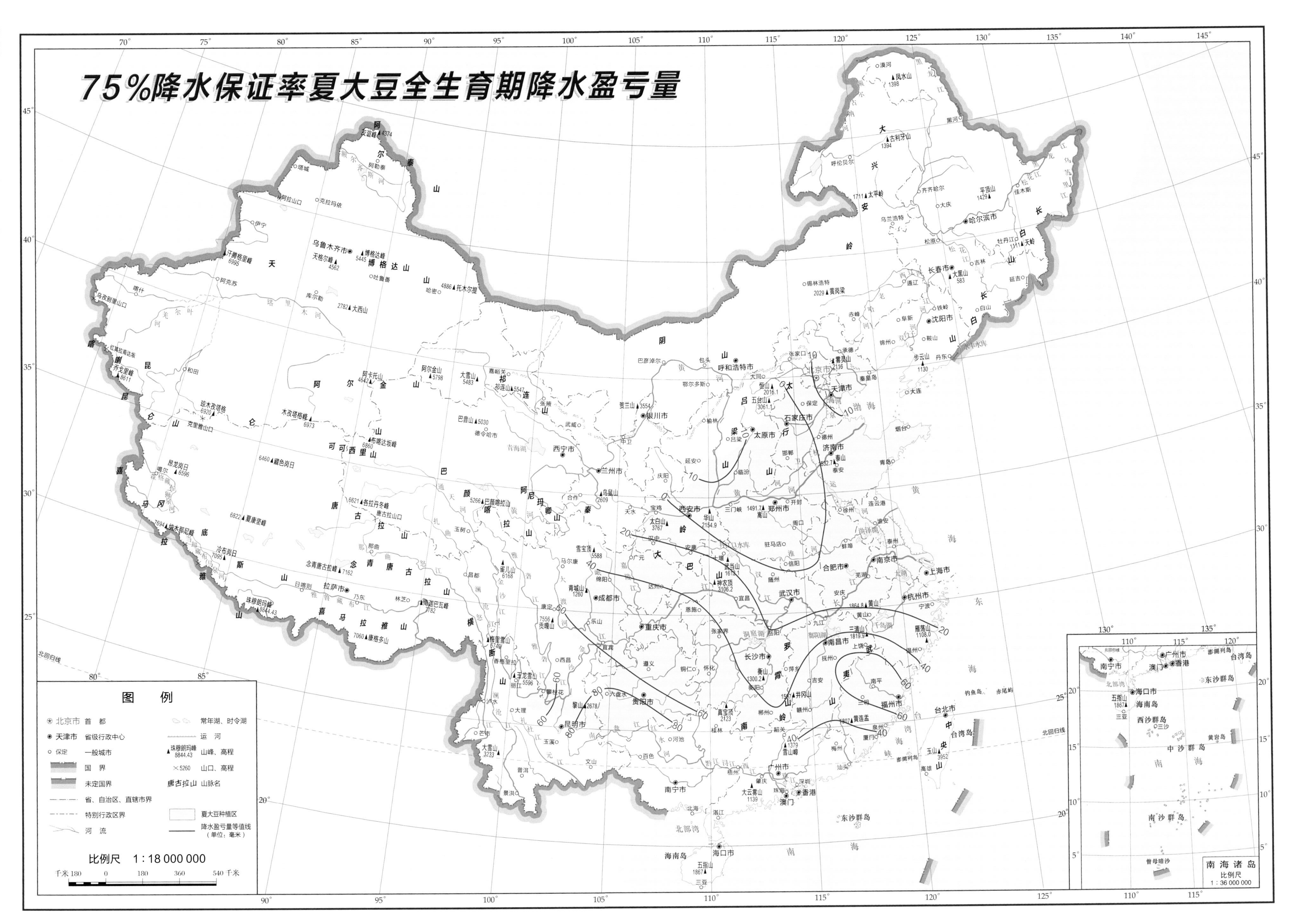

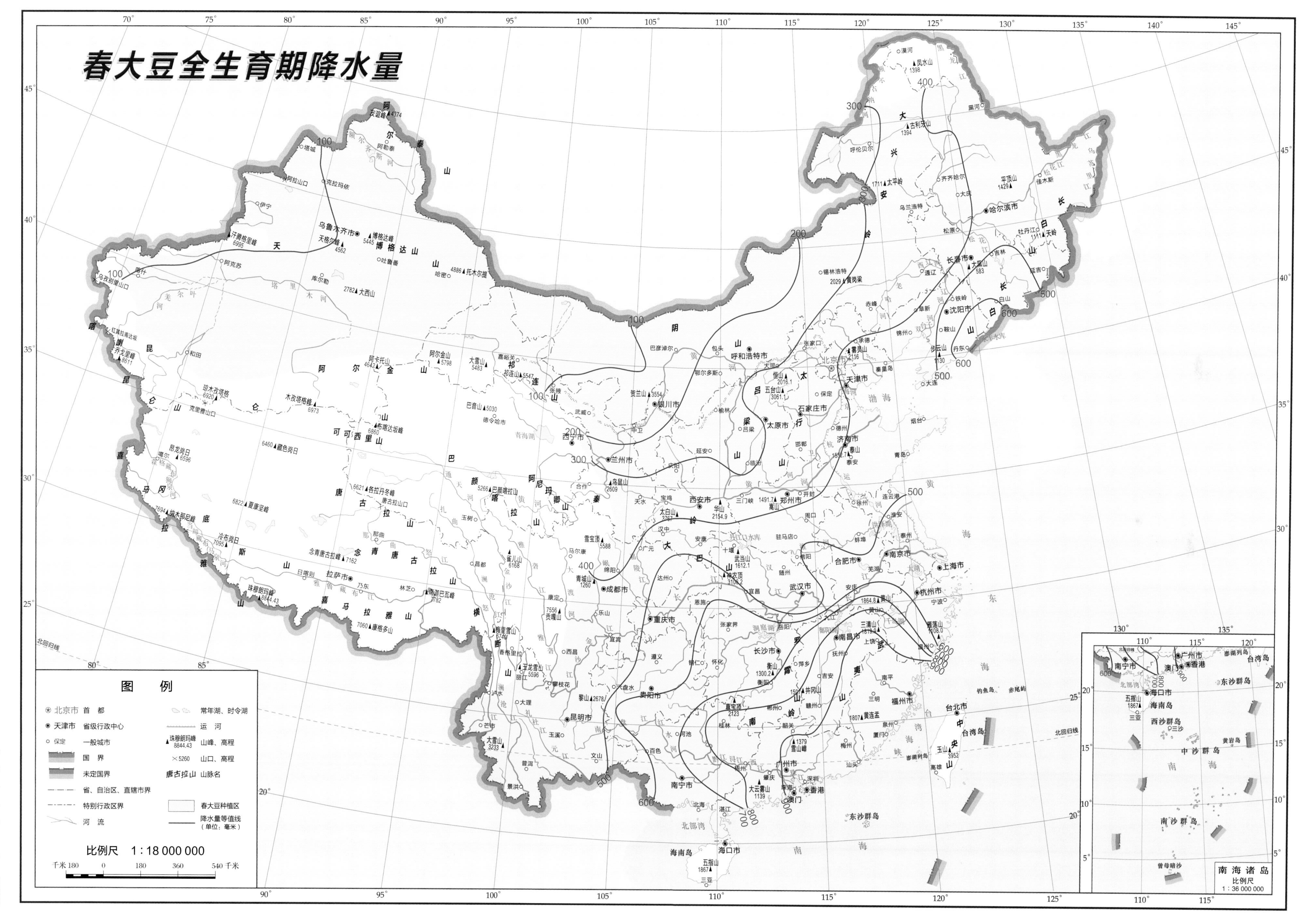
春大豆全生育期降水量
图例
北京市 首都
天津市 省级行政中心
保定 一般城市
国界
未定国界
省、自治区、直辖市界
特别行政区界
河流
常年湖、时令湖
运河
珠穆朗玛峰 8844.43 山峰、高程
×5260 山口、高程
唐古拉山 山脉名
春大豆种植区
降水量等值线（单位：毫米）
比例尺 1:18 000 000
南海诸岛
比例尺 1:36 000 000

春大豆播种—分枝期降水量

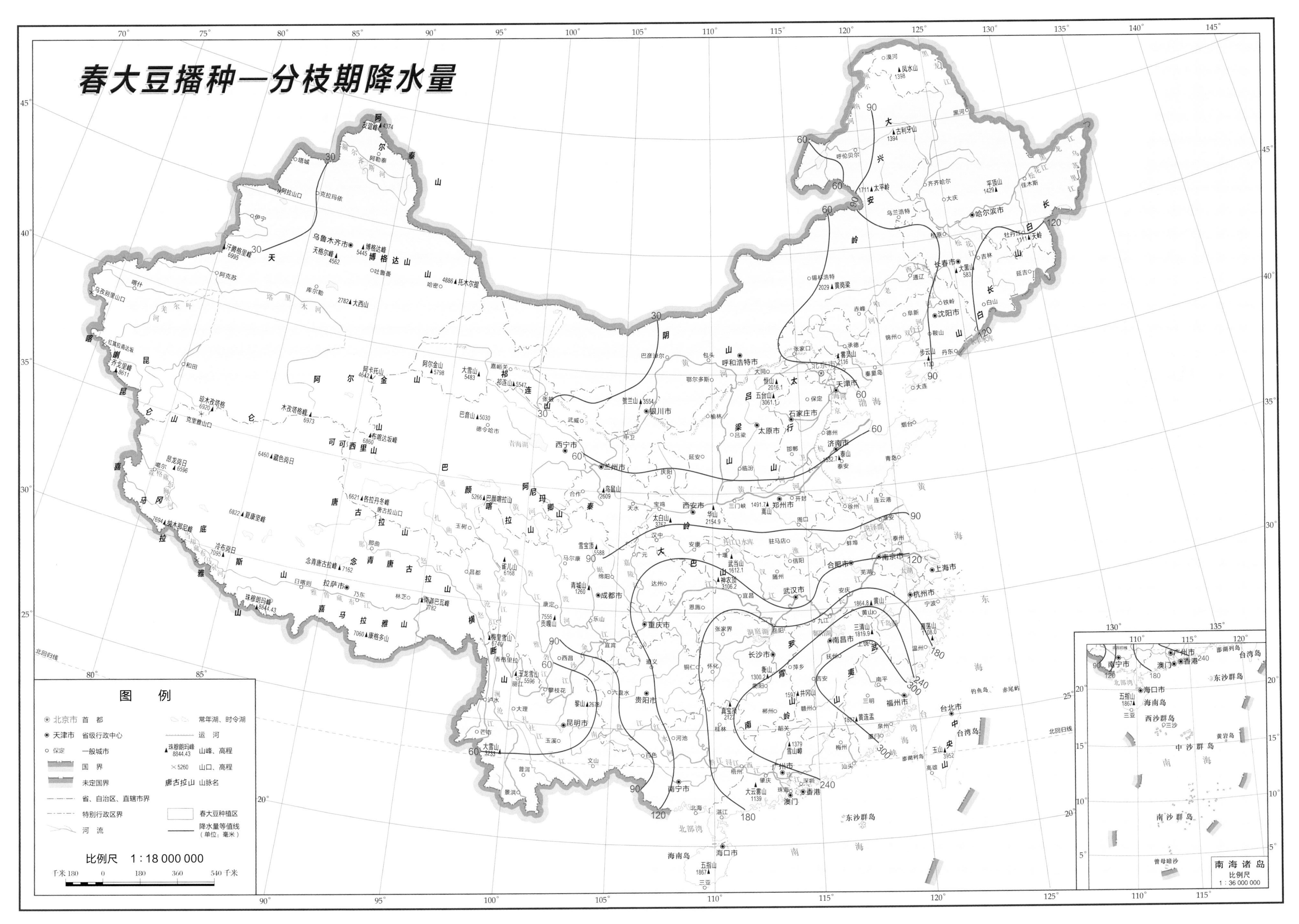

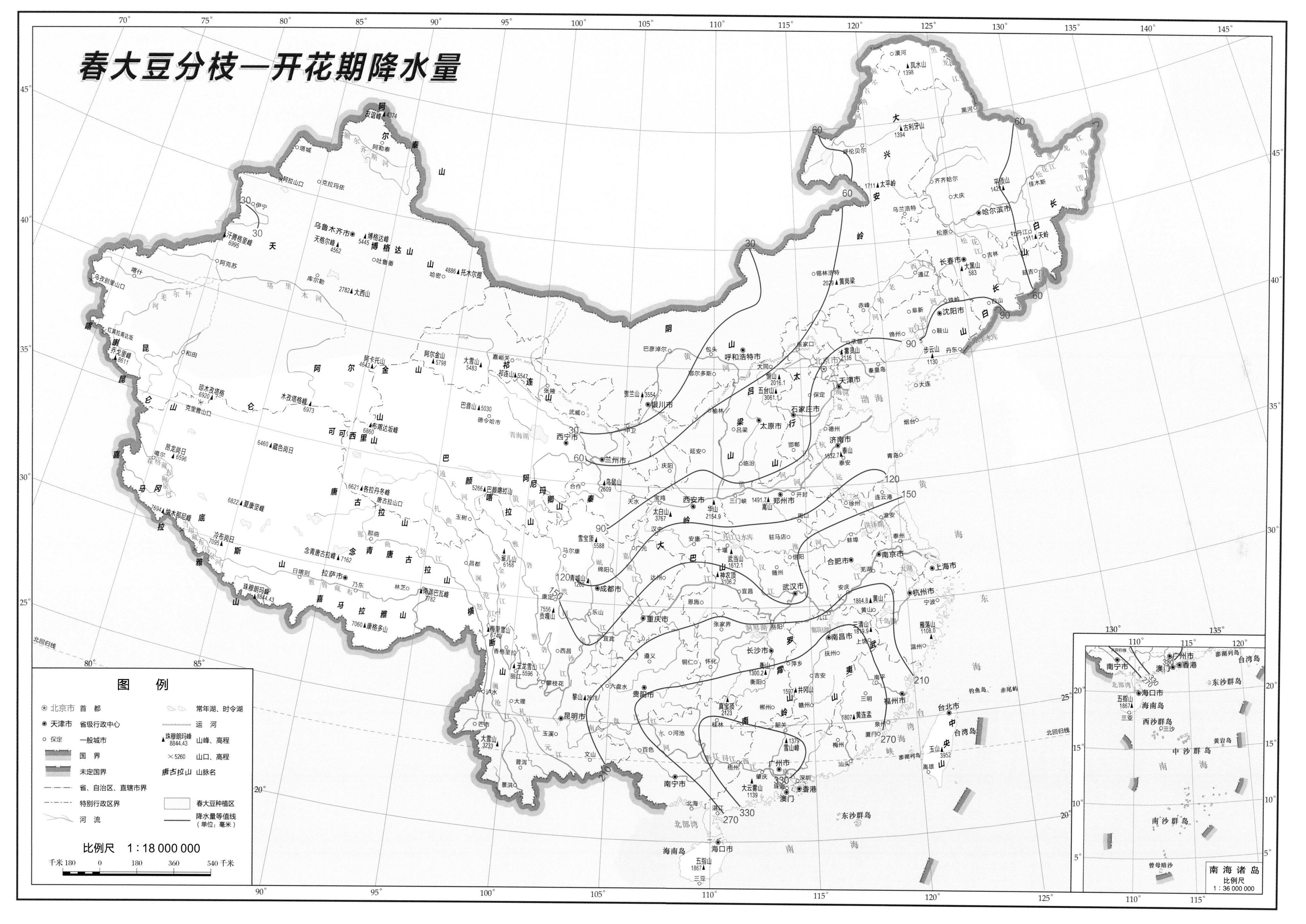
春大豆分枝一开花期降水量
南海诸岛
比例尺 1:36 000 000
图例
北京市 首都
天津市 省级行政中心
保定 一般城市
国界
未定国界
省、自治区、直辖市界
特别行政区界
河流
常年湖、时令湖
运河
珠穆朗玛峰 8844.43 山峰、高程
×5260 山口、高程
唐古拉山 山脉名
春大豆种植区
降水量等值线（单位：毫米）
比例尺 1:18 000 000
千米 180 0 180 360 540 千米

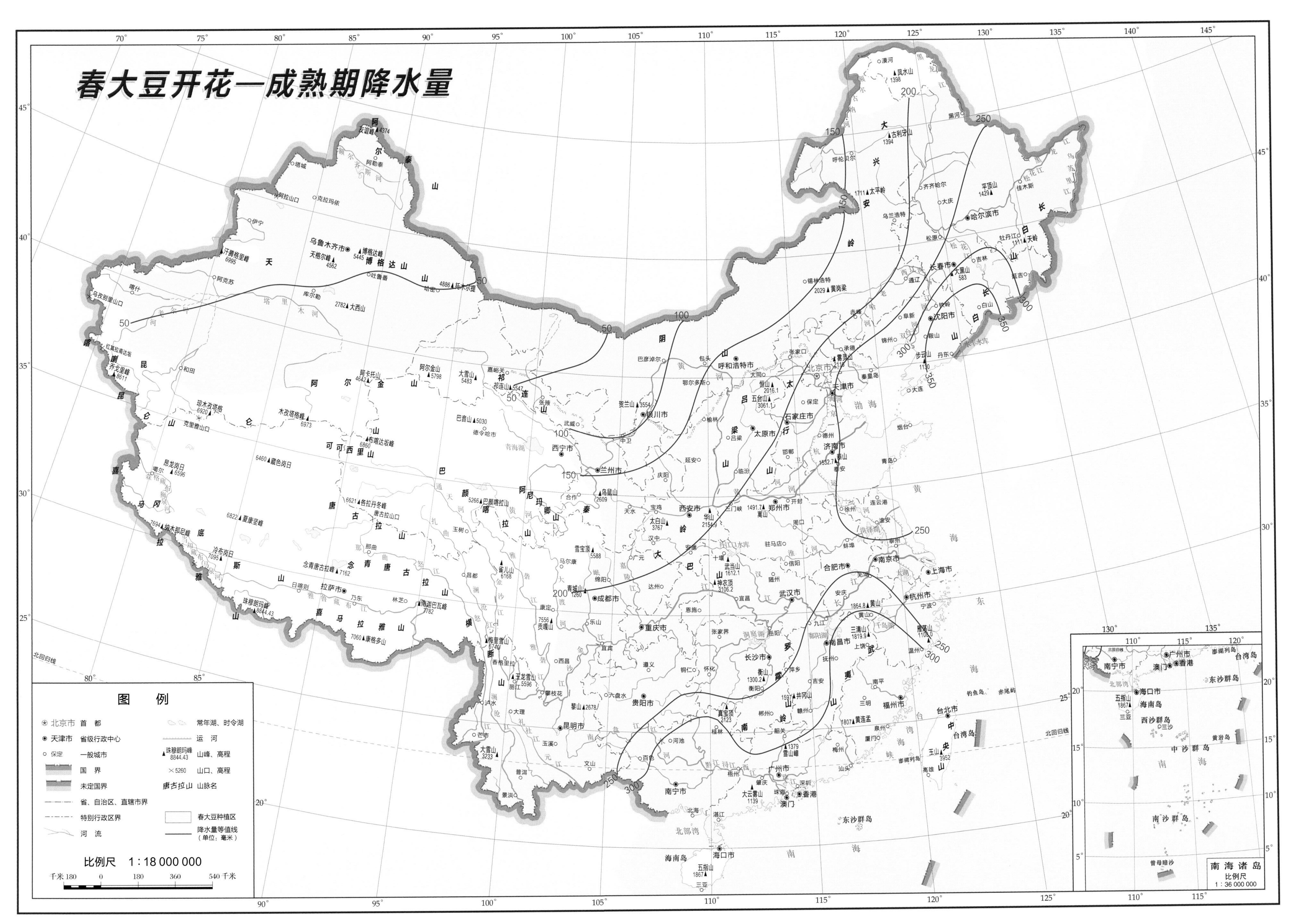
春大豆开花—成熟期降水量
图例
北京市 首都
天津市 省级行政中心
保定 一般城市
国界
未定国界
省、自治区、直辖市界
特别行政区界
河流
常年湖、时令湖
运河
珠穆朗玛峰 8844.43 山峰、高程
5260 山口、高程
唐古拉山 山脉名
春大豆种植区
降水量等值线 （单位：毫米）
比例尺 1:18 000 000
千米 180 0 180 360 540 千米
南海诸岛
比例尺
1:36 000 000

春大豆全生育期降水盈亏量

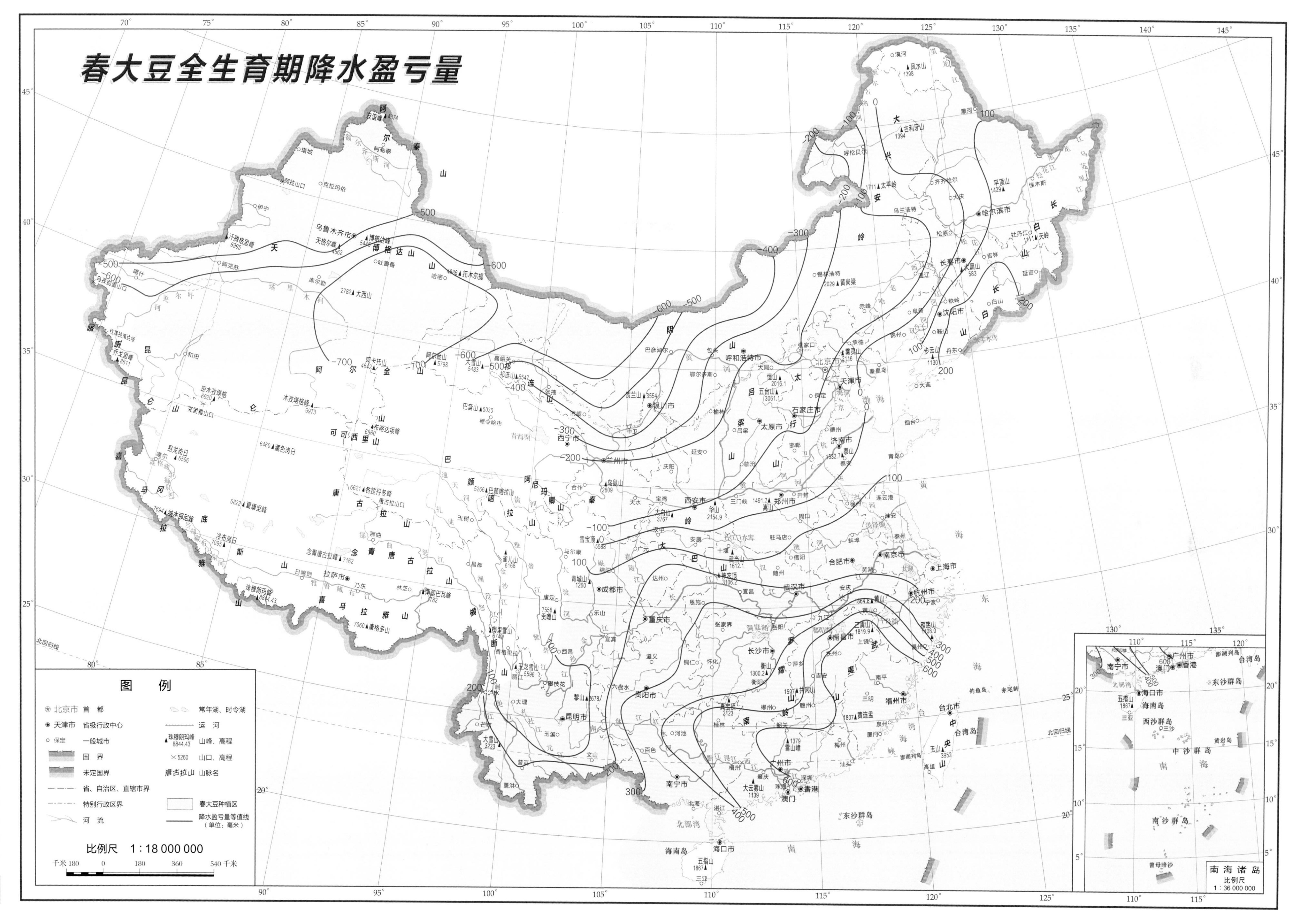

春大豆播种—分枝期降水盈亏量

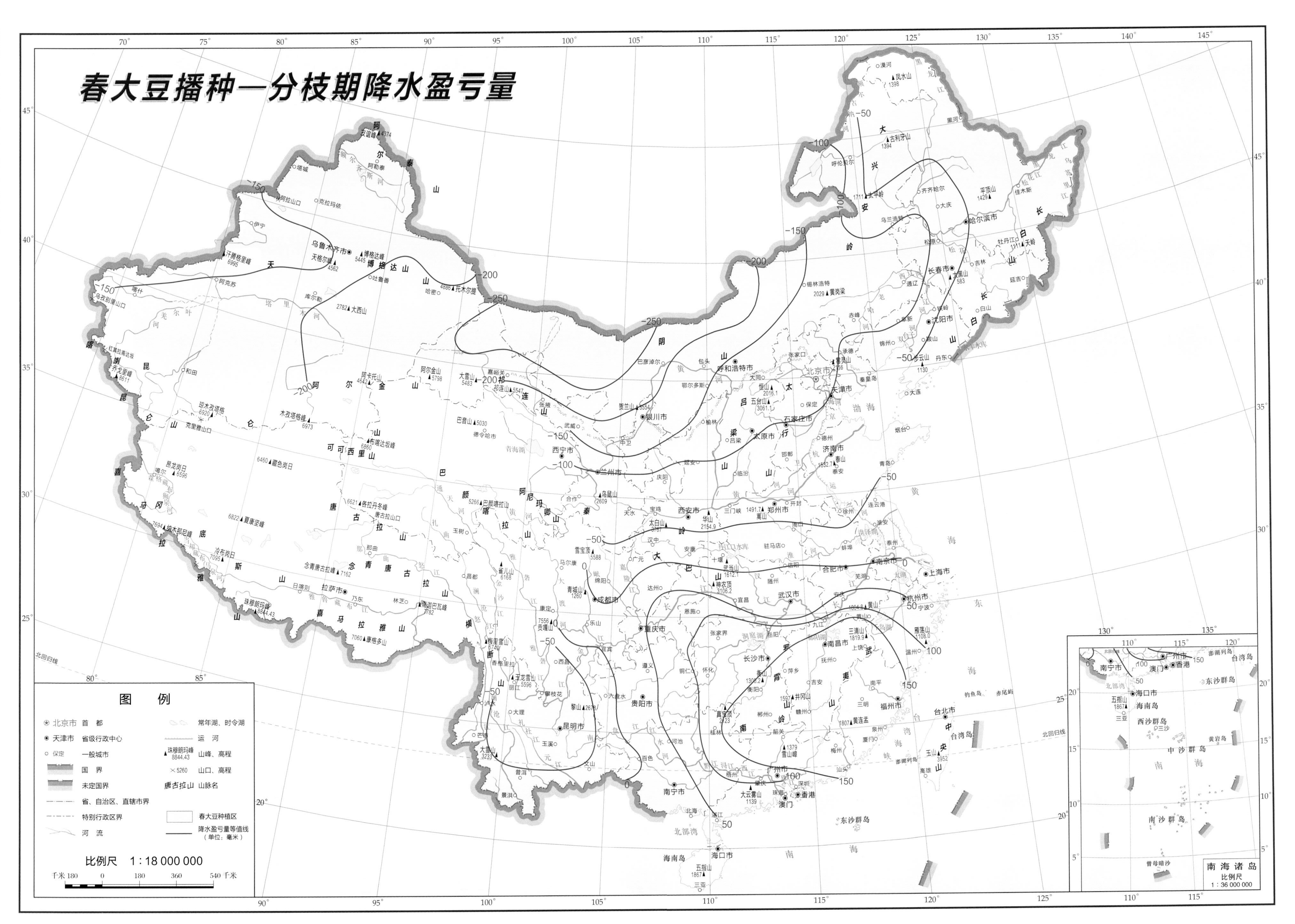

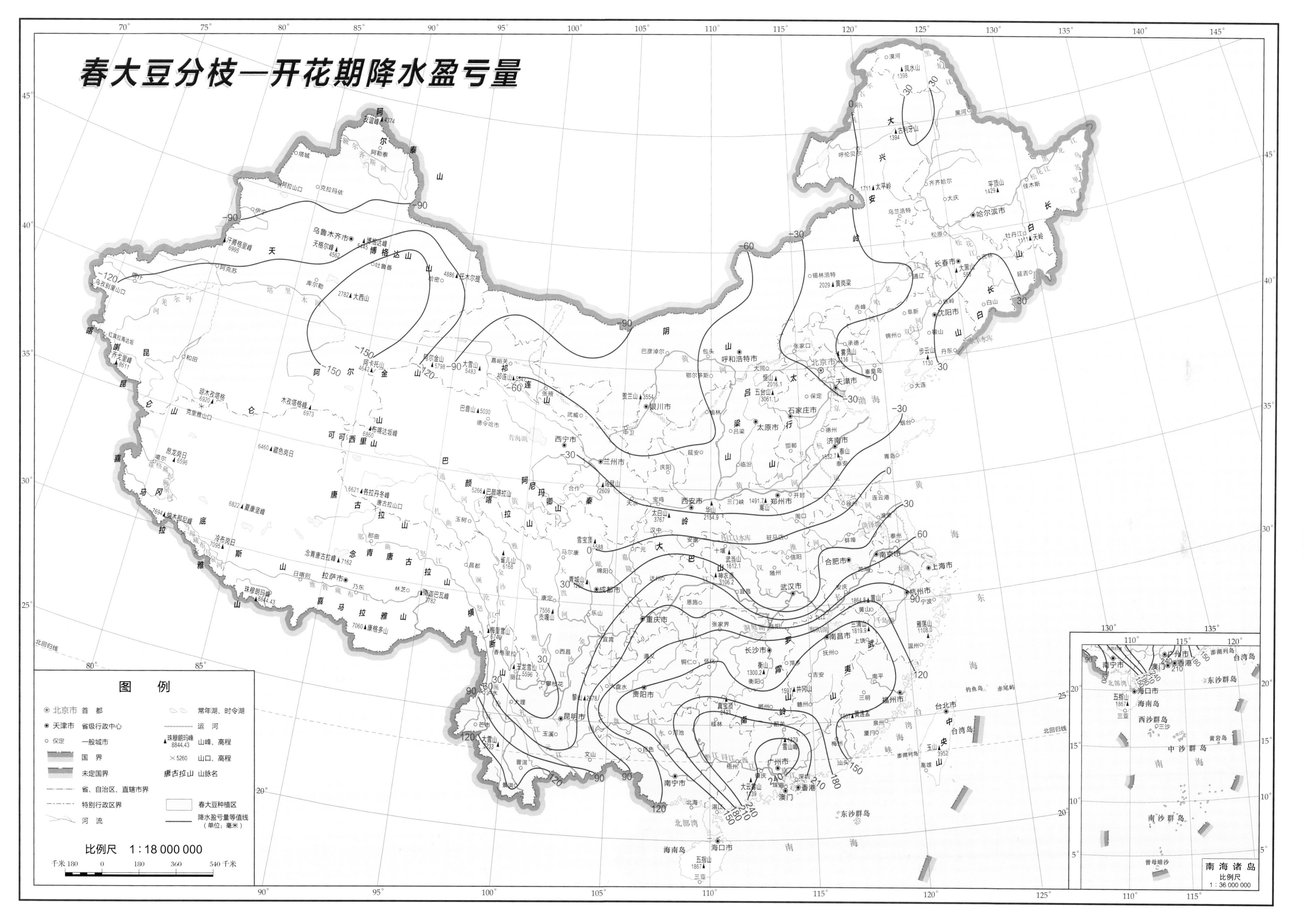
春大豆分枝—开花期降水盈亏量
图例
北京市 首都
天津市 省级行政中心
保定 一般城市
国界
未定国界
省、自治区、直辖市界
特别行政区界
河流
常年湖、时令湖
运河
珠穆朗玛峰 8844.43 山峰、高程
5260 山口、高程
唐古拉山 山脉名
春大豆种植区
降水盈亏量等值线（单位：毫米）
比例尺 1：18 000 000
南海诸岛
比例尺 1：36 000 000

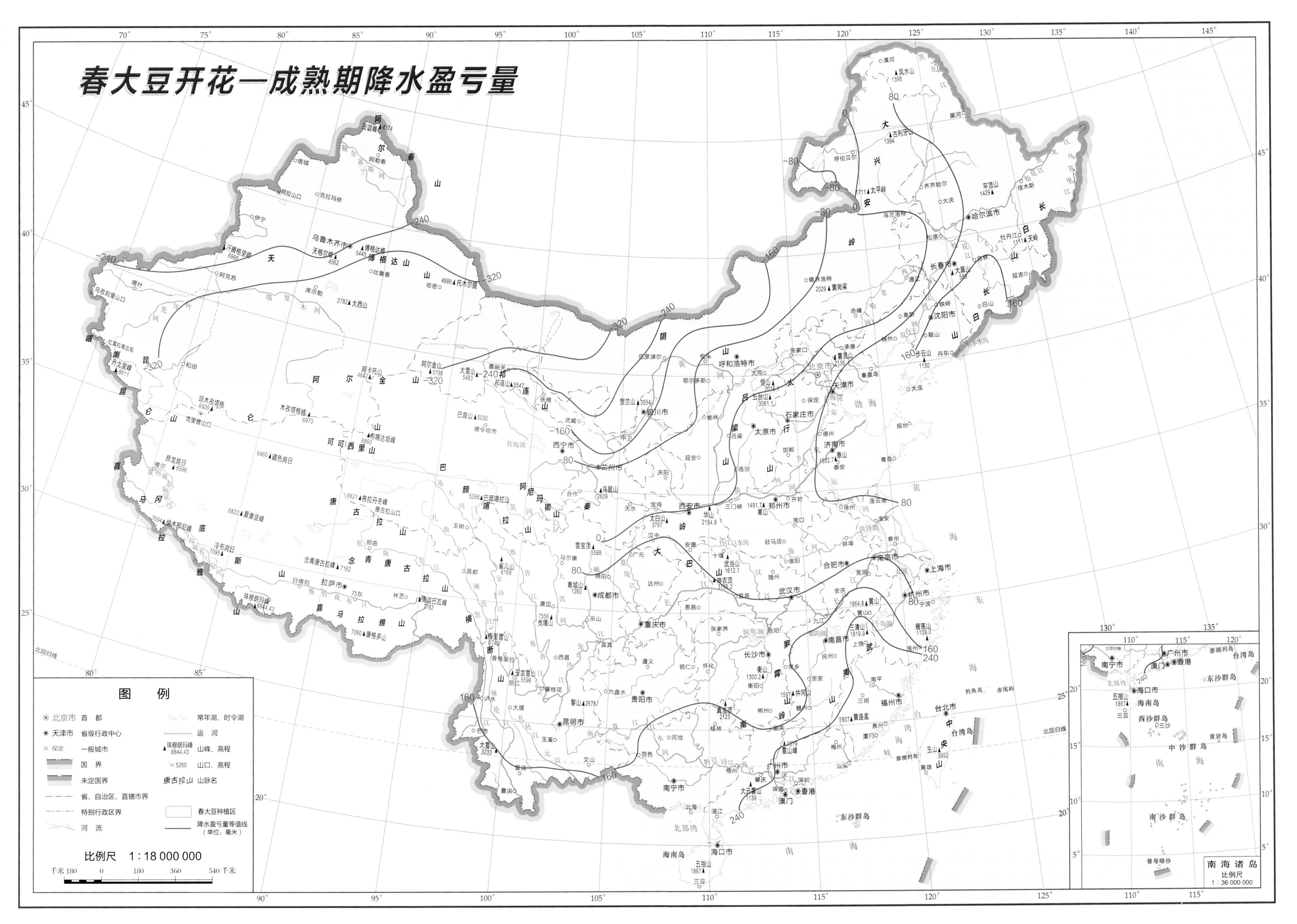
春大豆开花—成熟期降水盈亏量
图　例
北京市　首　都
天津市　省级行政中心
保定　一般城市
国　界
未定国界
省、自治区、直辖市界
特别行政区界
河　流
常年湖、时令湖
运　河
珠穆朗玛峰 8844.43　山峰、高程
5260　山口、高程
唐古拉山　山脉名
春大豆种植区
降水盈亏量等值线（单位：毫米）
比例尺　1：18 000 000
千米 180　0　180　360　540 千米
南海诸岛
比例尺
1：36 000 000

春大豆全生育期降水满足率

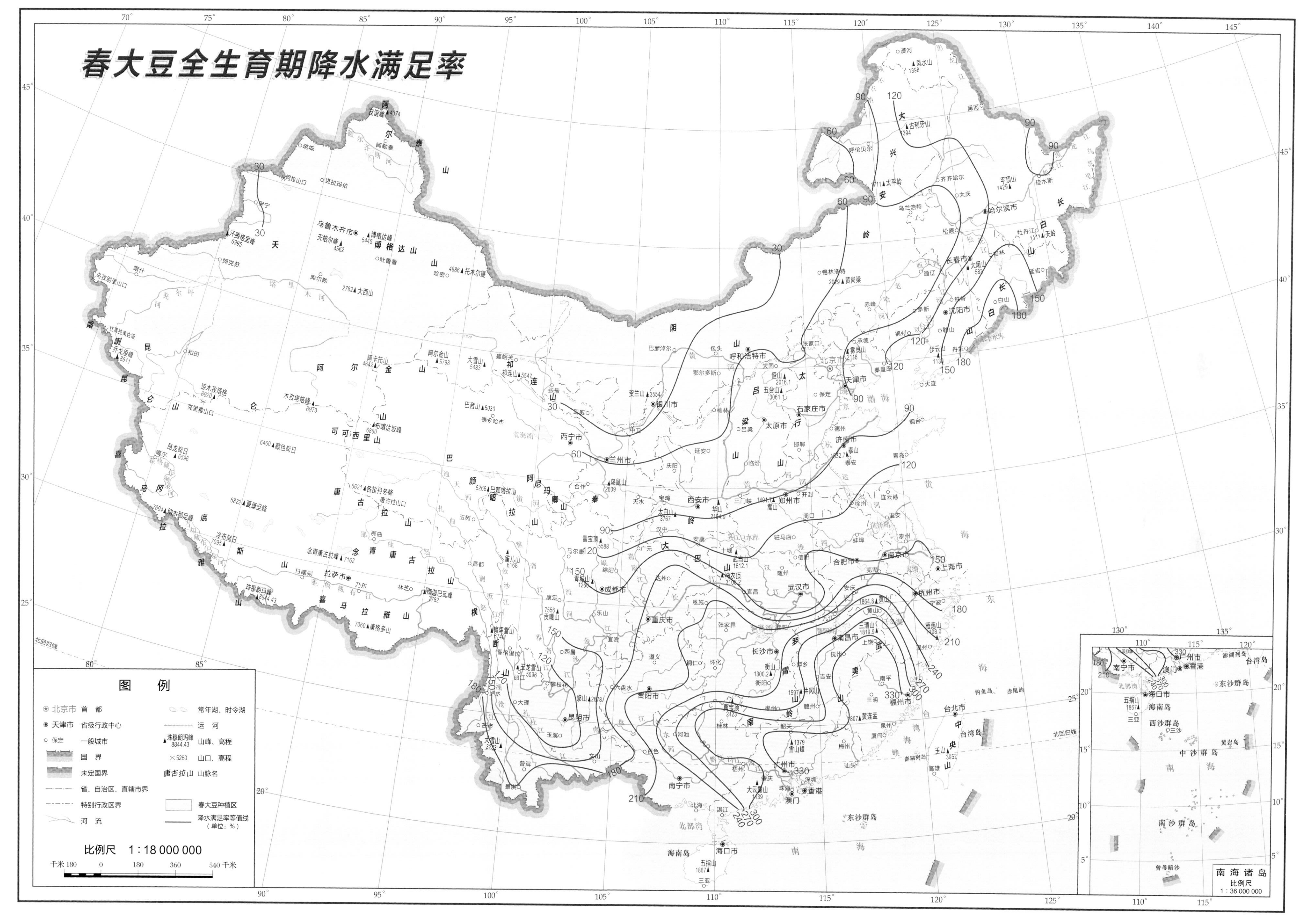

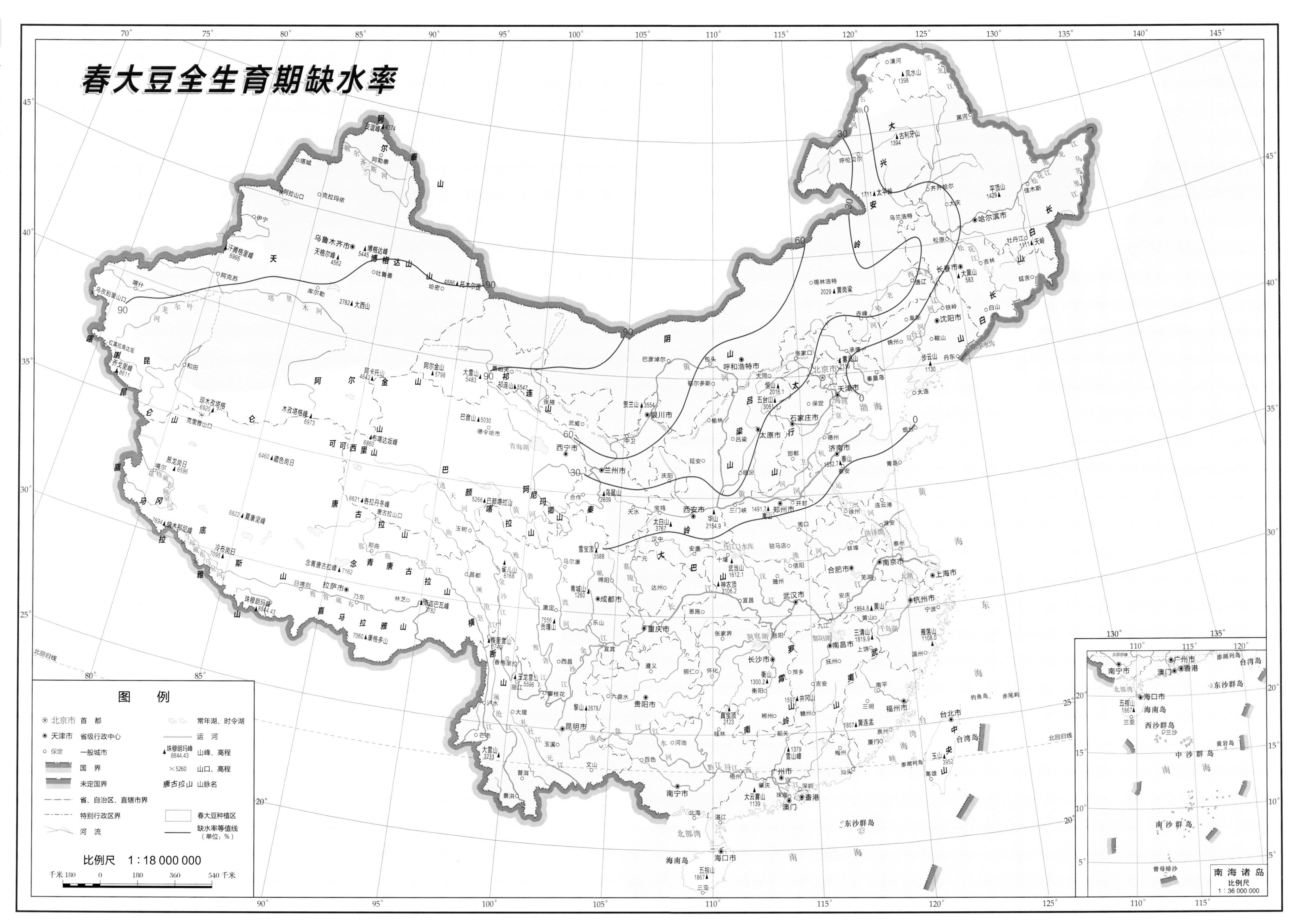
春大豆全生育期缺水率
图 例
北京市 首都
天津市 省级行政中心
保定 一般城市
国界
未定国界
省、自治区、直辖市界
特别行政区界
河流
常年湖、时令湖
运河
珠穆朗玛峰 8844.43 山峰、高程
5260 山口、高程
唐古拉山 山脉名
春大豆种植区
缺水率等值线 （单位：%）
比例尺 1：18 000 000
千米 180 0 180 360 540 千米
南海诸岛
比例尺 1：36 000 000

75%降水保证率春大豆全生育期降水量
图例
北京市 首都
天津市 省级行政中心
保定 一般城市
国界
未定国界
省、自治区、直辖市界
特别行政区界
河流
常年湖、时令湖
运河
珠穆朗玛峰 8844.43 山峰、高程
×5260 山口、高程
唐古拉山 山脉名
春大豆种植区
降水量等值线（单位：毫米）
比例尺 1：18 000 000
千米 180 0 180 360 540 千米
南海诸岛
比例尺
1：36 000 000

75%降水保证率春大豆全生育期降水盈亏量

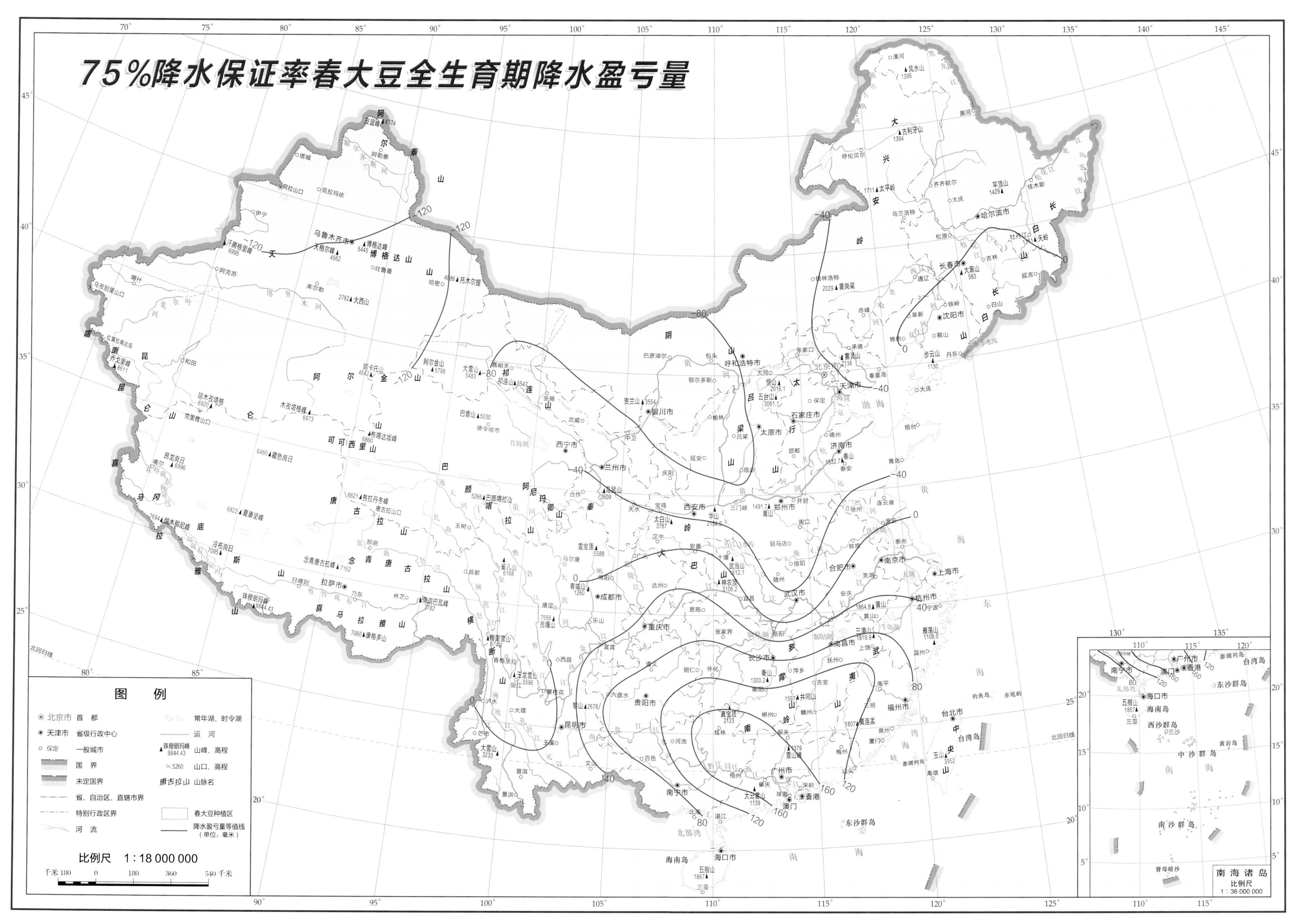

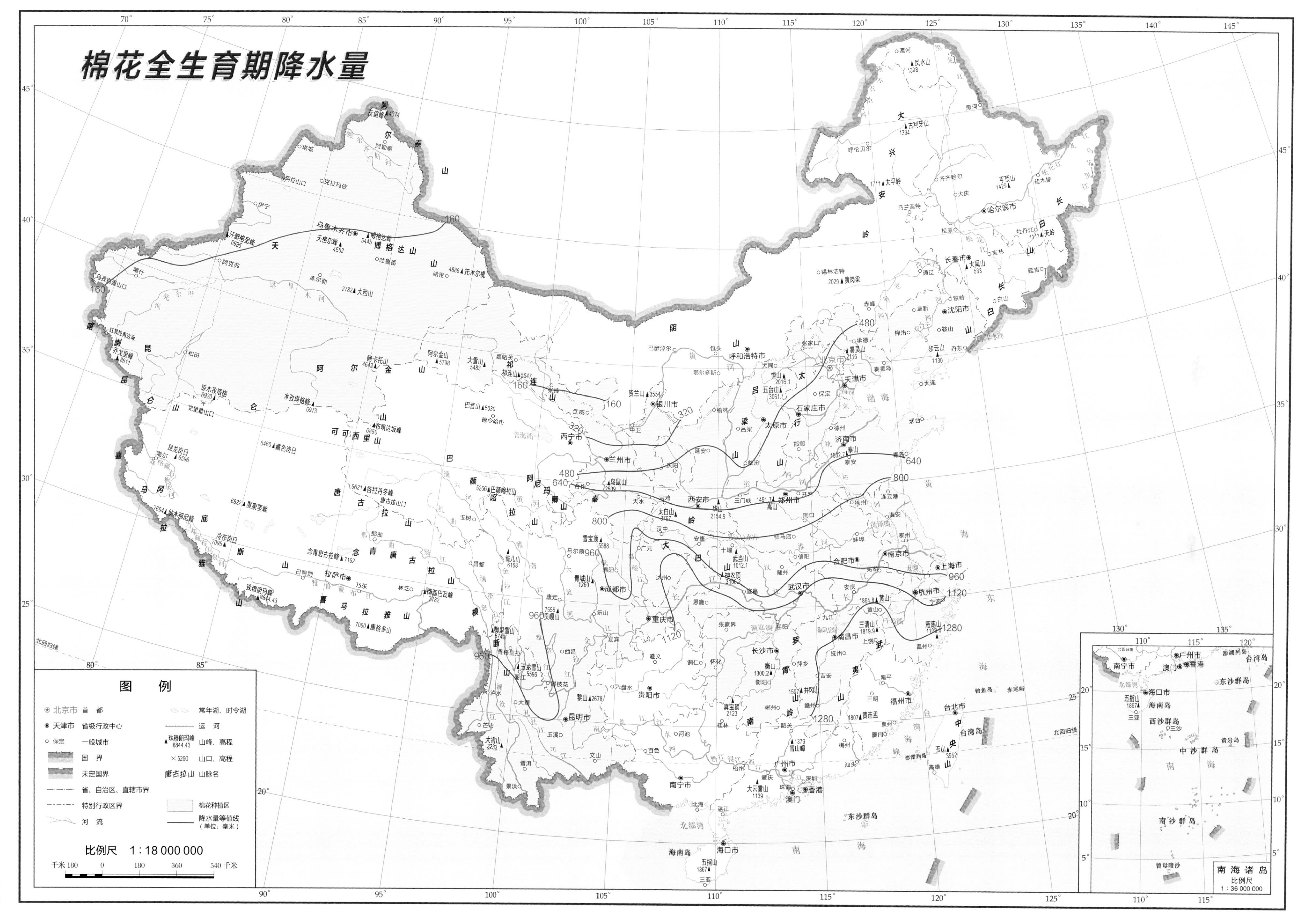
棉花全生育期降水量
图例
北京市 首都
天津市 省级行政中心
保定 一般城市
国界
未定国界
省、自治区、直辖市界
特别行政区界
河流
常年湖、时令湖
运河
珠穆朗玛峰 8844.43 山峰、高程
×5260 山口、高程
唐古拉山 山脉名
棉花种植区
降水量等值线（单位：毫米）
比例尺 1:18 000 000
千米 180 0 180 360 540 千米
南海诸岛
比例尺
1:36 000 000

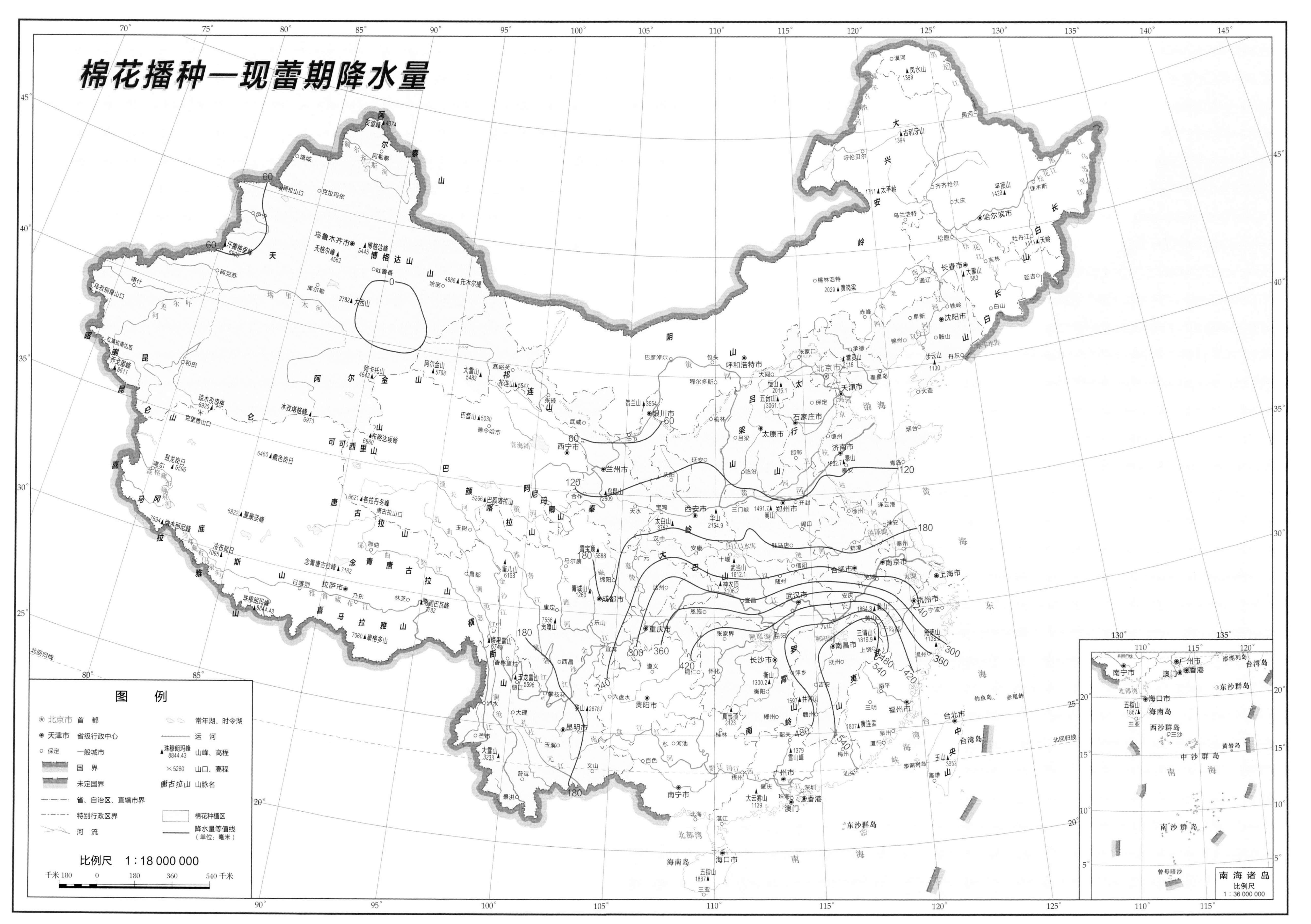
棉花播种—现蕾期降水量
图例
北京市 首都
天津市 省级行政中心
保定 一般城市
国界
未定国界
省、自治区、直辖市界
特别行政区界
河流
常年湖、时令湖
运河
珠穆朗玛峰 8844.43 山峰、高程
×5260 山口、高程
唐古拉山 山脉名
棉花种植区
降水量等值线 （单位：毫米）
比例尺 1：18 000 000
南海诸岛
比例尺 1：36 000 000

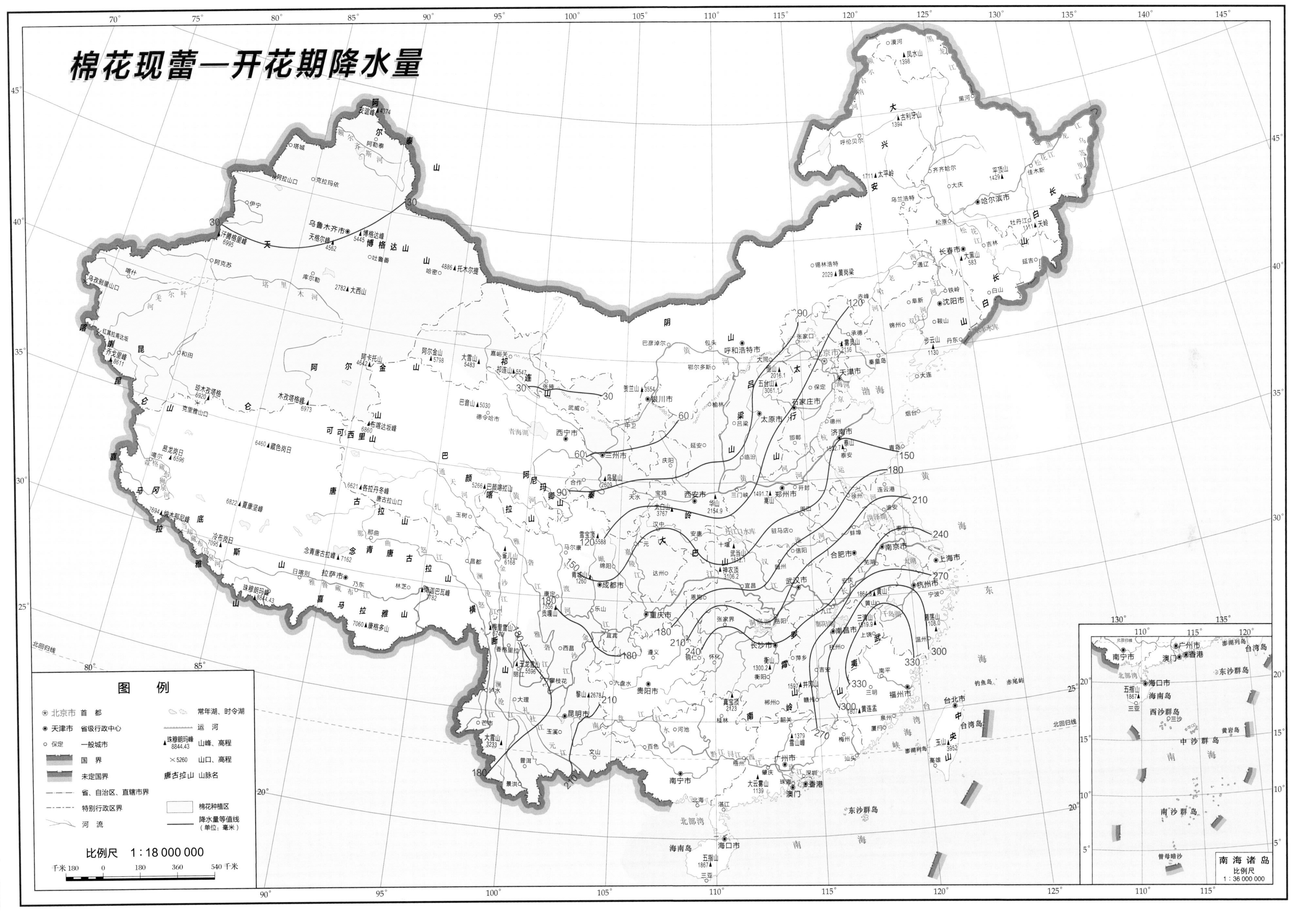
棉花现蕾—开花期降水量
图 例
北京市 首 都
天津市 省级行政中心
保定 一般城市
国 界
未定国界
省、自治区、直辖市界
特别行政区界
河 流
常年湖、时令湖
运 河
珠穆朗玛峰 8844.43 山峰、高程
5260 山口、高程
唐古拉山 山脉名
棉花种植区
降水量等值线 （单位：毫米）
比例尺 1：18 000 000
千米 180 0 180 360 540 千米
南 海 诸 岛
比例尺 1：36 000 000

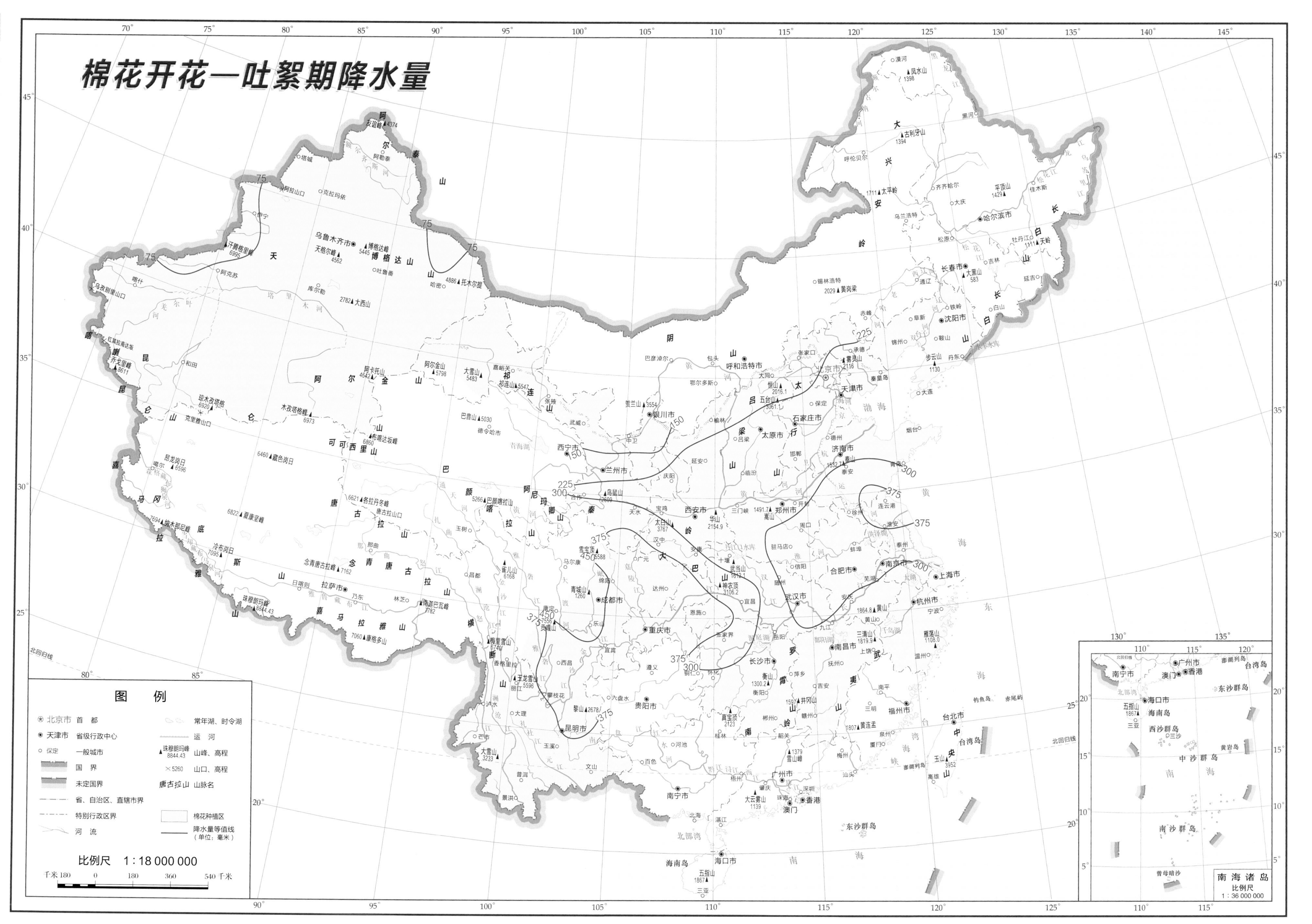
棉花开花—吐絮期降水量
图例
北京市 首都
天津市 省级行政中心
保定 一般城市
国界
未定国界
省、自治区、直辖市界
特别行政区界
河流
常年湖、时令湖
运河
珠穆朗玛峰 8844.43 山峰、高程
×5260 山口、高程
唐古拉山 山脉名
棉花种植区
降水量等值线（单位：毫米）
比例尺 1:18 000 000
南海诸岛
比例尺 1:36 000 000

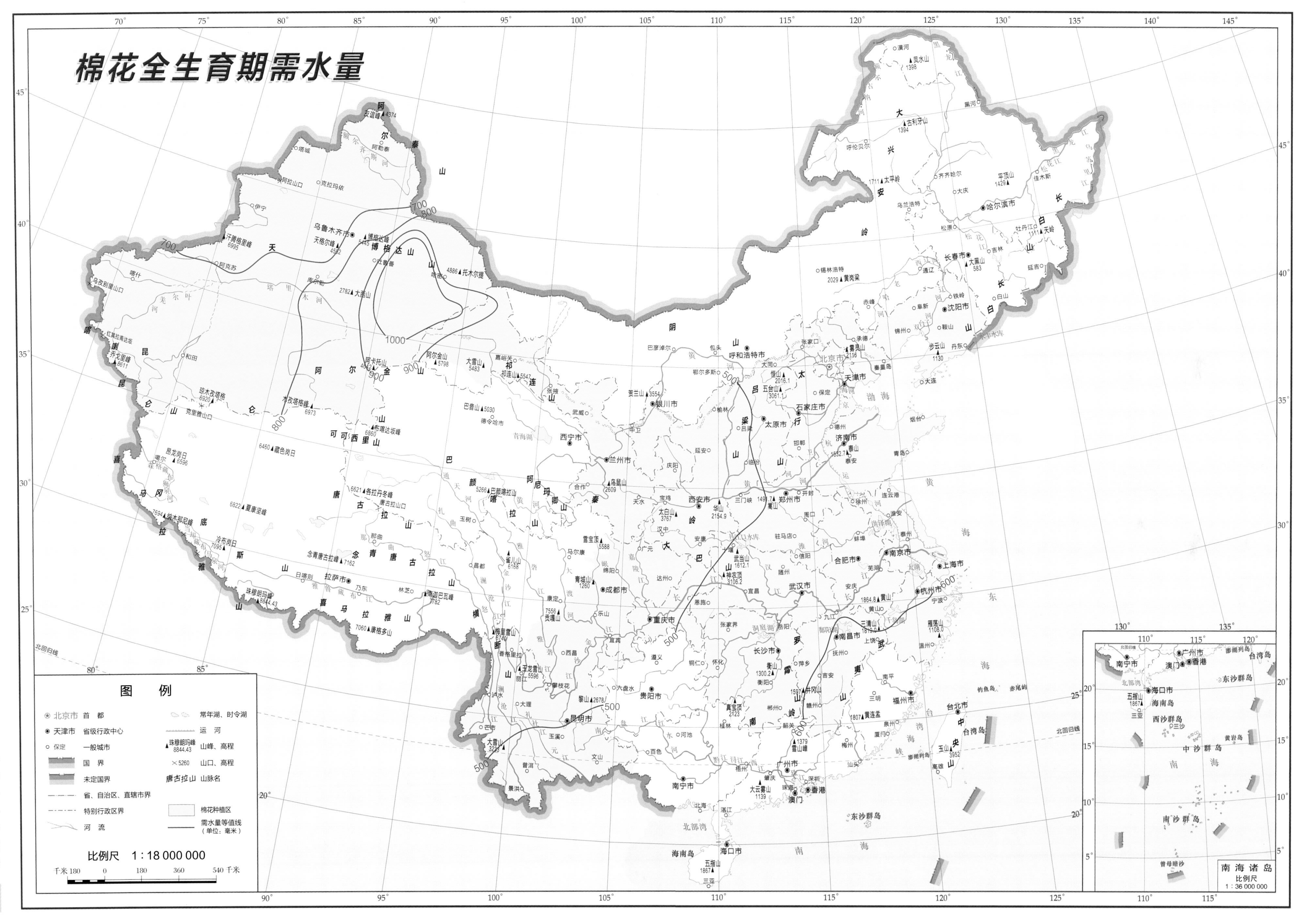
棉花全生育期需水量
图 例
北京市 首 都
天津市 省级行政中心
保定 一般城市
国 界
未定国界
省、自治区、直辖市界
特别行政区界
河 流
常年湖、时令湖
运 河
珠穆朗玛峰 8844.43 山峰、高程
5260 山口、高程
唐古拉山 山脉名
棉花种植区
需水量等值线 (单位：毫米)
比例尺 1:18 000 000
千米 180 0 180 360 540 千米
700
800
900
1000
500
600
南海诸岛
比例尺
1:36 000 000

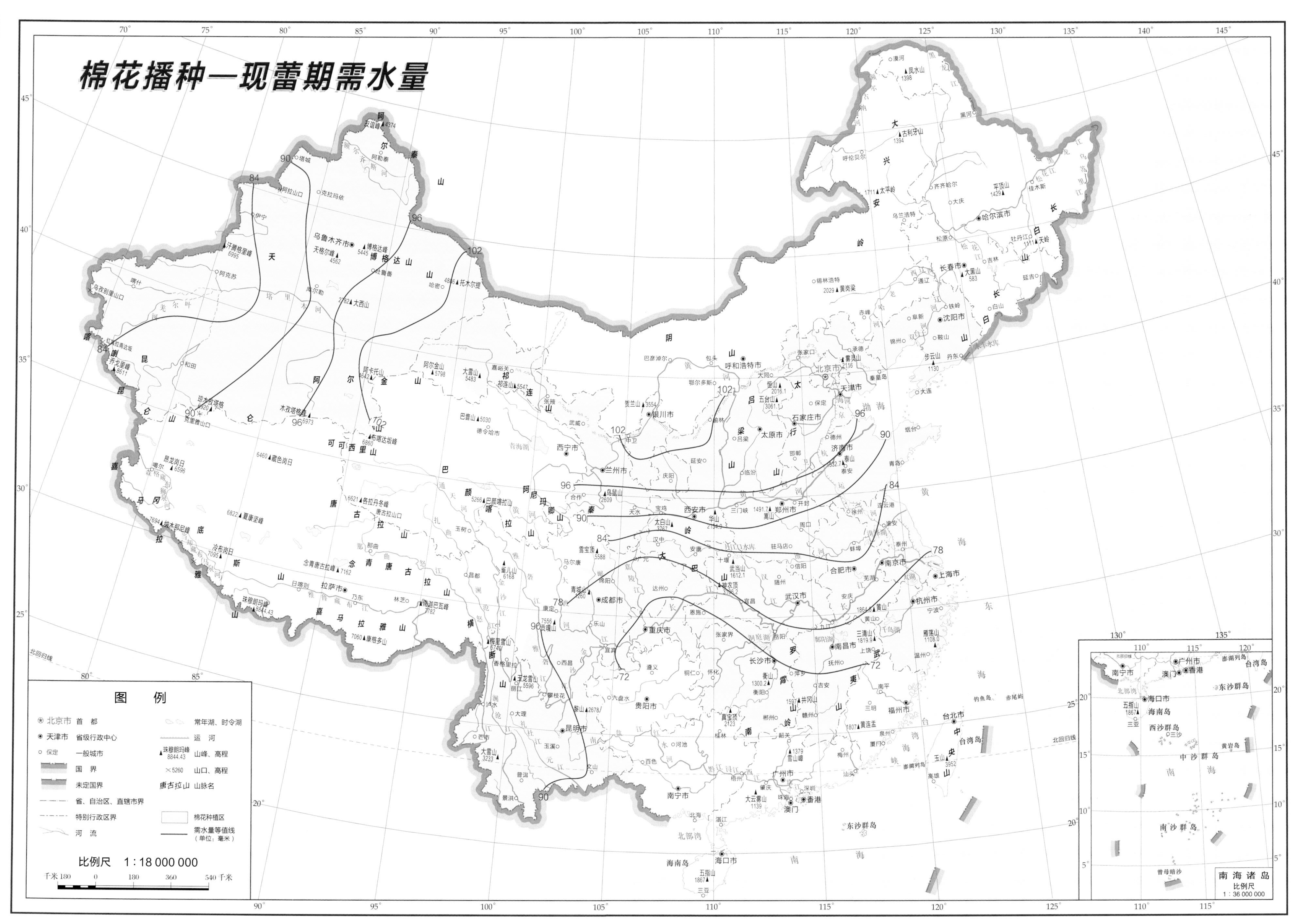
棉花播种—现蕾期需水量
图例
北京市 首都
天津市 省级行政中心
保定 一般城市
国界
未定国界
省、自治区、直辖市界
特别行政区界
河流
常年湖、时令湖
运河
珠穆朗玛峰 8844.43 山峰、高程
×5260 山口、高程
唐古拉山 山脉名
棉花种植区
需水量等值线（单位：毫米）
比例尺 1：18 000 000
南海诸岛
比例尺 1：36 000 000

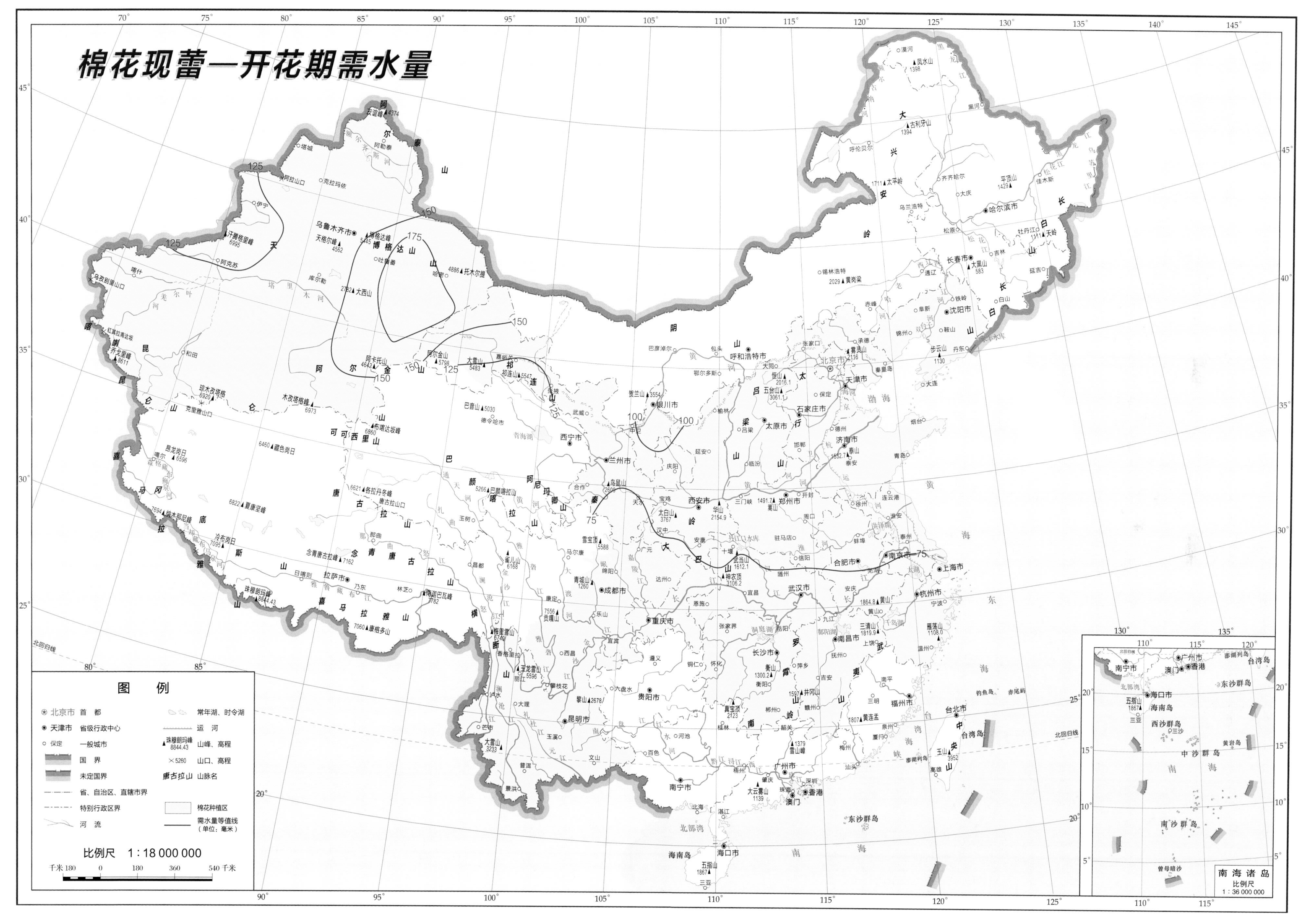
棉花现蕾—开花期需水量
图例
北京市 首都
天津市 省级行政中心
保定 一般城市
国界
未定国界
省、自治区、直辖市界
特别行政区界
河流
常年湖、时令湖
运河
珠穆朗玛峰 8844.43 山峰、高程
×5260 山口、高程
唐古拉山 山脉名
棉花种植区
需水量等值线（单位：毫米）
比例尺 1:18 000 000
千米 180 0 180 360 540 千米
南海诸岛
比例尺 1:36 000 000

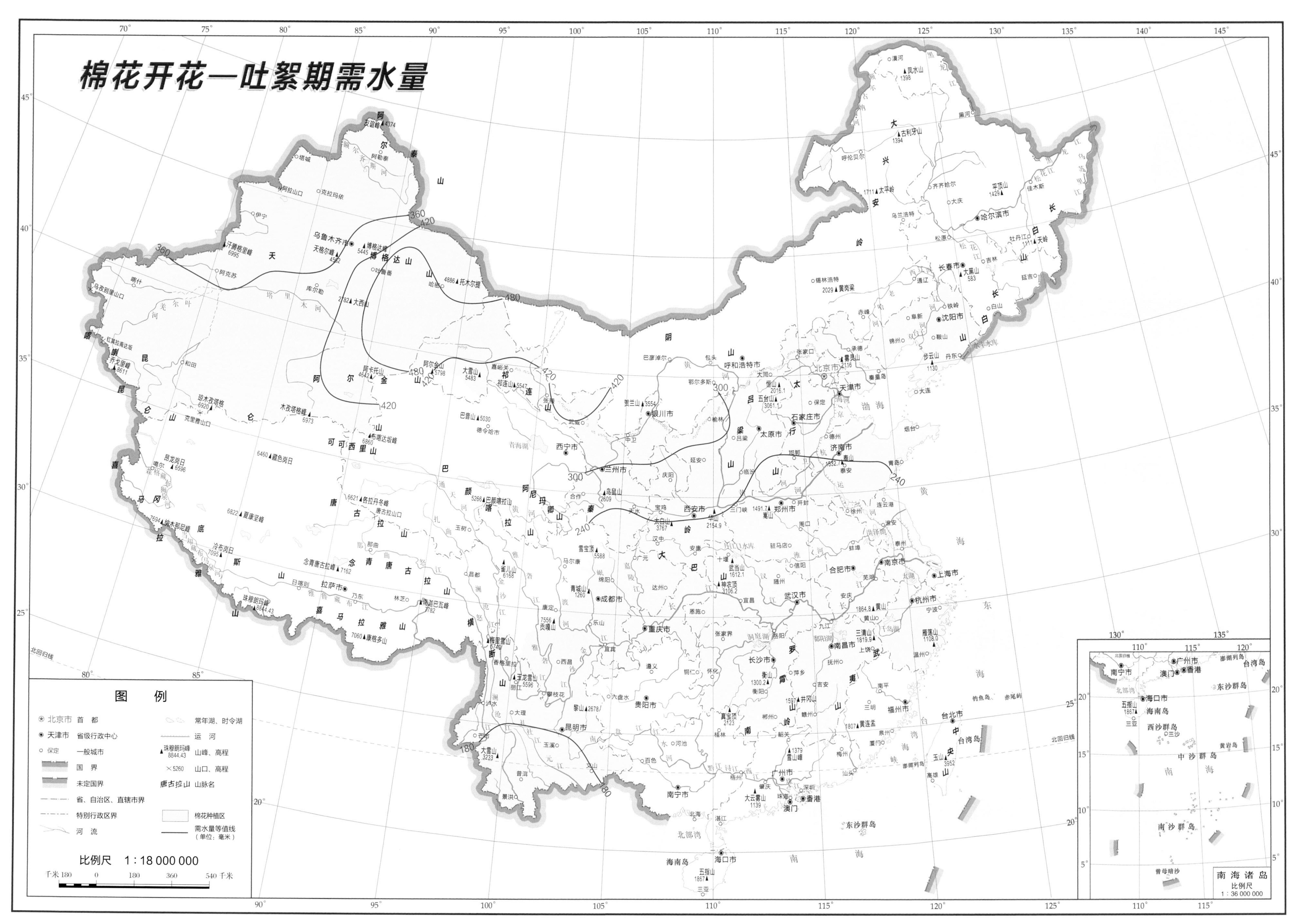
棉花开花—吐絮期需水量
图例
北京市 首都
天津市 省级行政中心
保定 一般城市
国界
未定国界
省、自治区、直辖市界
特别行政区界
河流
常年湖、时令湖
运河
珠穆朗玛峰 8844.43 山峰、高程
×5260 山口、高程
唐古拉山 山脉名
棉花种植区
需水量等值线（单位：毫米）
比例尺 1：18 000 000
南海诸岛
比例尺 1：36 000 000

棉花全生育期降水盈亏量
图例
北京市 首都
天津市 省级行政中心
保定 一般城市
国界
未定国界
省、自治区、直辖市界
特别行政区界
河流
常年湖、时令湖
运河
珠穆朗玛峰 8844.43 山峰、高程
×5260 山口、高程
唐古拉山 山脉名
棉花种植区
降水盈亏量等值线（单位：毫米）
比例尺 1:18 000 000
千米 180 0 180 360 540 千米
南海诸岛
比例尺 1:36 000 000

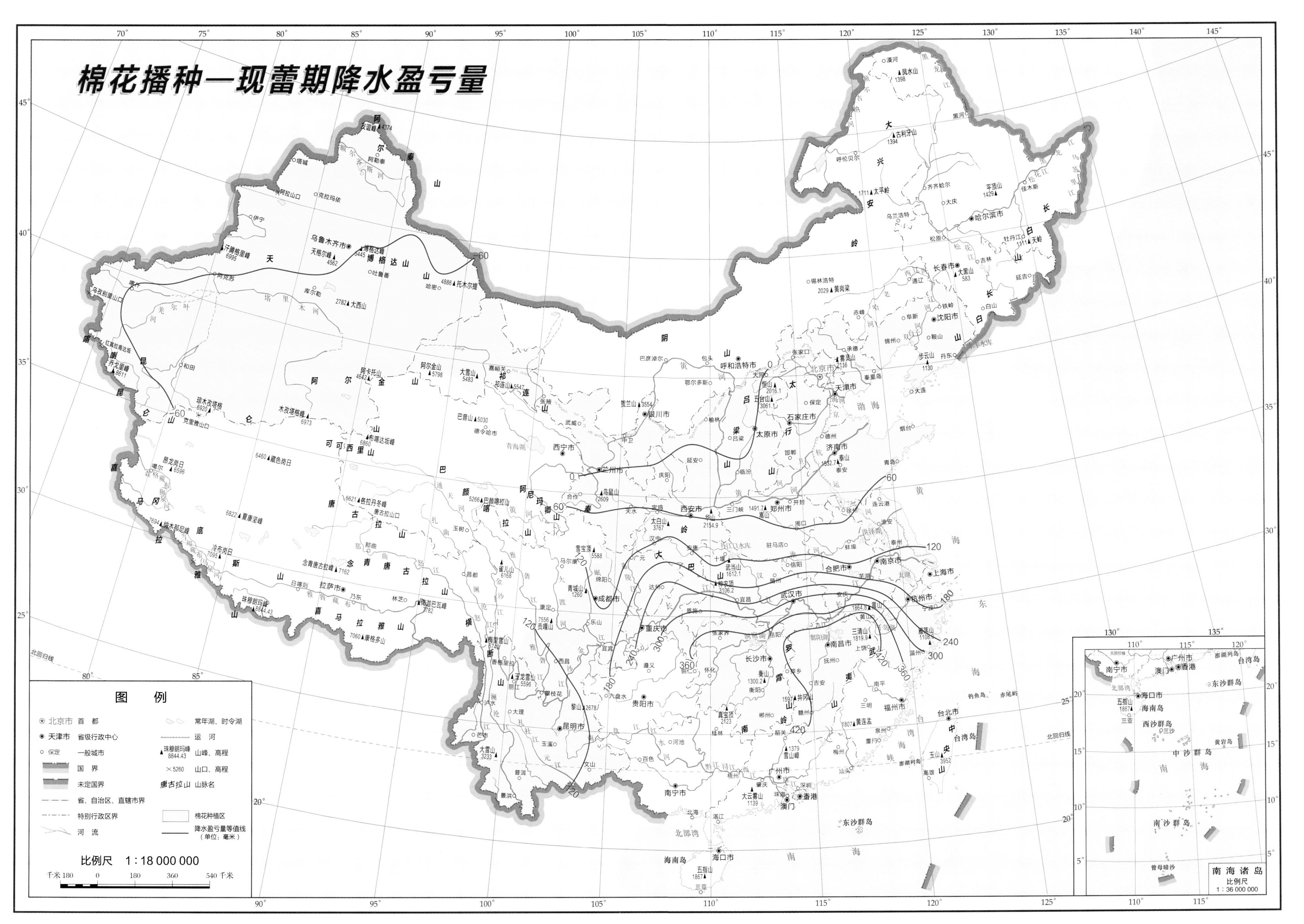
棉花播种—现蕾期降水盈亏量
图 例
北京市 首都
天津市 省级行政中心
保定 一般城市
国界
未定国界
省、自治区、直辖市界
特别行政区界
河流
常年湖、时令湖
运河
珠穆朗玛峰 8844.43 山峰、高程
×5260 山口、高程
唐古拉山 山脉名
棉花种植区
降水盈亏量等值线（单位：毫米）
比例尺 1:18 000 000
千米 180 0 180 360 540 千米
南海诸岛
比例尺
1:36 000 000

75%降水保证率棉花全生育期降水盈亏量

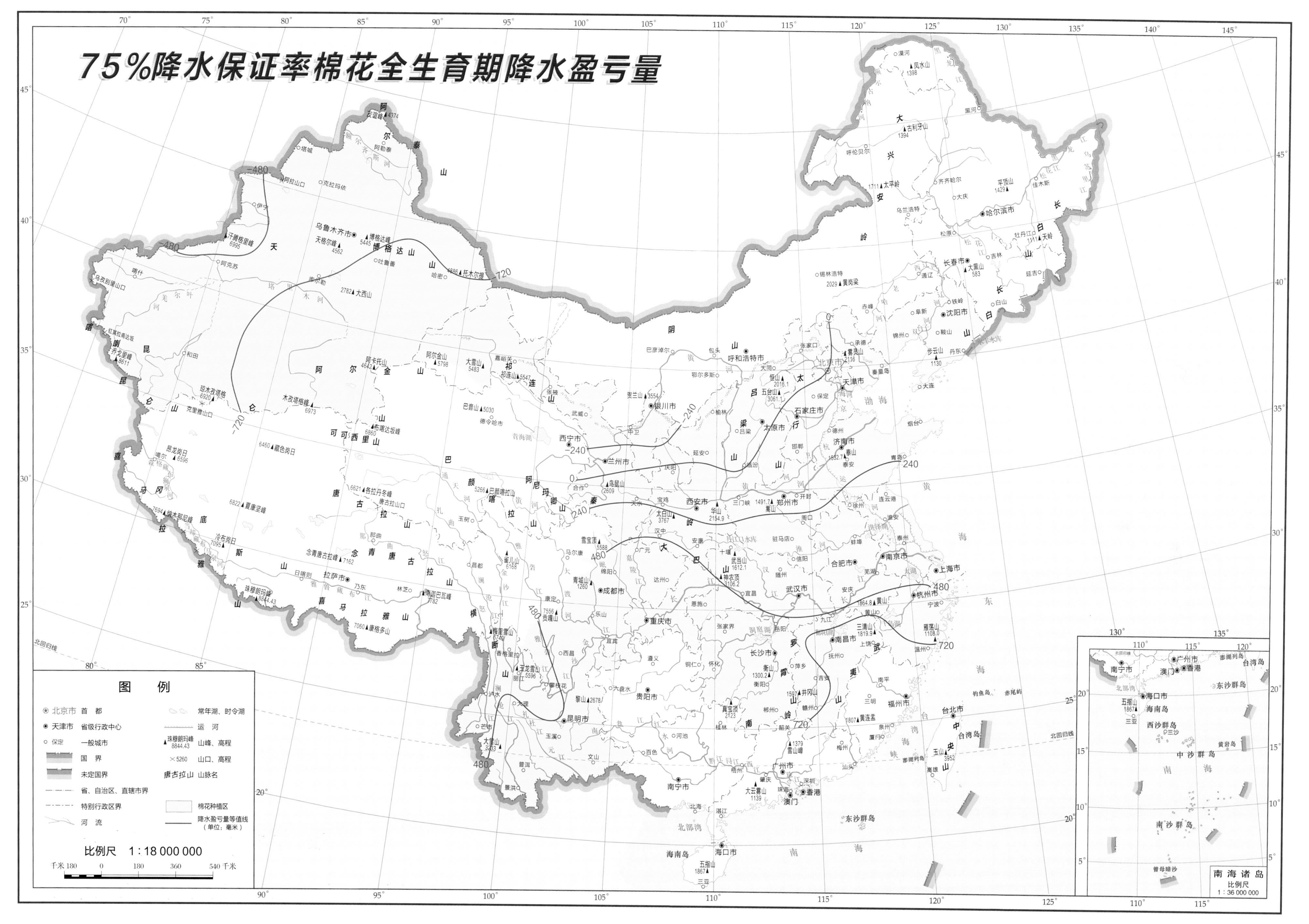

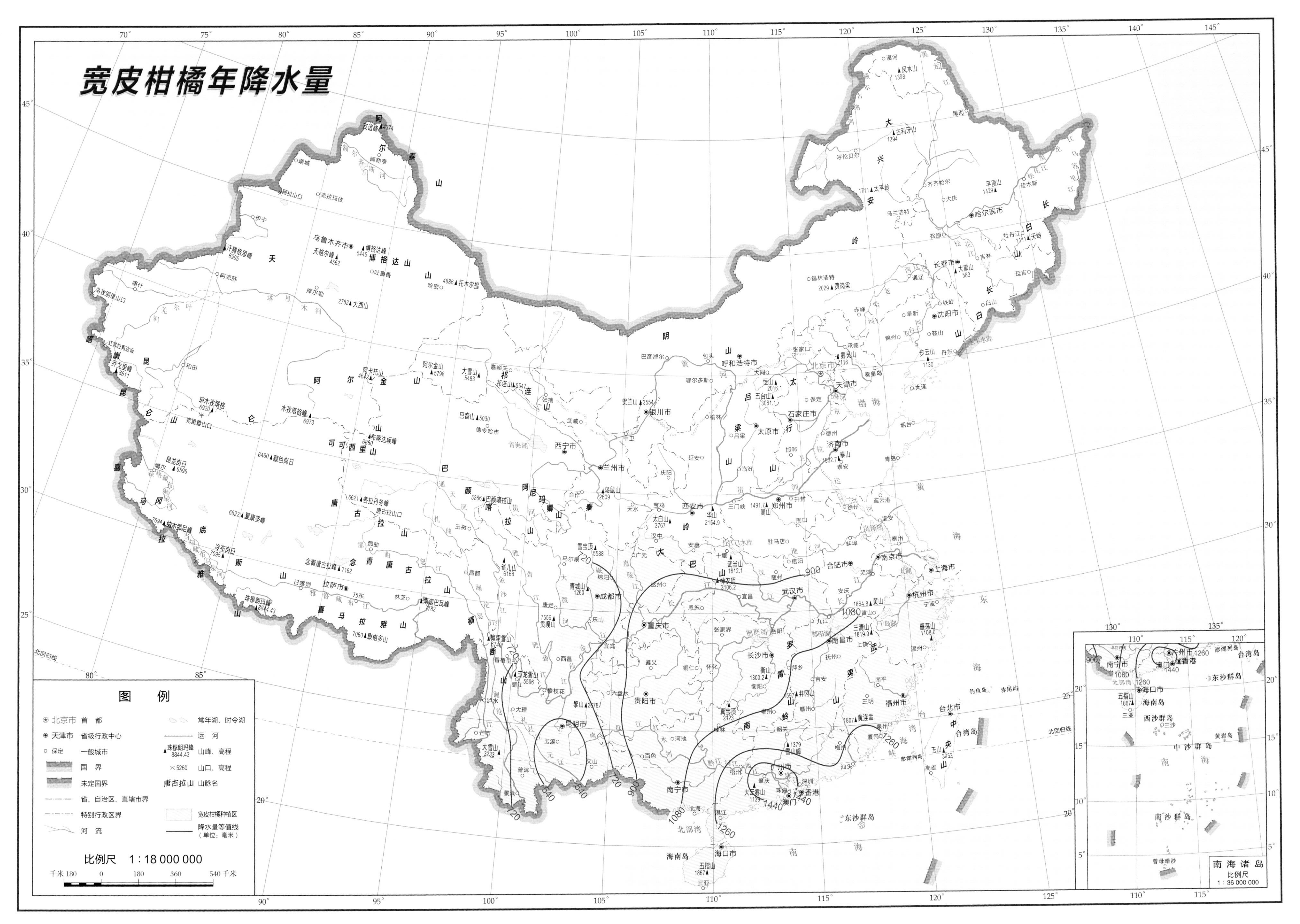
宽皮柑橘年降水量
图例
北京市 首都
天津市 省级行政中心
保定 一般城市
国界
未定国界
省、自治区、直辖市界
特别行政区界
河流
常年湖、时令湖
运河
珠穆朗玛峰 8844.43 山峰、高程
×5260 山口、高程
唐古拉山 山脉名
宽皮柑橘种植区
降水量等值线（单位：毫米）
比例尺 1:18 000 000
南海诸岛
比例尺 1:36 000 000

宽皮柑橘春梢生长期降水量

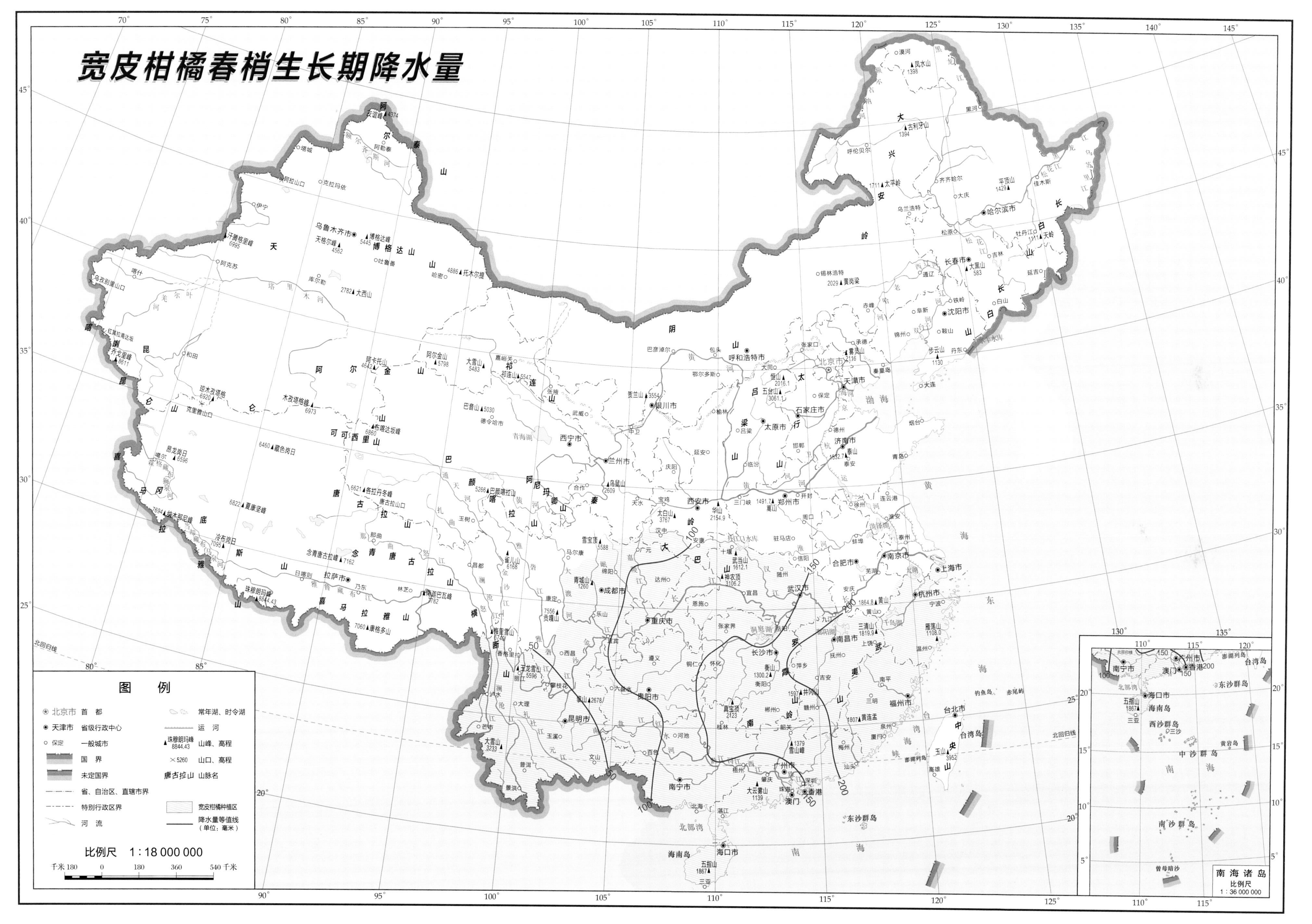

宽皮柑橘果实膨大期降水量

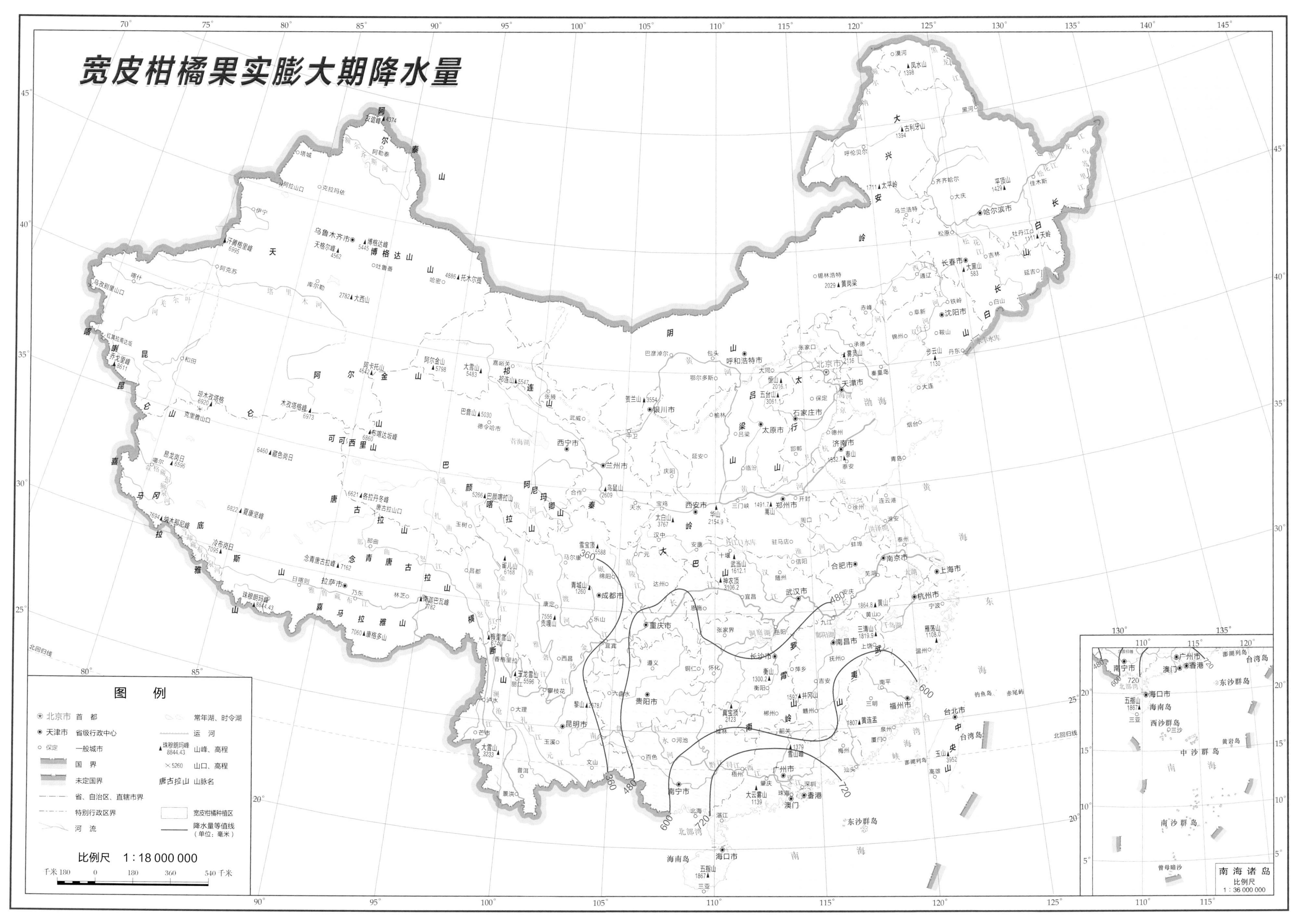

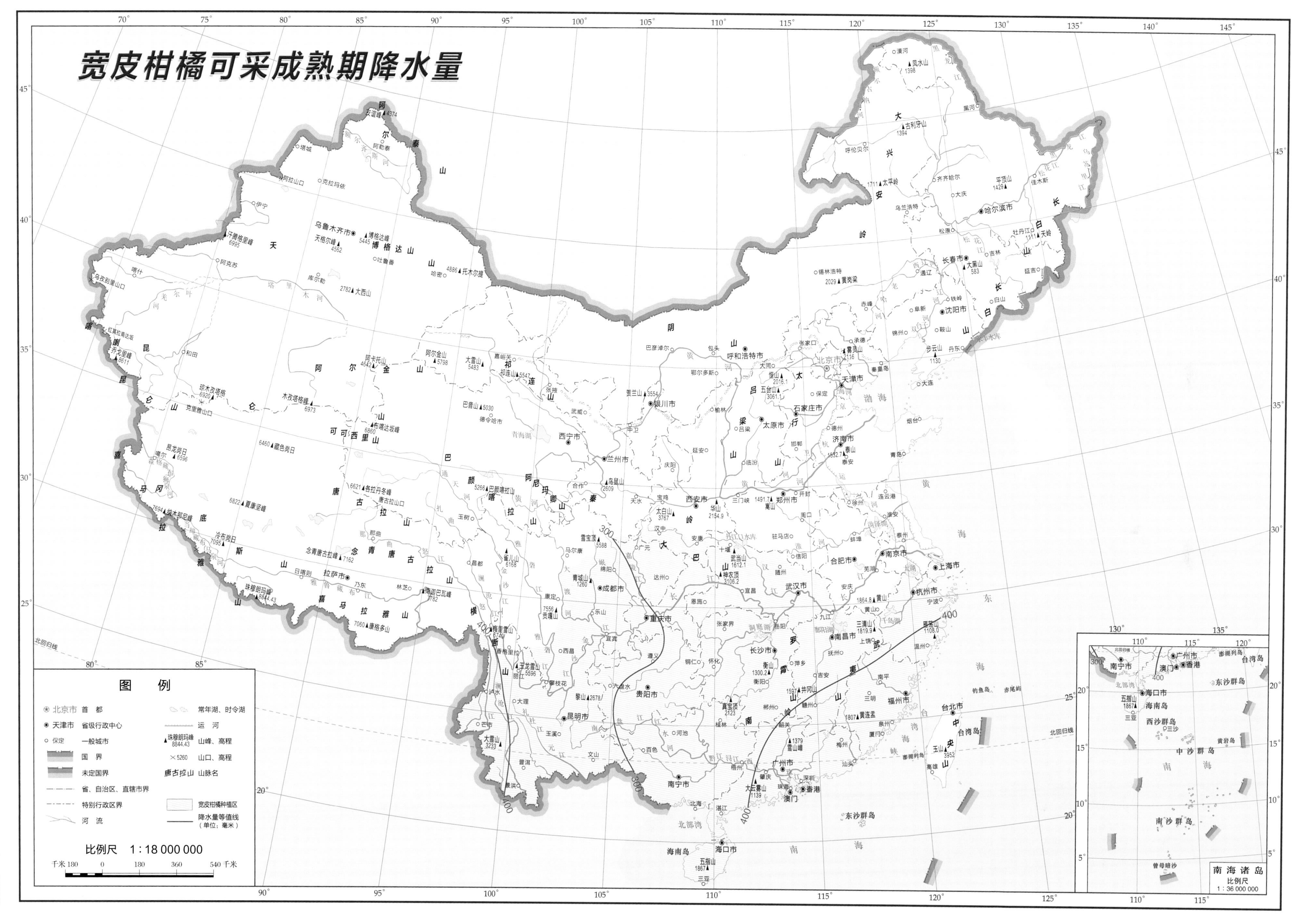
宽皮柑橘可采成熟期降水量
图 例
北京市 首 都
天津市 省级行政中心
保定 一般城市
国 界
未定国界
省、自治区、直辖市界
特别行政区界
河 流
常年湖、时令湖
运 河
珠穆朗玛峰 8844.43 山峰、高程
×5260 山口、高程
唐古拉山 山脉名
宽皮柑橘种植区
降水量等值线（单位：毫米）
比例尺 1∶18 000 000
千米 180 0 180 360 540 千米
南海诸岛
比例尺
1∶36 000 000

宽皮柑橘年缺水率

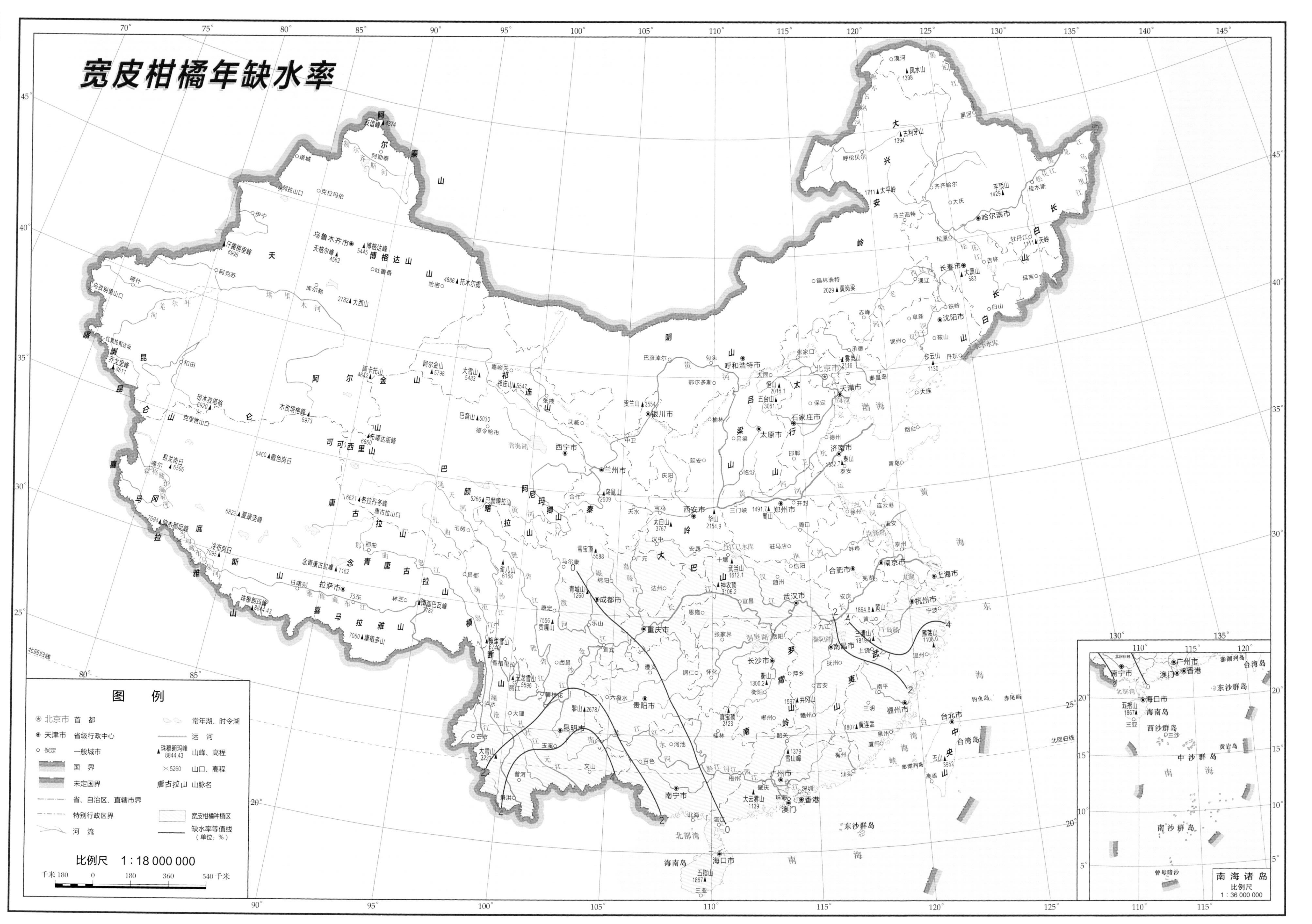
图 例
北京市 首 都
天津市 省级行政中心
保定 一般城市
国 界
未定国界
省、自治区、直辖市界
特别行政区界
河 流
常年湖、时令湖
运 河
珠穆朗玛峰 8844.43 山峰、高程
×5260 山口、高程
唐古拉山 山脉名
宽皮柑橘种植区
缺水率等值线 （单位：%）
比例尺 1:18 000 000
千米 180 0 180 360 540 千米
南海诸岛
比例尺
1:36 000 000

宽皮柑橘年降水满足率

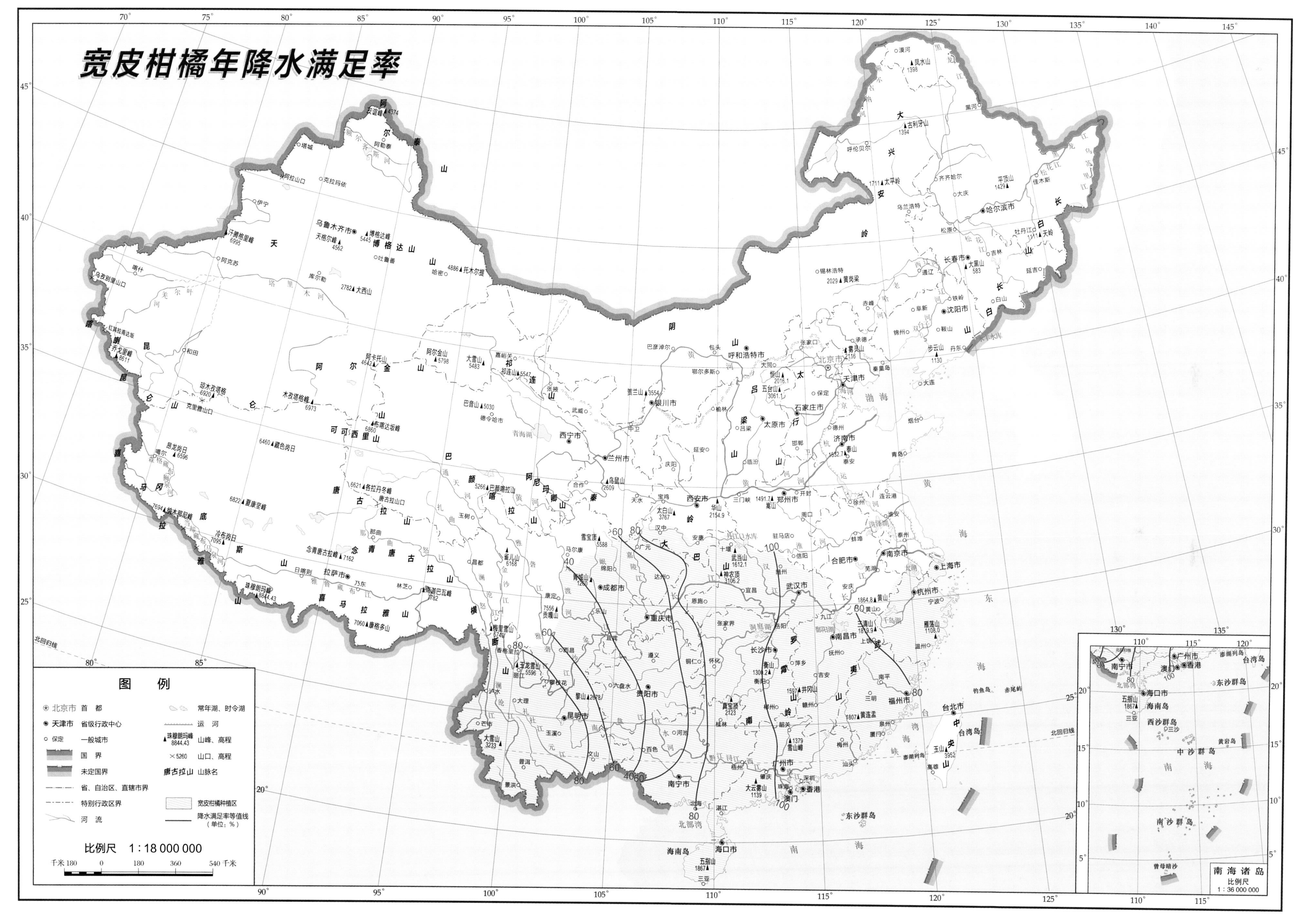
图 例
北京市 首 都
天津市 省级行政中心
保定 一般城市
国 界
未定国界
省、自治区、直辖市界
特别行政区界
河 流
常年湖、时令湖
运 河
珠穆朗玛峰 8844.43 山峰、高程
5260 山口、高程
唐古拉山 山脉名
宽皮柑橘种植区
降水满足率等值线（单位：%）
比例尺 1：18 000 000
千米 180 0 180 360 540 千米
南海诸岛
比例尺
1：36 000 000

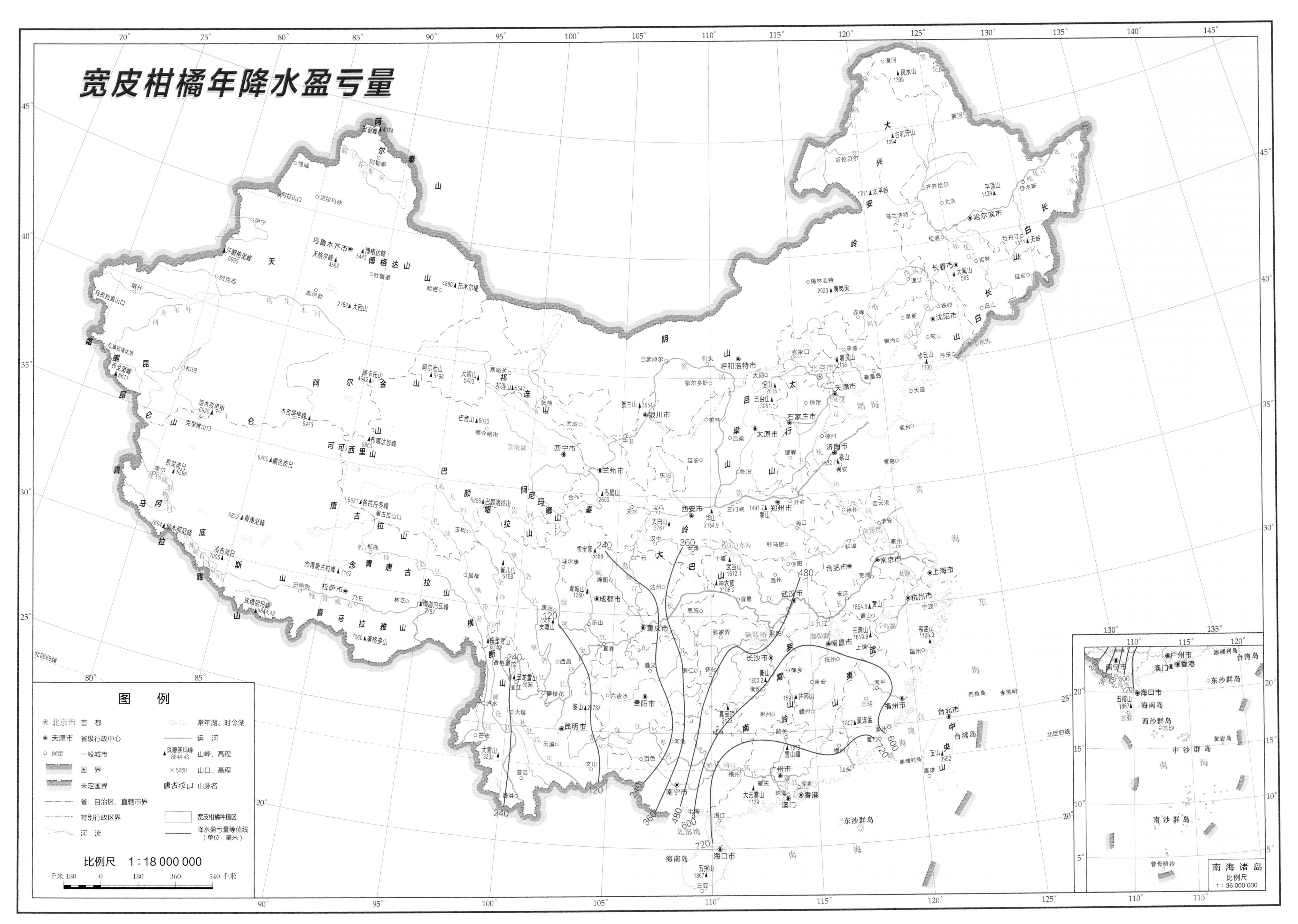
宽皮柑橘年降水盈亏量
图例
北京市 首都
天津市 省级行政中心
保定 一般城市
国界
未定国界
省、自治区、直辖市界
特别行政区界
河流
常年湖、时令湖
运河
珠穆朗玛峰 8844.43 山峰、高程
×5260 山口、高程
唐古拉山 山脉名
宽皮柑橘种植区
降水盈亏量等值线（单位：毫米）
比例尺 1:18 000 000
南海诸岛
比例尺 1:36 000 000

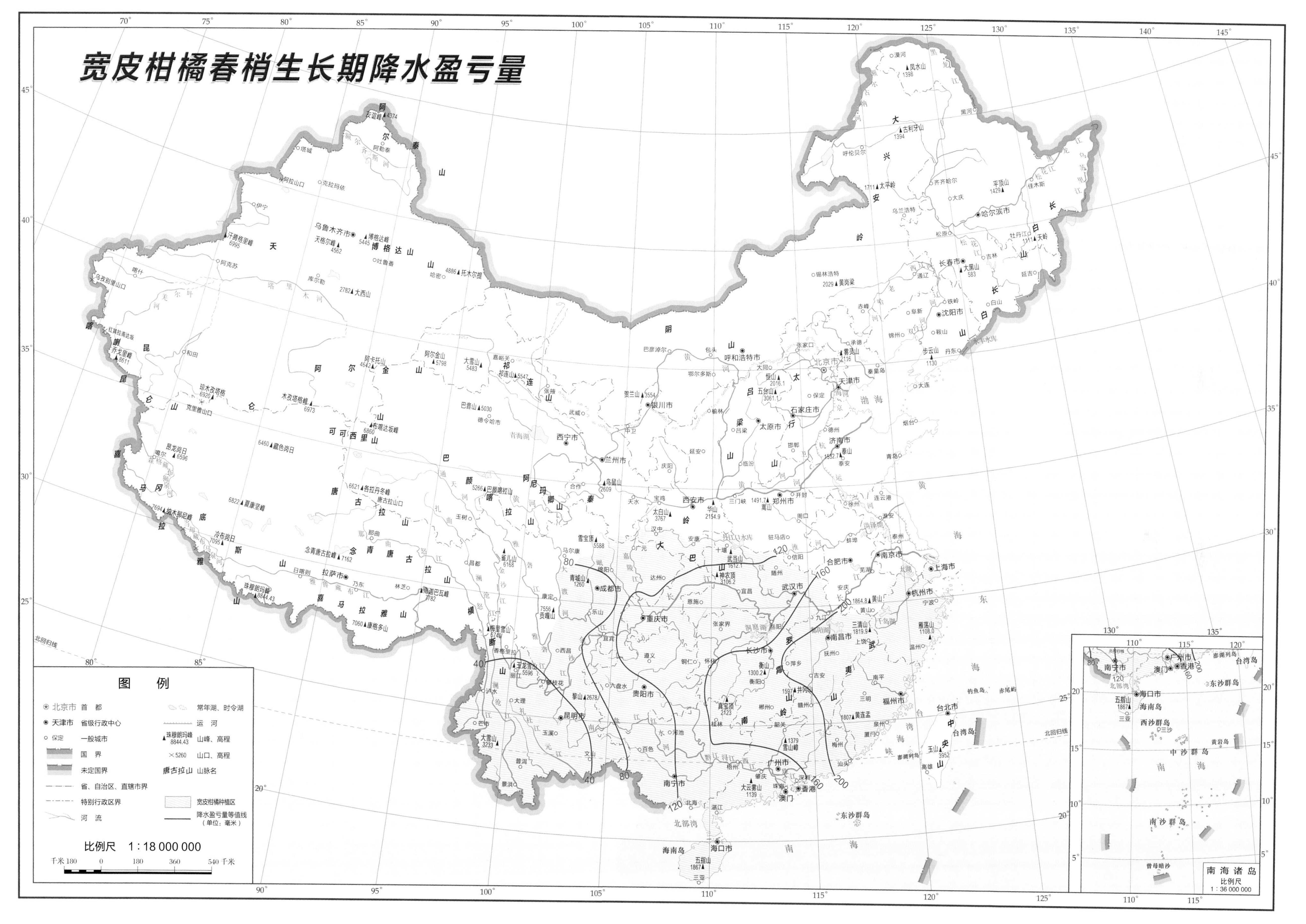
宽皮柑橘春梢生长期降水盈亏量
图 例
北京市 首 都
天津市 省级行政中心
保定 一般城市
国 界
未定国界
省、自治区、直辖市界
特别行政区界
河 流
常年湖、时令湖
运 河
珠穆朗玛峰 8844.43 山峰、高程
×5260 山口、高程
唐古拉山 山脉名
宽皮柑橘种植区
降水盈亏量等值线（单位：毫米）
比例尺 1：18 000 000
千米 180 0 180 360 540 千米
南海诸岛
比例尺 1：36 000 000

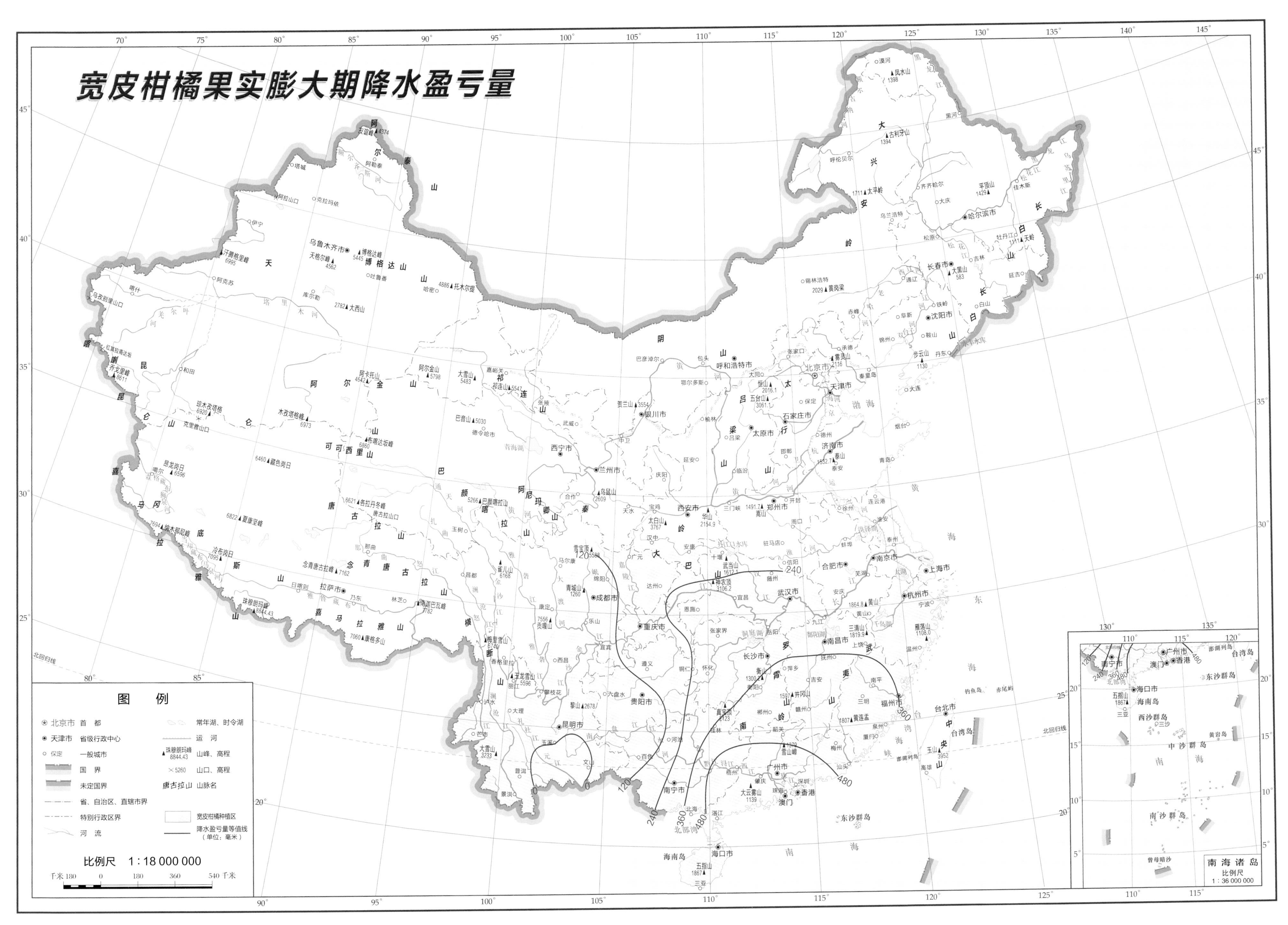
宽皮柑橘果实膨大期降水盈亏量
图 例
北京市 首 都
天津市 省级行政中心
保定 一般城市
国 界
未定国界
省、自治区、直辖市界
特别行政区界
河 流
常年湖、时令湖
运 河
珠穆朗玛峰 8844.43 山峰、高程
5260 山口、高程
唐古拉山 山脉名
宽皮柑橘种植区
降水盈亏量等值线 （单位：毫米）
比例尺 1：18 000 000
千米 180 0 180 360 540 千米
南海诸岛
比例尺
1：36 000 000

宽皮柑橘可采成熟期降水盈亏量

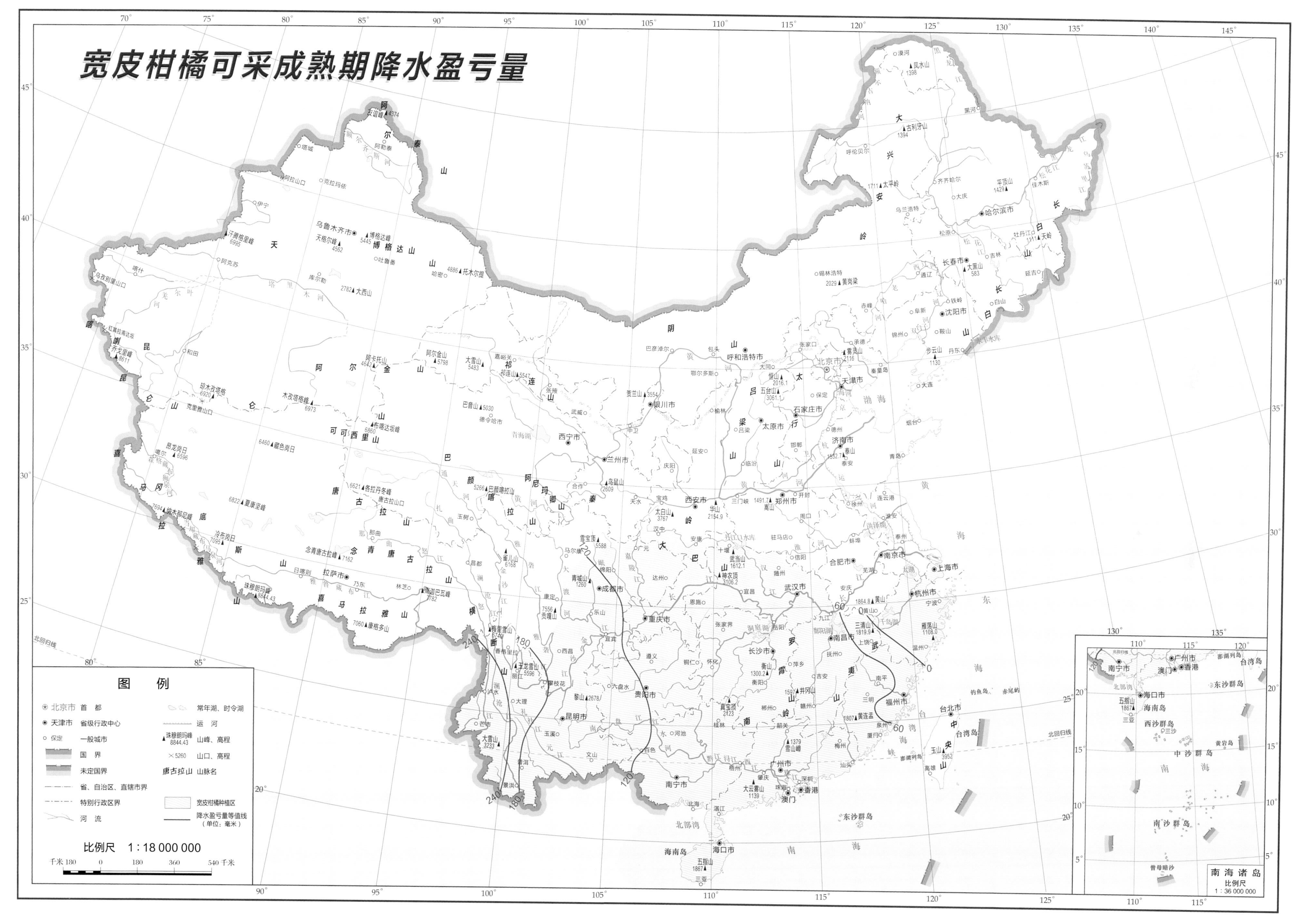

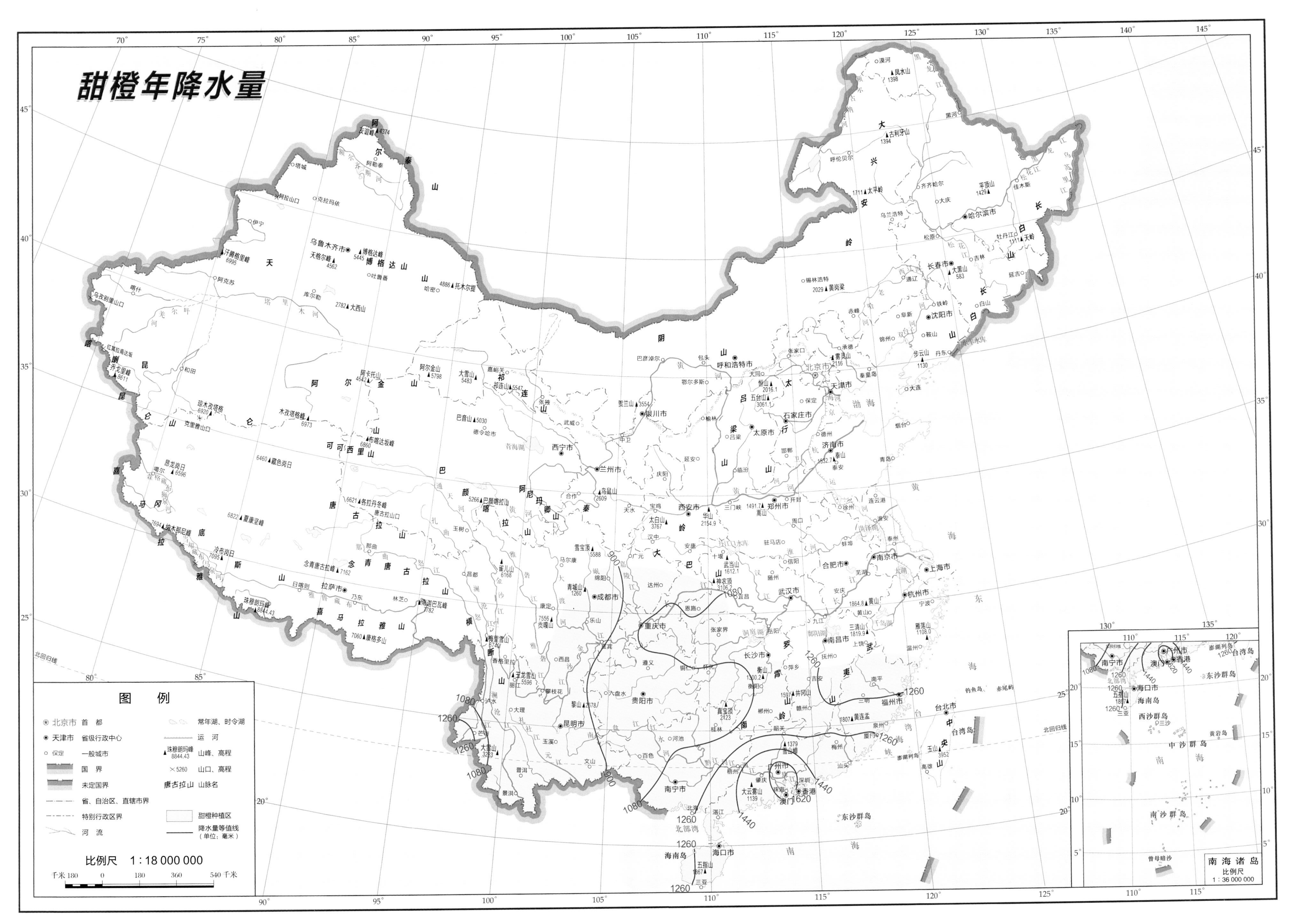
甜橙年降水量
图例
北京市 首都
天津市 省级行政中心
保定 一般城市
国界
未定国界
省、自治区、直辖市界
特别行政区界
河流
常年湖、时令湖
运河
珠穆朗玛峰 8844.43 山峰、高程
×5260 山口、高程
唐古拉山 山脉名
甜橙种植区
降水量等值线（单位：毫米）
比例尺 1:18 000 000
南海诸岛
比例尺 1:36 000 000

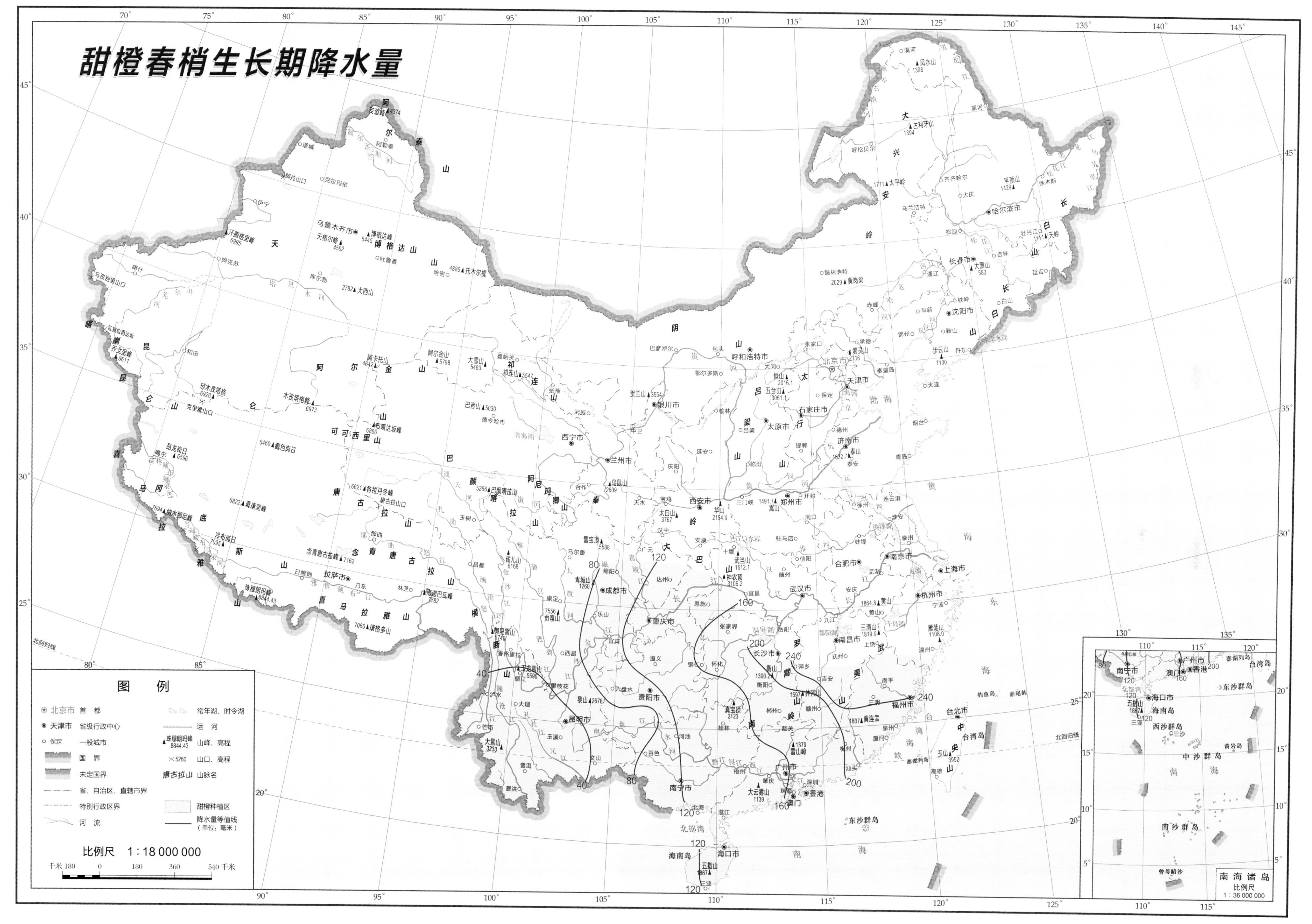
甜橙春梢生长期降水量
图例
北京市 首都
天津市 省级行政中心
保定 一般城市
国界
未定国界
省、自治区、直辖市界
特别行政区界
河流
常年湖、时令湖
运河
珠穆朗玛峰 8844.43 山峰、高程
×5260 山口、高程
唐古拉山 山脉名
甜橙种植区
降水量等值线（单位：毫米）
比例尺 1:18 000 000
南海诸岛
比例尺 1:36 000 000

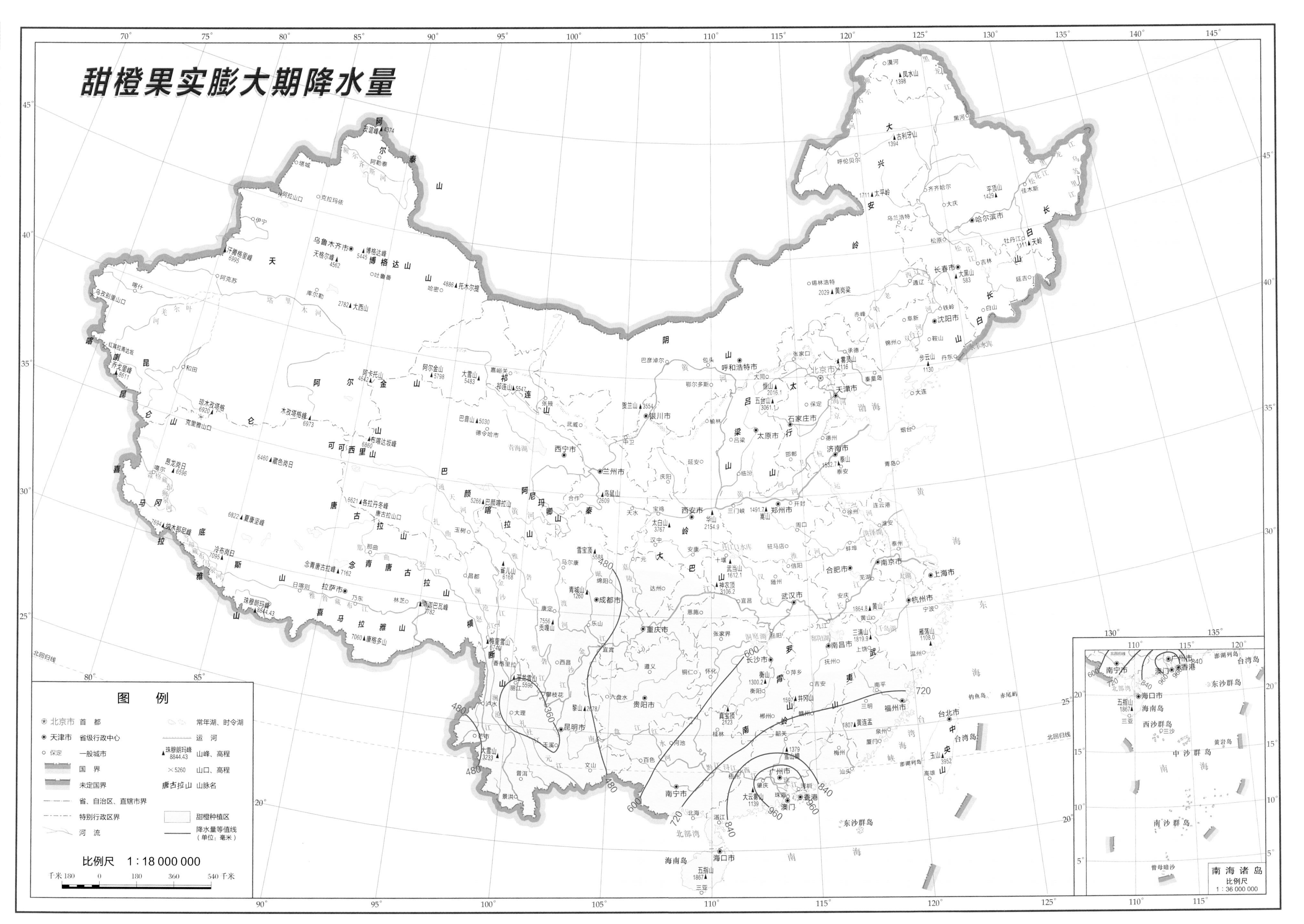

甜橙果实膨大期降水量
图例
北京市 首都
天津市 省级行政中心
保定 一般城市
国界
未定国界
省、自治区、直辖市界
特别行政区界
河流
常年湖、时令湖
运河
珠穆朗玛峰 8844.43 山峰、高程
×5260 山口、高程
唐古拉山 山脉名
甜橙种植区
降水量等值线（单位：毫米）
比例尺 1:18 000 000
南海诸岛
比例尺 1:36 000 000

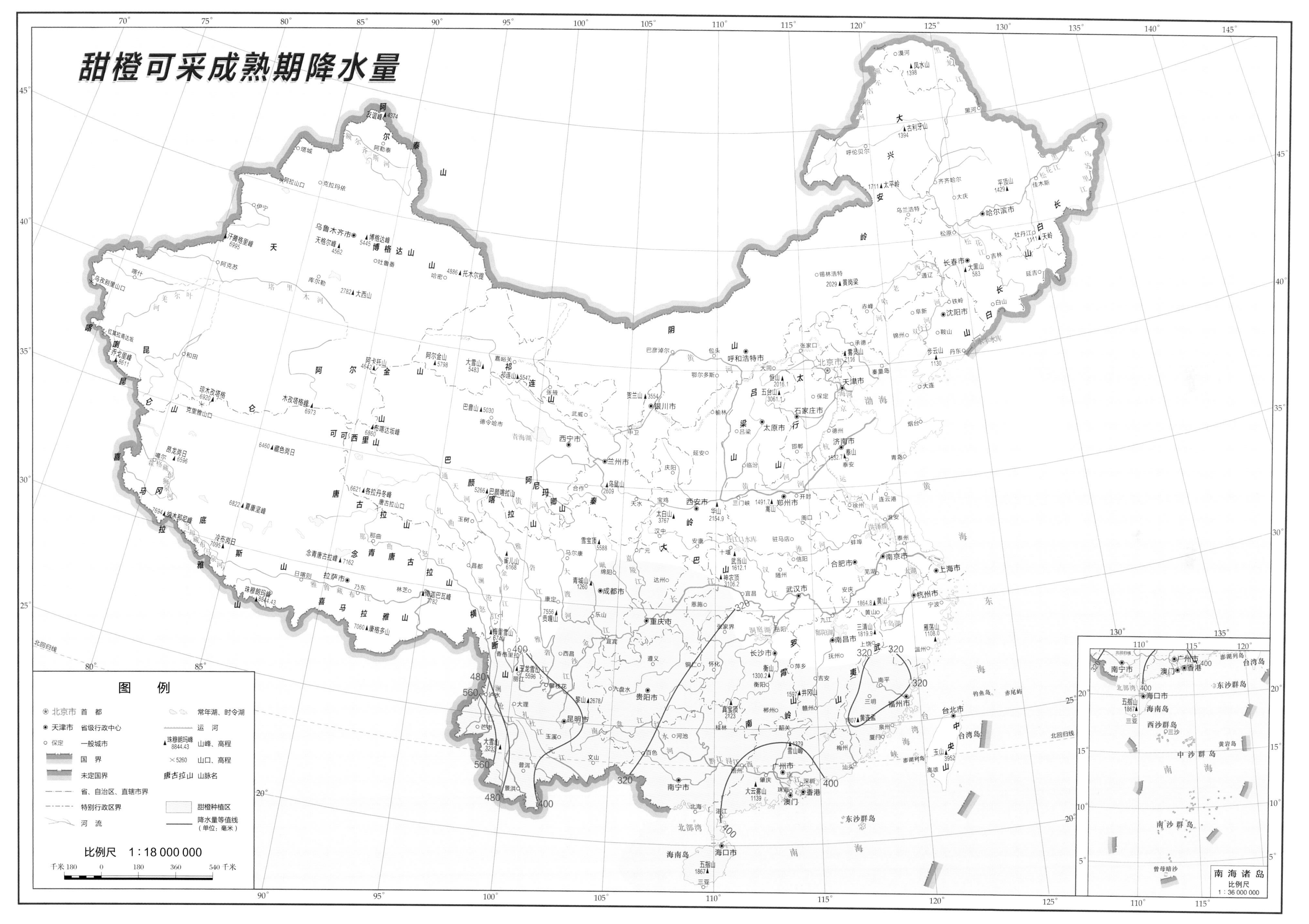
甜橙可采成熟期降水量
图例
北京市 首都
天津市 省级行政中心
保定 一般城市
国界
未定国界
省、自治区、直辖市界
特别行政区界
河流
常年湖、时令湖
运河
珠穆朗玛峰 8844.43 山峰、高程
5260 山口、高程
唐古拉山 山脉名
甜橙种植区
降水量等值线（单位：毫米）
比例尺 1∶18 000 000
千米 180 0 180 360 540 千米
南海诸岛
比例尺 1∶36 000 000

甜橙年缺水率

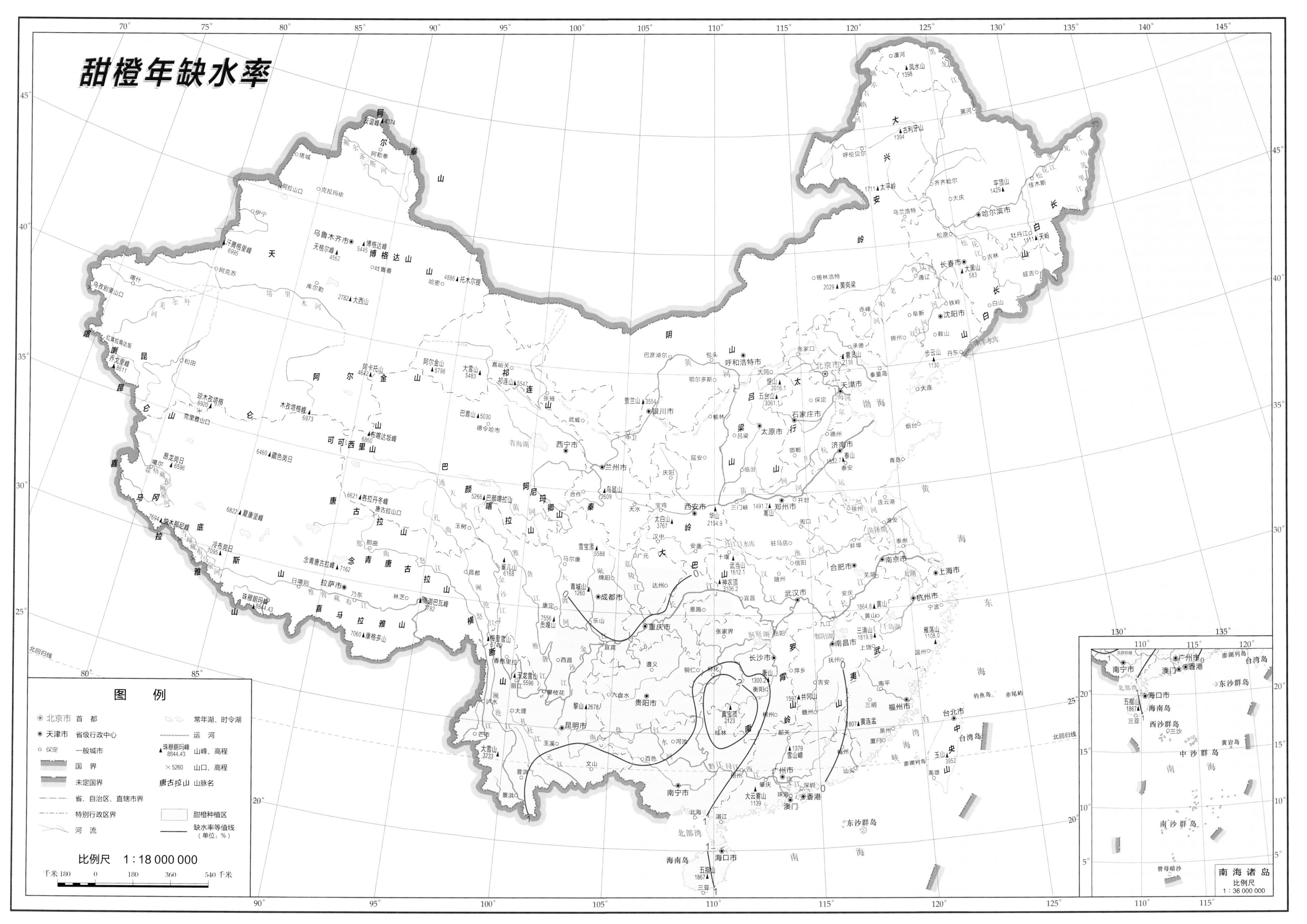

图 例
北京市 首 都
天津市 省级行政中心
保定 一般城市
国 界
未定国界
省、自治区、直辖市界
特别行政区界
河 流
常年湖、时令湖
运 河
珠穆朗玛峰 8844.43 山峰、高程
5260 山口、高程
唐古拉山 山脉名
甜橙种植区
缺水率等值线（单位：%）
比例尺 1：18 000 000
千米 180 0 180 360 540 千米
南海诸岛
比例尺 1：36 000 000

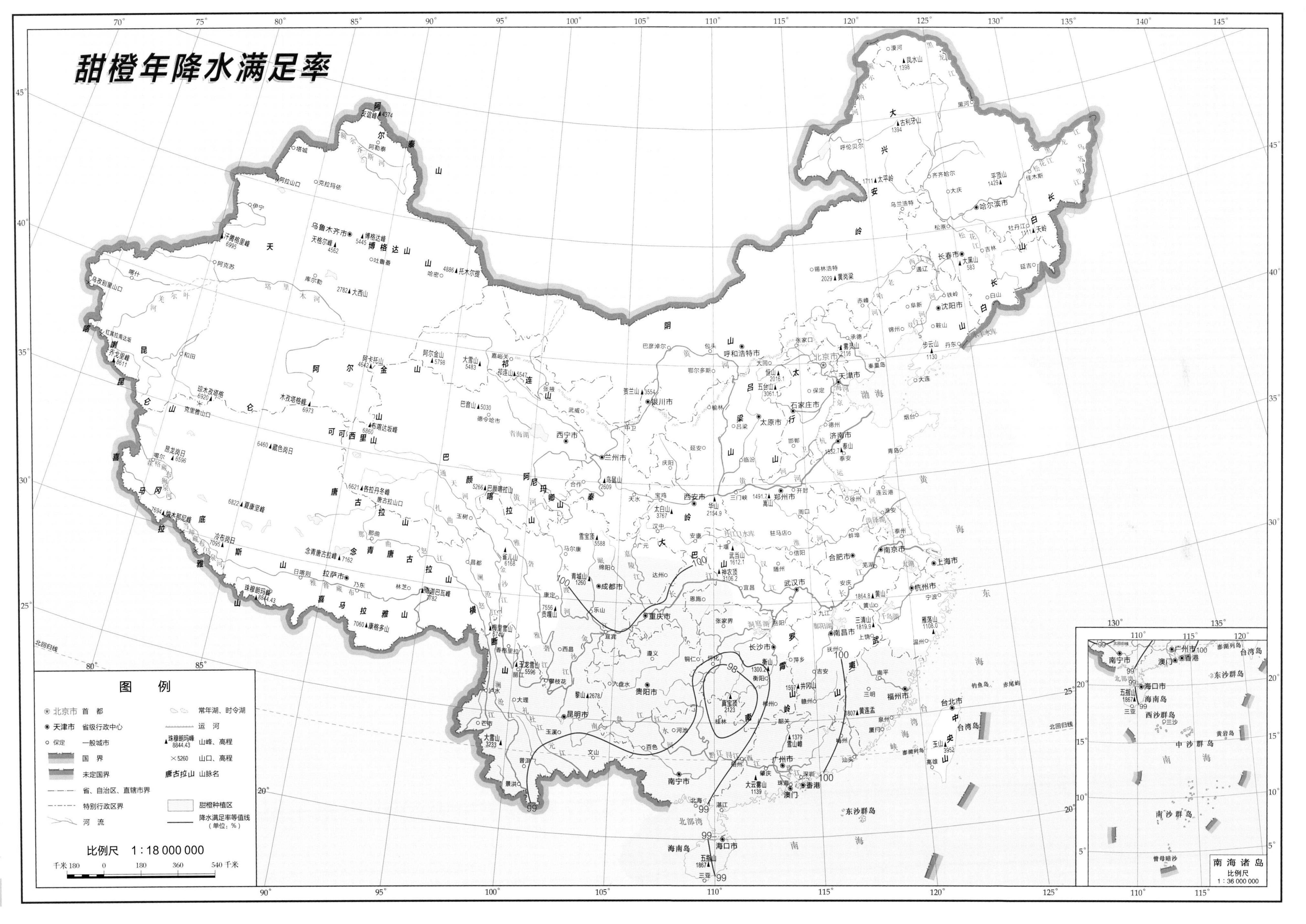
甜橙年降水满足率
图例
北京市 首都
天津市 省级行政中心
保定 一般城市
国界
未定国界
省、自治区、直辖市界
特别行政区界
河流
常年湖、时令湖
运河
珠穆朗玛峰 8844.43 山峰、高程
×5260 山口、高程
唐古拉山 山脉名
甜橙种植区
降水满足率等值线（单位：%）
比例尺 1：18 000 000
南海诸岛
比例尺 1：36 000 000

甜橙年降水盈亏量

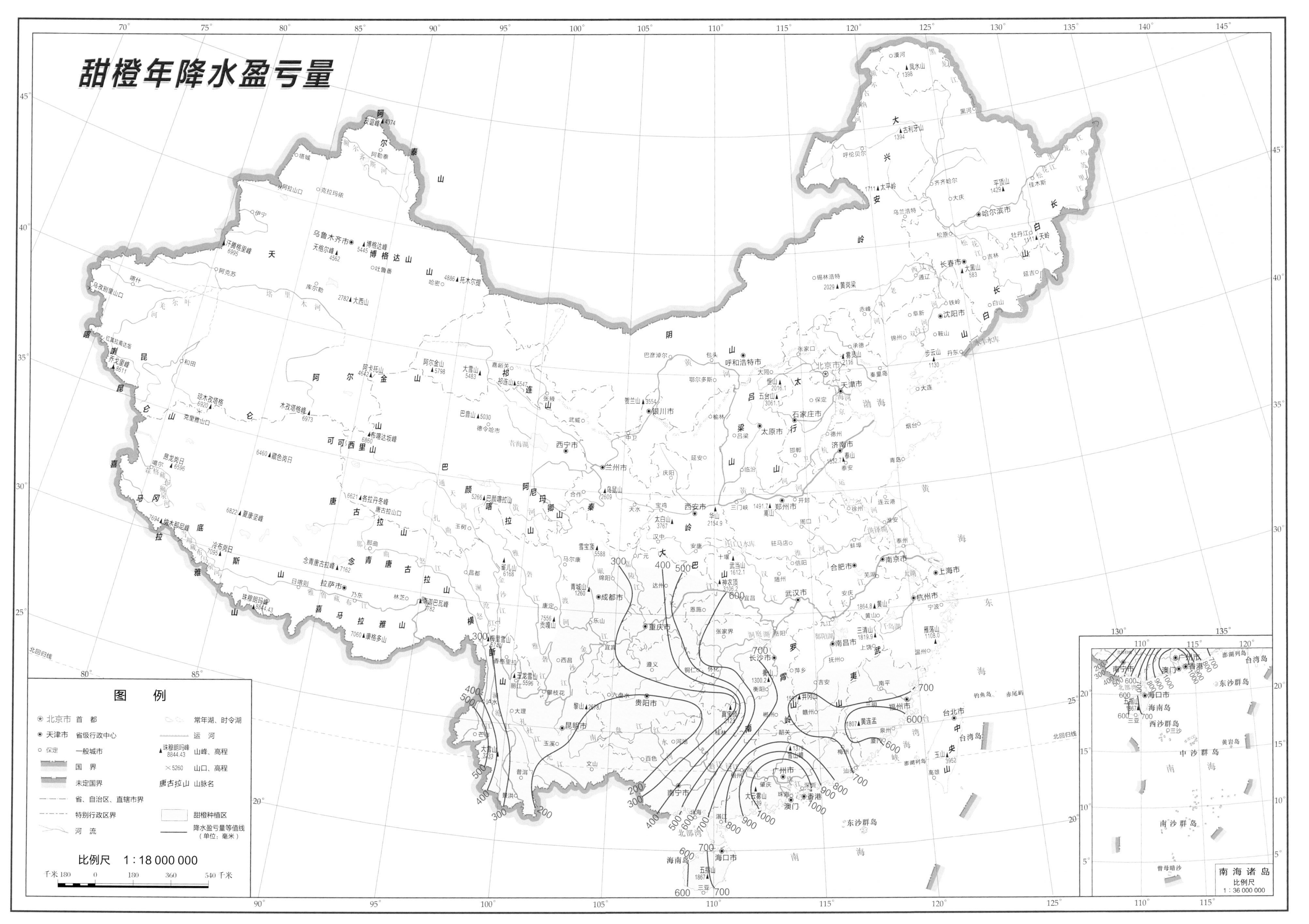
图 例
北京市 首都
天津市 省级行政中心
保定 一般城市
国界
未定国界
省、自治区、直辖市界
特别行政区界
河流
常年湖、时令湖
运河
珠穆朗玛峰 8844.43 山峰、高程
5260 山口、高程
唐古拉山 山脉名
甜橙种植区
降水盈亏量等值线 （单位：毫米）
比例尺 1:18 000 000
千米 180 0 180 360 540 千米
南海诸岛
比例尺
1:36 000 000
北京市
天津市
上海市
重庆市
成都市
贵阳市
昆明市
南宁市
广州市
香港
澳门
长沙市
南昌市
福州市
台北市
武汉市
杭州市
南京市
合肥市
郑州市
西安市
兰州市
西宁市
银川市
拉萨市
乌鲁木齐市
海口市
石家庄市
太原市
济南市
呼和浩特市
沈阳市
长春市
哈尔滨市
300
400
500
600
700
800
900
1000
200

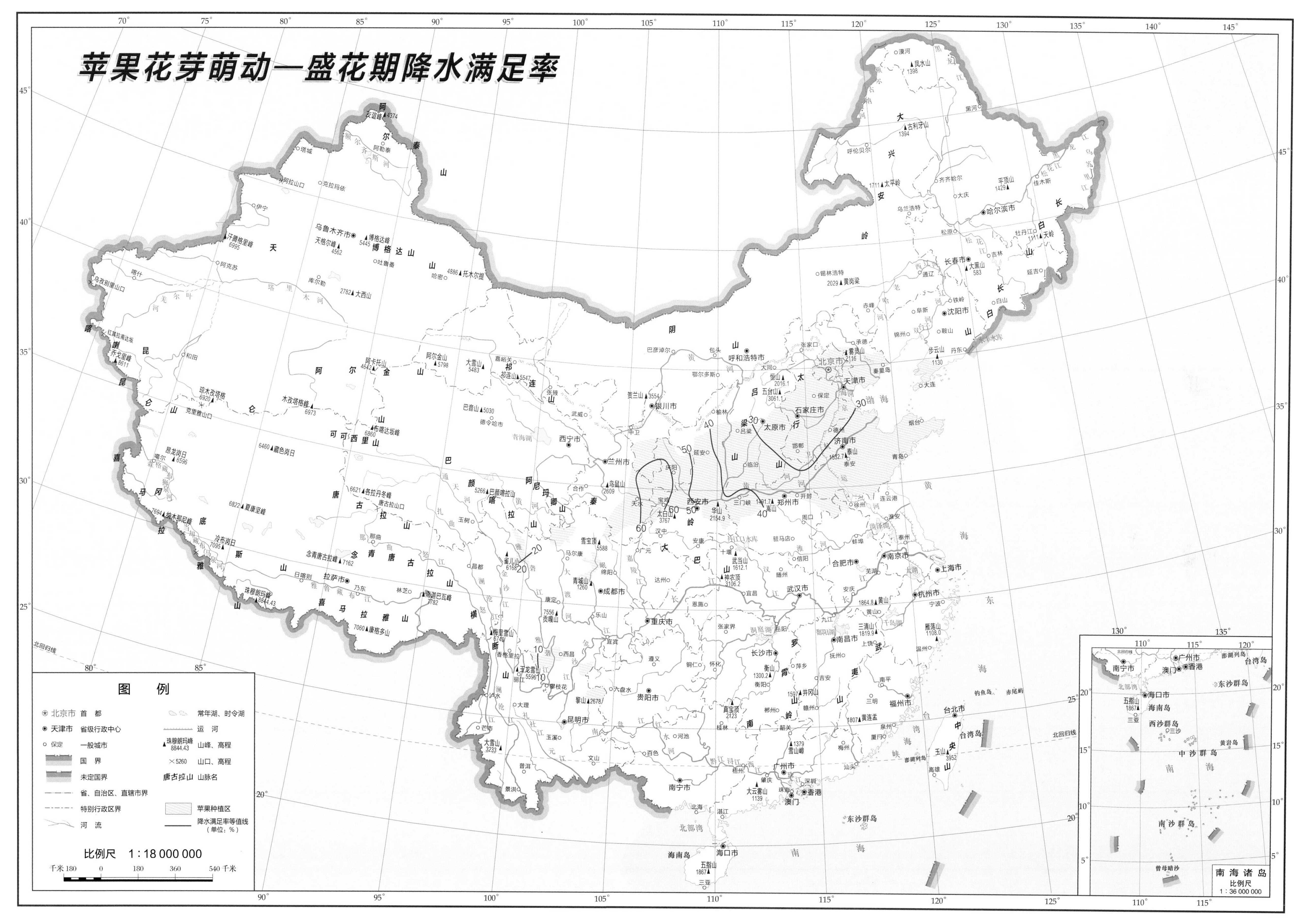
苹果花芽萌动—盛花期降水满足率
图 例
北京市 首 都
天津市 省级行政中心
保定 一般城市
国 界
未定国界
省、自治区、直辖市界
特别行政区界
河 流
常年湖、时令湖
运 河
珠穆朗玛峰 8844.43 山峰、高程
5260 山口、高程
唐古拉山 山脉名
苹果种植区
降水满足率等值线（单位：%）
比例尺 1:18 000 000
千米 180 0 180 360 540 千米
南海诸岛
比例尺 1:36 000 000

苹果盛花期—果实成熟期降水满足率

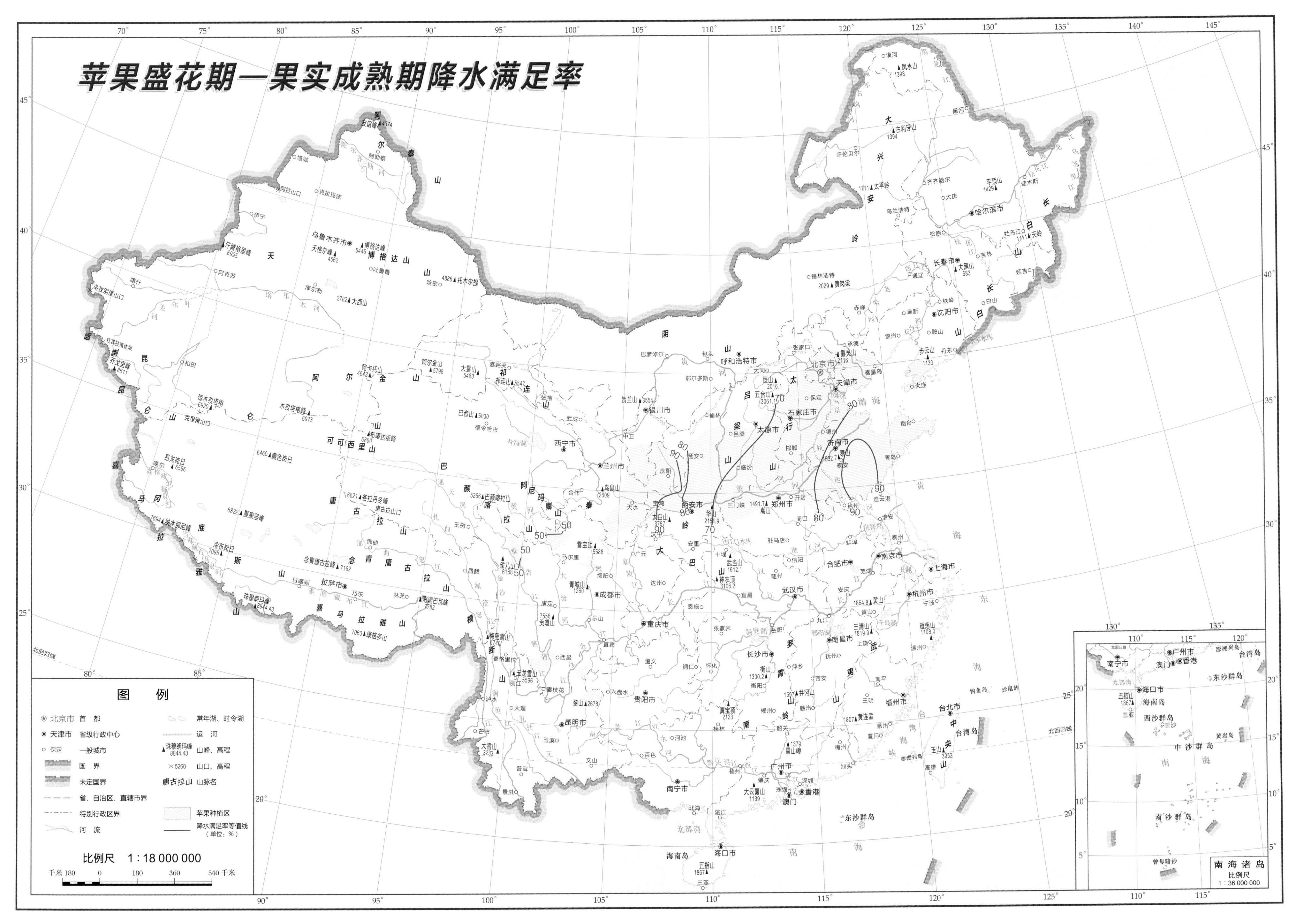

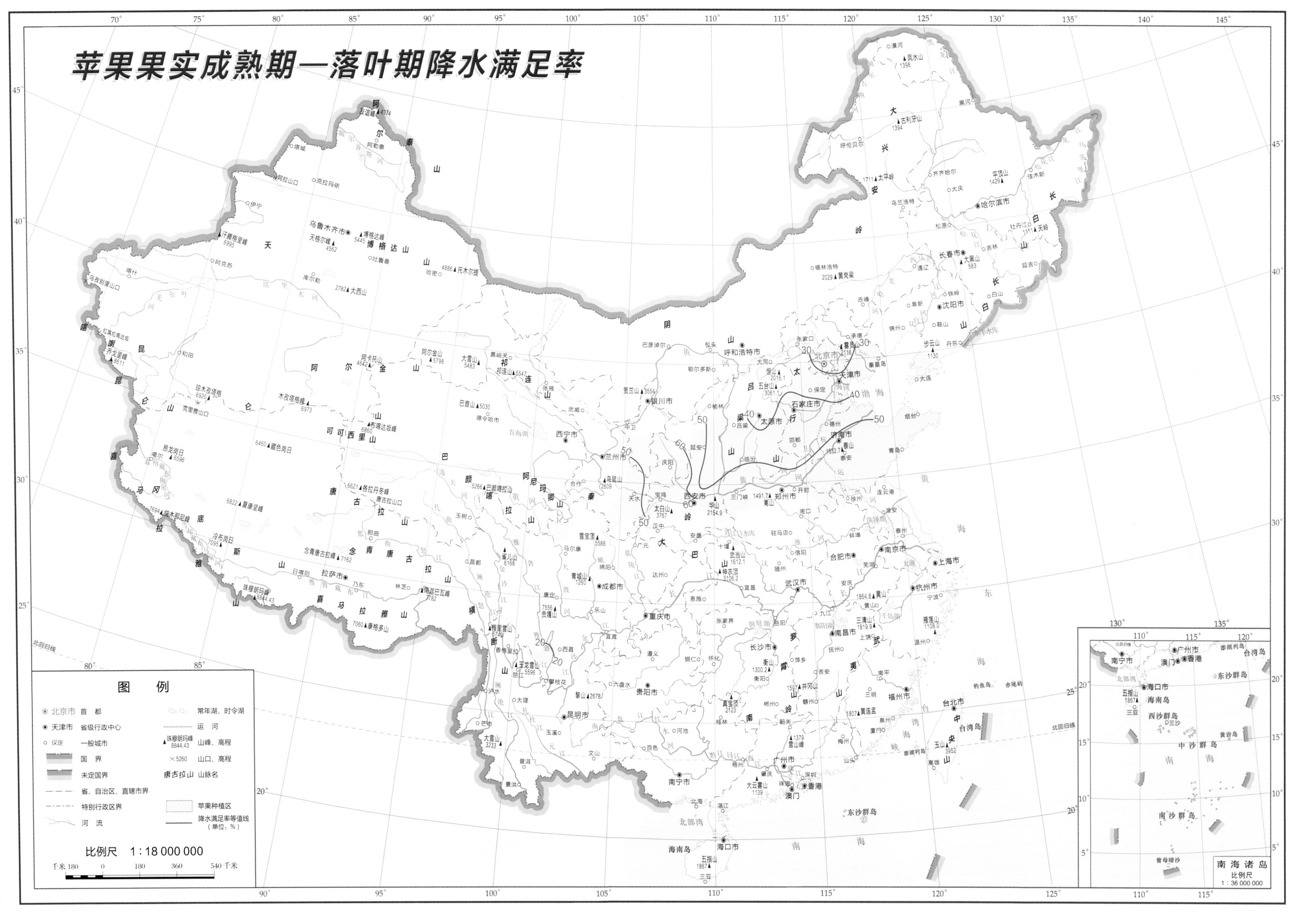
苹果果实成熟期—落叶期降水满足率
图 例
北京市 首 都
天津市 省级行政中心
保定 一般城市
国 界
未定国界
省、自治区、直辖市界
特别行政区界
河 流
常年湖、时令湖
运 河
珠穆朗玛峰 8844.43 山峰、高程
×5260 山口、高程
唐古拉山 山脉名
苹果种植区
降水满足率等值线（单位：%）
比例尺 1∶18 000 000
千米 180 0 180 360 540 千米
南海诸岛
比例尺 1∶36 000 000

75%降水保证率苹果全生育期降水量

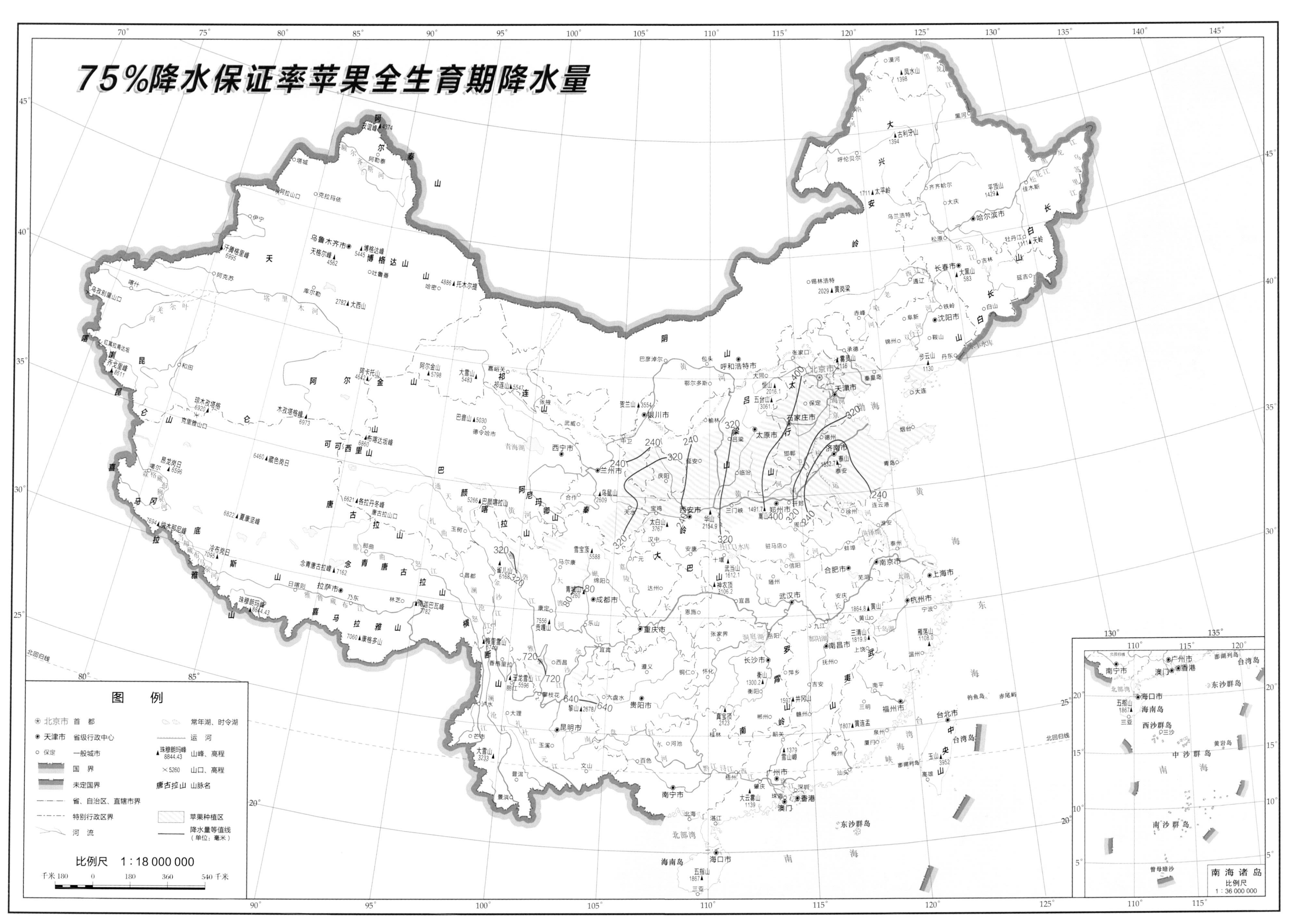

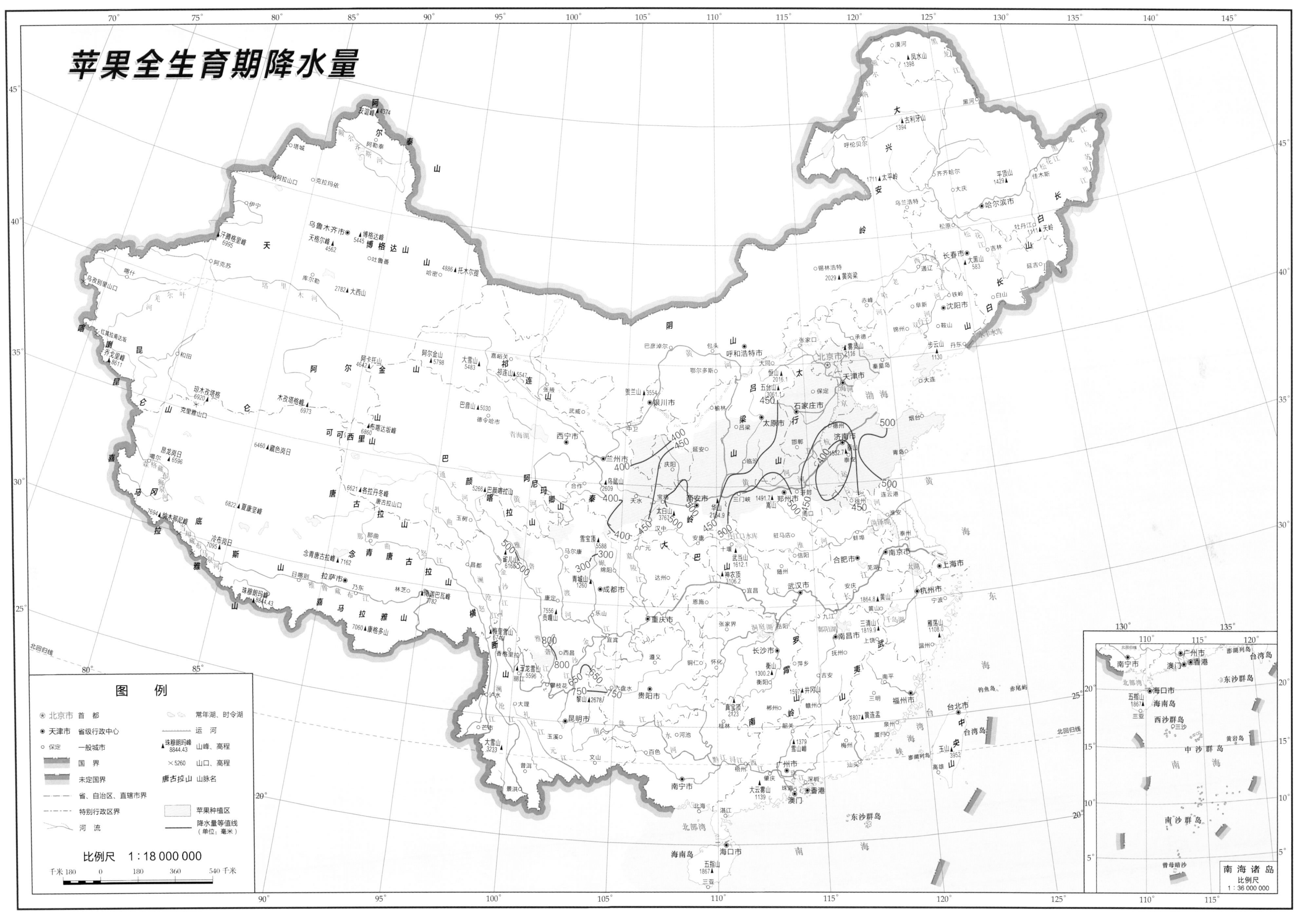
苹果全生育期降水量
图例
北京市 首都
天津市 省级行政中心
保定 一般城市
国界
未定国界
省、自治区、直辖市界
特别行政区界
河流
常年湖、时令湖
运河
珠穆朗玛峰 8844.43 山峰、高程
×5260 山口、高程
唐古拉山 山脉名
苹果种植区
降水量等值线（单位：毫米）
比例尺 1∶18 000 000
南海诸岛
比例尺 1∶36 000 000

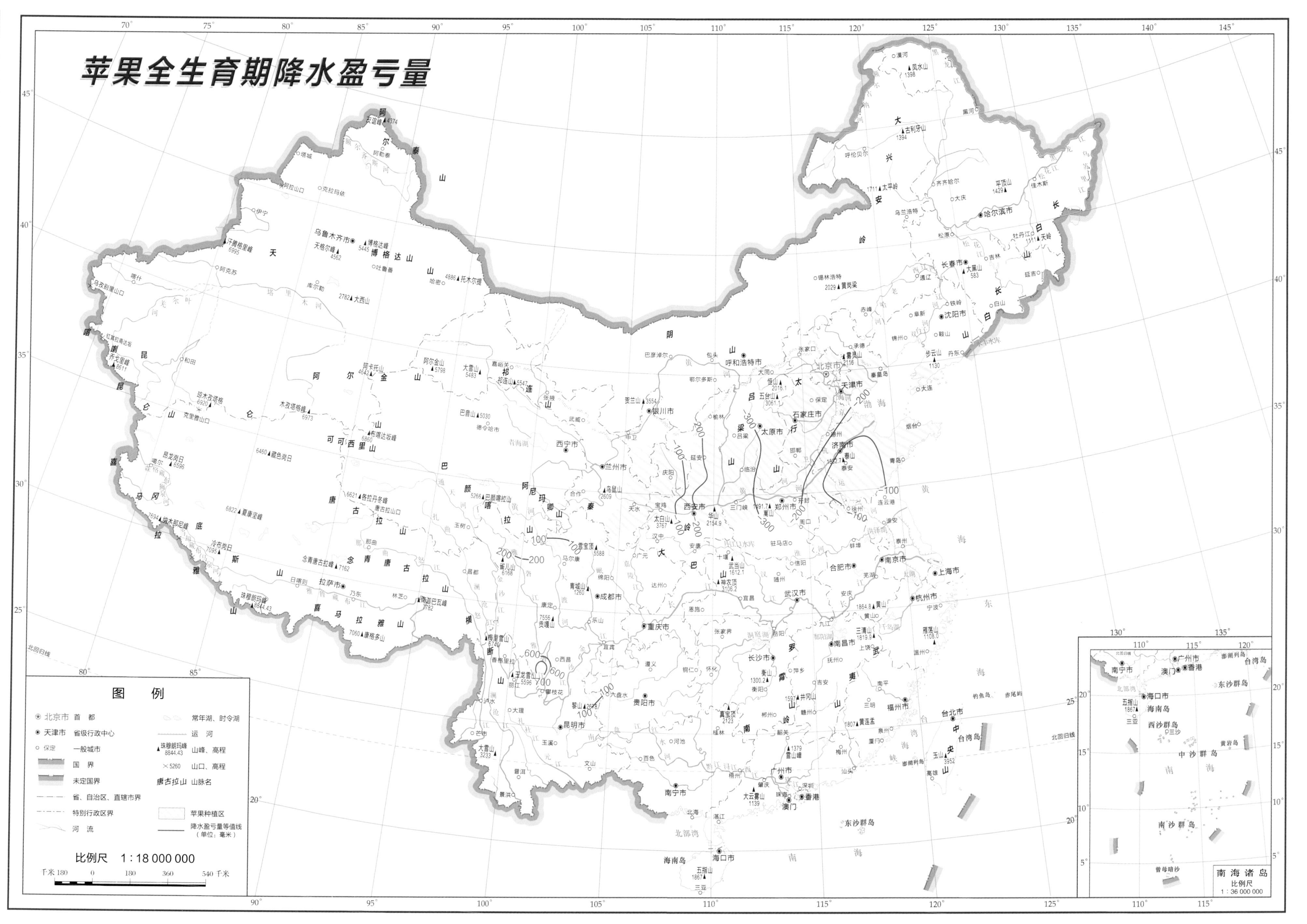
苹果全生育期降水盈亏量
图例
北京市 首都
天津市 省级行政中心
保定 一般城市
国界
未定国界
省、自治区、直辖市界
特别行政区界
河流
常年湖、时令湖
运河
珠穆朗玛峰 8844.43 山峰、高程
×5260 山口、高程
唐古拉山 山脉名
苹果种植区
降水盈亏量等值线（单位：毫米）
比例尺 1:18 000 000
南海诸岛
比例尺 1:36 000 000

牧草全生育期降水量
图例
北京市 首都
天津市 省级行政中心
保定 一般城市
国界
未定国界
省、自治区、直辖市界
特别行政区界
河流
常年湖、时令湖
运河
珠穆朗玛峰 8844.43 山峰、高程
5260 山口、高程
唐古拉山 山脉名
牧草种植区
降水量等值线（单位：毫米）
比例尺 1:18 000 000
南海诸岛
比例尺 1:36 000 000

牧草全生育期缺水率

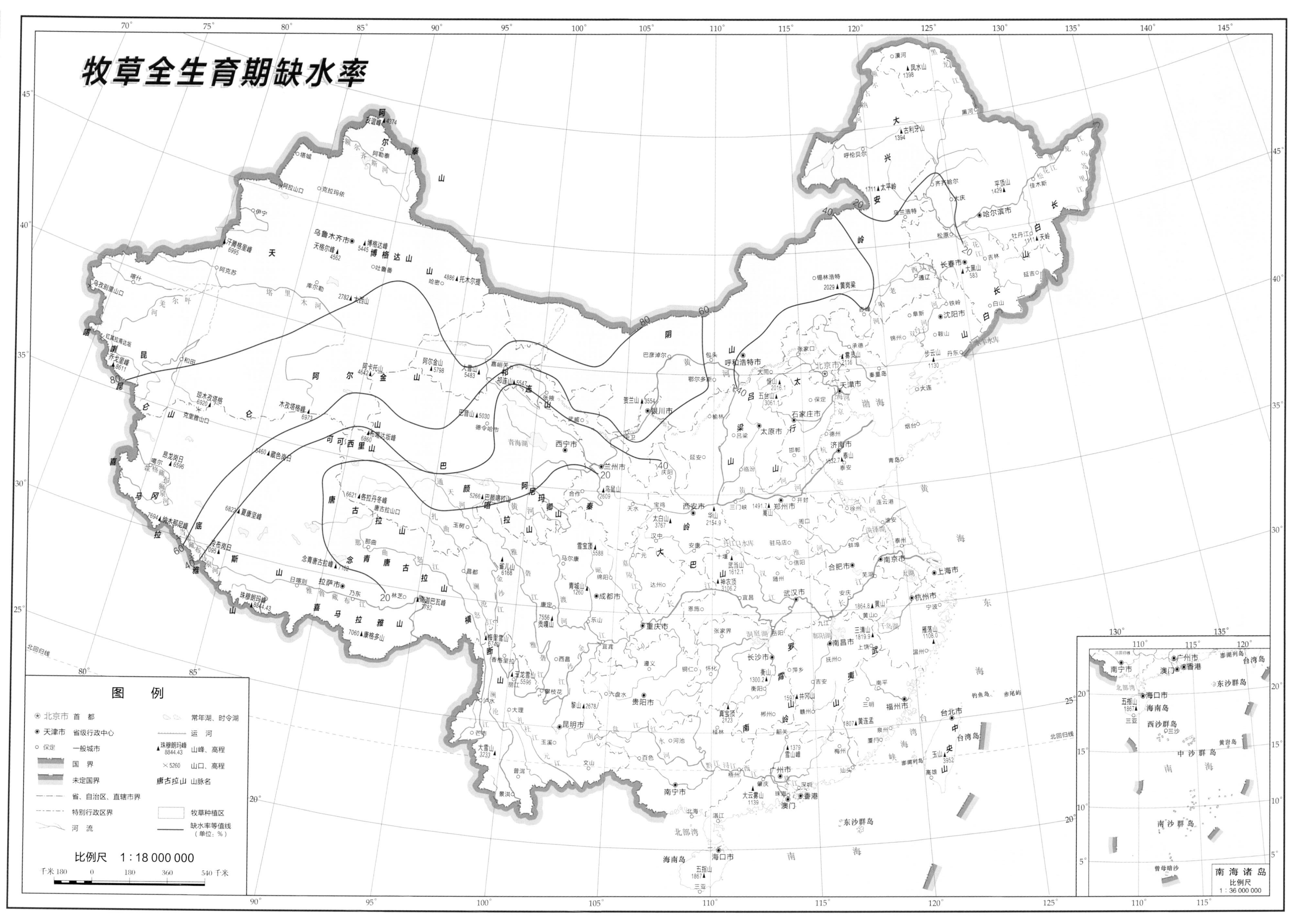

牧草全生育期缺水率
图例
北京市 首都
天津市 省级行政中心
保定 一般城市
国界
未定国界
省、自治区、直辖市界
特别行政区界
河流
常年湖、时令湖
运河
珠穆朗玛峰 8844.43 山峰、高程
×5260 山口、高程
唐古拉山 山脉名
牧草种植区
缺水率等值线（单位：%）
比例尺 1:18 000 000
南海诸岛
比例尺 1:36 000 000

牧草全生育期降水满足率
图例
北京市 首都
天津市 省级行政中心
保定 一般城市
国界
未定国界
省、自治区、直辖市界
特别行政区界
河流
常年湖、时令湖
运河
珠穆朗玛峰 8844.43 山峰、高程
5260 山口、高程
唐古拉山 山脉名
牧草种植区
降水满足率等值线（单位：%）
比例尺 1:18 000 000
南海诸岛
比例尺 1:36 000 000

牧草全生育期降水盈亏量

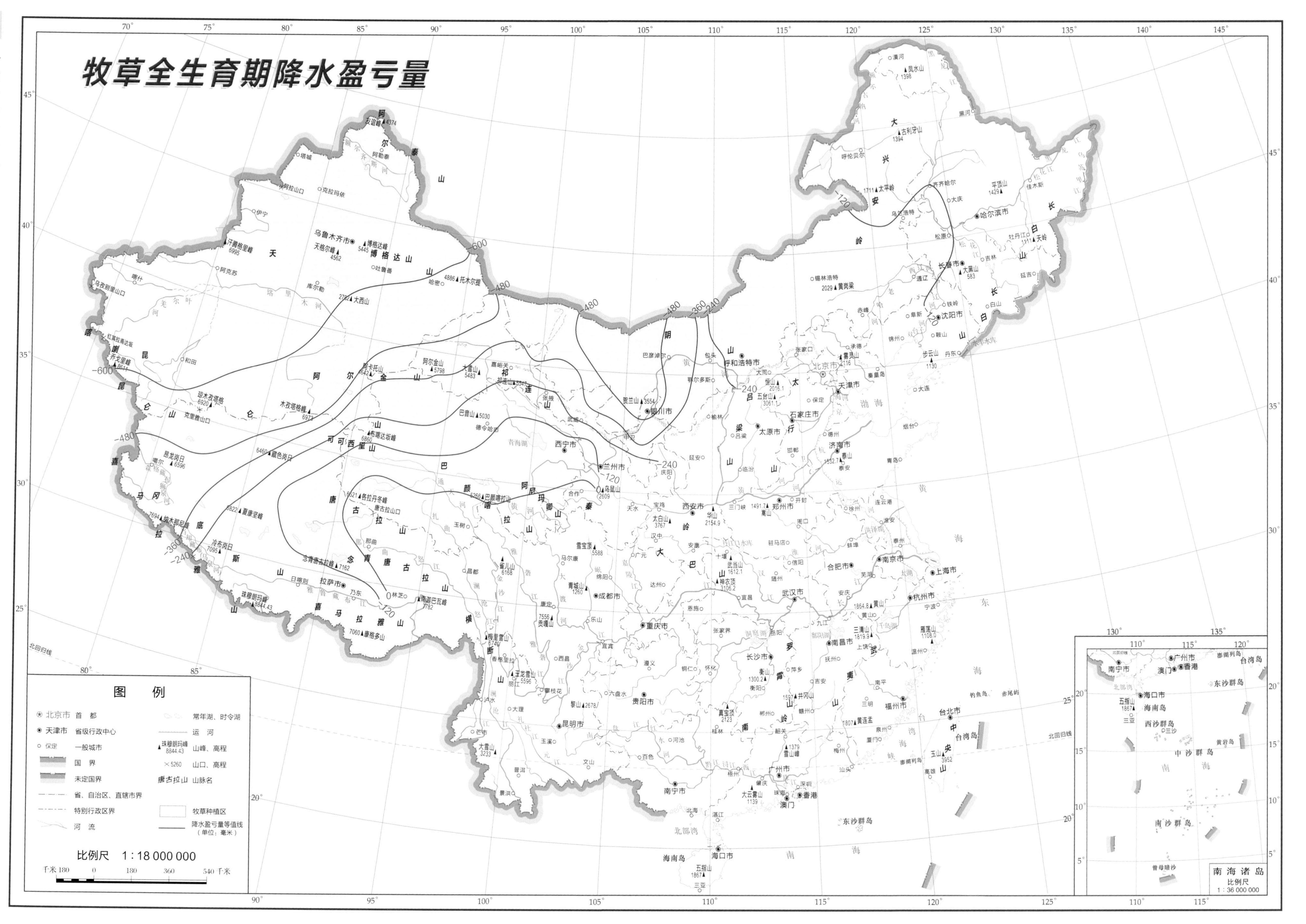

75%降水保证率牧草全生育期降水量
图 例
北京市 首 都
天津市 省级行政中心
保定 一般城市
国 界
未定国界
省、自治区、直辖市界
特别行政区界
河 流
常年湖、时令湖
运 河
珠穆朗玛峰 8844.43 山峰、高程
5260 山口、高程
唐古拉山 山脉名
牧草种植区
降水量等值线（单位：毫米）
比例尺 1:18 000 000
千米 180 0 180 360 540 千米
南海诸岛
比例尺 1:36 000 000
100
200
300
北京市
天津市
上海市
重庆市
哈尔滨市
长春市
沈阳市
呼和浩特市
石家庄市
太原市
济南市
郑州市
西安市
银川市
兰州市
西宁市
乌鲁木齐市
拉萨市
成都市
武汉市
合肥市
南京市
杭州市
南昌市
长沙市
贵阳市
昆明市
福州市
台北市
广州市
南宁市
海口市
香港
澳门
大兴安岭
长白山
阴山
吕梁山
太行山
秦岭
大巴山
天山
阿尔泰山
博格达山
昆仑山
阿尔金山
祁连山
巴颜喀拉山
唐古拉山
念青唐古拉山
喜马拉雅山
冈底斯山
横断山
南岭
武夷山
罗霄山
中央山
东沙群岛
西沙群岛
中沙群岛
南沙群岛
台湾岛
海南岛
北回归线

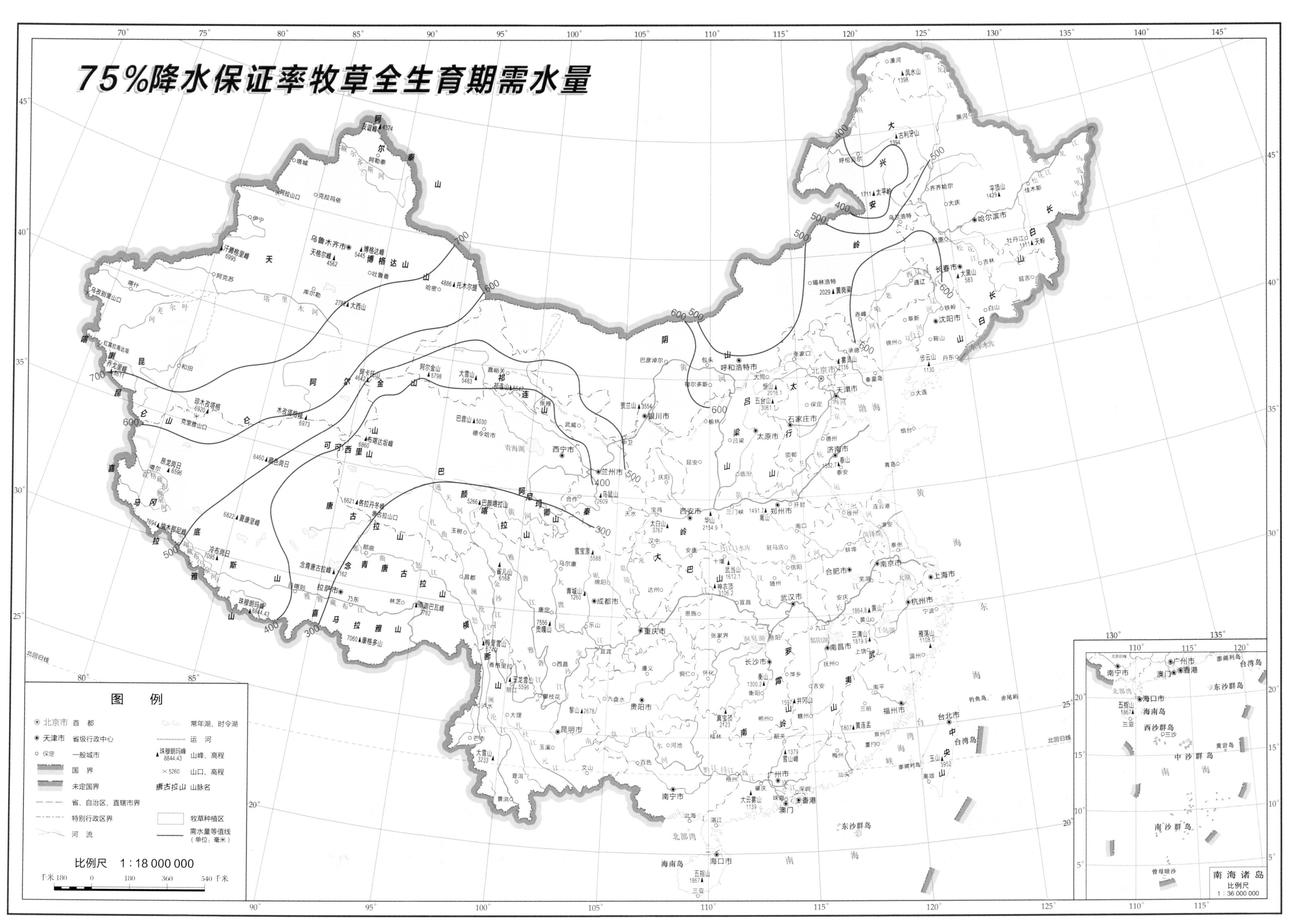
75%降水保证率牧草全生育期需水量
图例
北京市 首都
天津市 省级行政中心
保定 一般城市
国界
未定国界
省、自治区、直辖市界
特别行政区界
河流
常年湖、时令湖
运河
珠穆朗玛峰 8844.43 山峰、高程
×5260 山口、高程
唐古拉山 山脉名
牧草种植区
需水量等值线（单位：毫米）
比例尺 1∶18 000 000
南海诸岛
比例尺
1∶36 000 000

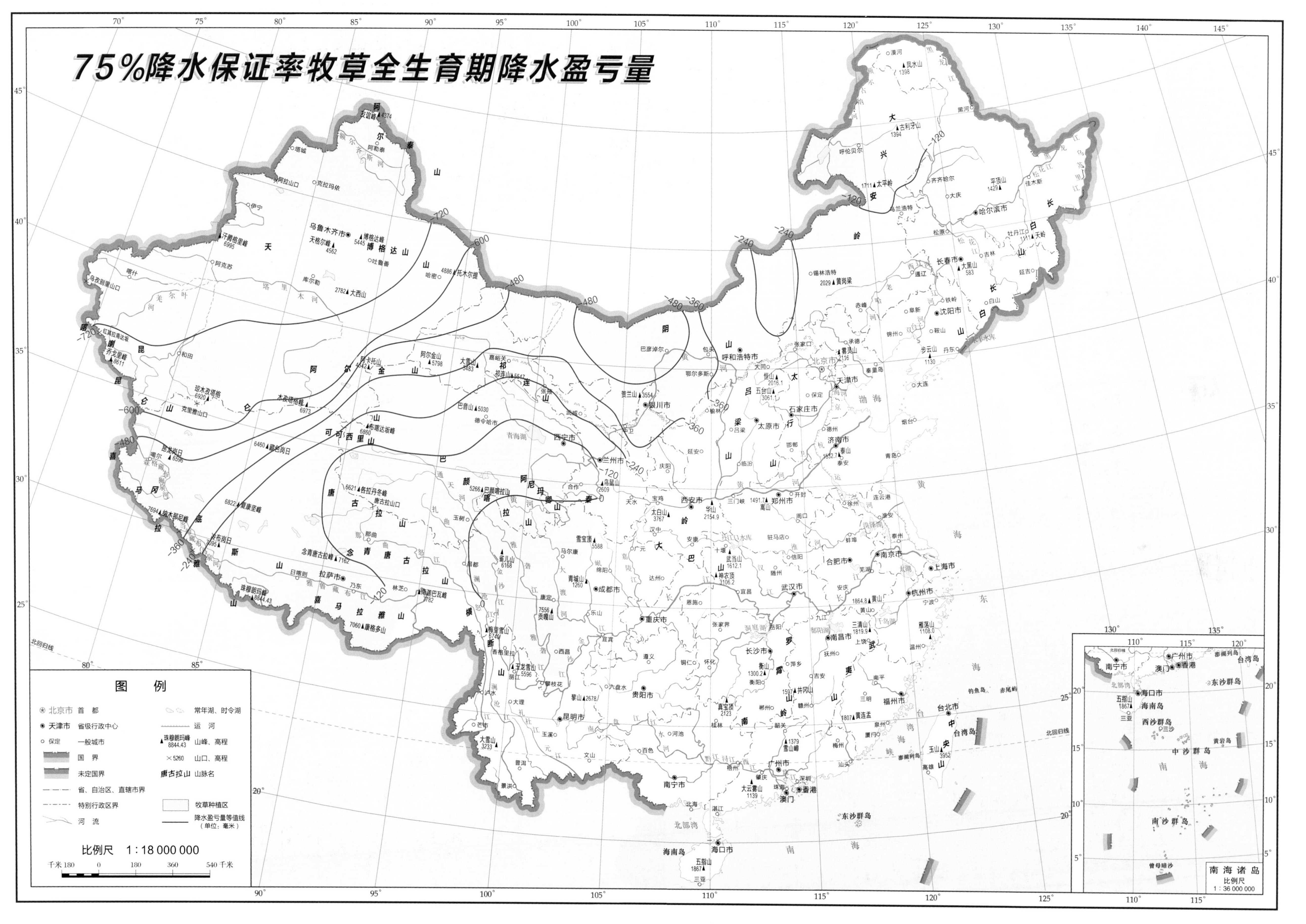
75%降水保证率牧草全生育期降水盈亏量
图例
北京市 首都
天津市 省级行政中心
保定 一般城市
国界
未定国界
省、自治区、直辖市界
特别行政区界
河流
常年湖、时令湖
运河
珠穆朗玛峰 8844.43 山峰、高程
×5260 山口、高程
唐古拉山 山脉名
牧草种植区
降水盈亏量等值线（单位：毫米）
比例尺 1:18 000 000
南海诸岛
比例尺 1:36 000 000